海岸带规划

王东宇　马琦伟　崔宝义　刘　溪　编著

中国建筑工业出版社

图书在版编目（CIP）数据

海岸带规划 / 王东宇等编著．— 北京：中国建筑工业出版社，2014. 3
ISBN 978-7-112-16381-6

Ⅰ．①海… Ⅱ．①王… Ⅲ．①海岸带—规划 Ⅳ．①P748

中国版本图书馆 CIP 数据核字（2014）第 022957 号

责任编辑：郑淮兵 王晓迪
书籍设计：张悟静
责任校对：陈晶晶 关 健

海岸带规划
王东宇 马琦伟 崔宝义 刘溪 编著
*
中国建筑工业出版社出版、发行（北京西郊百万庄）
各地新华书店、建筑书店经销
北京京点图文设计有限公司制版
北京方嘉彩色印刷有限责任公司印刷
*
开本：787 × 1092 毫米 1/16 印张：19¾ 字数：321 千字
2014 年 7 月第一版 2014 年 7 月第一次印刷
定价：138.00 元
ISBN 978-7-112-16381-6
(25106)

序

Prologue

海岸带，堪称人类文明的“生命线”。当人类摆脱了蛮荒、将文明的边界从沿河平原勇敢地拓展到海岸地区后，航海的发展、资本的积累和工业技术的进步使得大量人口和财富聚集到沿海地区和港口城市。时至今日，世界上约有一半以上的人口生活在距海岸线 200 公里范围内的土地上。而我国作为拥有 18000 公里海岸线和 14000 公里岛屿岸线的海洋大国，有 60% 的人口集中在距海岸线 60 公里的范围内[①]，占国土面积 13% 的沿海地区创造了全国 67% 的 GDP[②]。

海岸带，如今更成了人类文明的“警戒线”。2004 年、2011 年分别发生在印度洋和日本东部西太平洋海域的大海啸所造成的损失触目惊心；而近年我国大连、青岛等地近海严重的原油和海藻污染也让国人感受到灾难并非远在天边；与此同时，厦门、宁波等城市滨海 PX 项目的戏剧性发展则体现了普通民众对沿海生态环境和自身居住安全的高度关切。一份发表在 2007 年 4 月英国《环境与城市化》杂志上的报告称，如果全球气温升高趋势得不到有效控制，全世界 180 多个国家中，生活在海拔 10 米以下地区的 6.34 亿人口将更频繁地受到飓风、地陷、海岸线侵蚀和海水倒灌等灾害的影响[③]。仅就风暴潮一项来说，若海平面上升 50 厘米，将使受灾人口从目前的 4600 万增加到 9200 万；若上升 100 厘米，受灾人口将达到 11800 万[④]。可以说，地球的海岸带从未像今天一样繁荣，也从未像今天一样危险。

可见，对海岸带地区进行科学的规划部署和有效的管理，对当今世界意义重大。然而，海岸带规划目前在国际、国内既是热点，又是难点：首先，海岸带规划涵盖的学科领域众多，生物圈、岩石圈、大气圈、水圈等自然环境的科学要素都有涉及。在吴良镛先生倡导的人居环境科学体系中，海岸带规划属于三大支柱学科之外的拓展交叉研究领域，技术难度较大。其次，在我国现行的管理体制下，海岸带规划与管理所涉及的行政部门众多，尤其更涉及规划、海洋、环保、国土、渔业、林业等部门的跨省市协调，实施难度较大。此外，海岸带规划可借鉴的经验尚不丰富。在我国，海岸带规划领域的专项研究尚处在相对自发与零散的阶段，国家层面的海岸带管理法规尚未颁布实施。在国外，海岸带规划也属于 20 世纪后半叶的新兴领域，虽然目前以美国为代表的部分国家已拥有相对成熟的规划管理体系，但总体而言海岸带规划所涉及的众多课题都还在探索中。

令人欣喜的是，我院的几位青年规划师，积极致力于海岸带规划的持续研究与编制实践，

---

① 王祥荣等．全球气候变化与河口城市气候脆弱性生态区划研究——以上海为例 [J]．生态建设，2012，5:1-6.

② http://paper.dzwww.com/dzrb/content/20111023/ArticelA03006MT.htm

③ http://guancha.gmw.cn/content/2007-12/07/content_707163.htm

④ 王祥荣等．全球气候变化与河口城市气候脆弱性生态区划研究——以上海为例 [J]．生态建设，2012，5:1-6.

并取得了令人鼓舞的成果。他们在最近的十余年间，研究借鉴国内外海岸带规划的相关经验，并结合实际深入探索，先后编制完成了《山东半岛海岸带规划框架研究》《山东省海岸带规划》《威海市海岸带分区管制规划》等一系列不同尺度和深度的海岸带规划项目，获得了社会的认可。今天，他们将这十余年间关于海岸带规划的研究和实践中的所学、所思、所悟、所得付诸笔端、集结成册，分别从海岸带的概念、特点、资源保护、经济发展和公众利用等角度加以阐述，力求形成一本系统的和有创新意义的海岸带规划指导手册。可以说，这样的成绩值得祝贺。

在此，我衷心希望他们能继续深化在海岸带规划领域的研究与实践，也相信本书可以使更多的规划工作者、特别是青年规划师了解海岸带规划，并积极参与到此项研究工作中来，共同为保护和建设我国自然、发达、充满欢乐的海岸带贡献力量。

杨保軍

中国城市规划设计研究院　副院长

前言

Preface

我不知道在书本里读到的东西是否真实。据记载，古时候一只猴子假若从罗马出发，从一棵树跳到另一棵树地往前，脚不落地，可以到达西班牙。到我这一辈人时，树木这么茂密的地方只有翁布罗萨海湾两个岬角之间的地带和从翁布罗萨山谷的底至两旁山顶的区域……如今，这些地方已经面目全非了。在法国人来的时候，就开始砍伐森林，仿佛这是些草地，年年割年年长似的。它们没有再生长起来……光秃秃的高地对于我们这些过去就熟悉它们的人来说，真是触目惊心。

——伊塔洛• 卡尔维诺《树上的男爵》

我们在意大利小说家卡尔维诺的小说《树上的男爵》中，可以领会到居住在海岸带上的人类对这片土地的热爱。海岸带以其富饶的资源、宜人的气候、优美的景观，在漫长的历史中成为孕育人类文明的摇篮，推动了从希腊文明到工业革命、从航海时代到深海勘探的历史进程。时至今日，海岸带已经成为人类文明最为重要的空间载体。有数据表明，世界上至少有 32 亿人居住在沿海纵深 200 公里范围内、约占全球陆地面积的 10%的土地上，三分之二的世界人口居住在沿海纵深 400 公里的地域内，并且这种集聚的趋势还在强化。人类对海岸带的开发远远没有结束，对它的依赖程度必将越来越高。

卡尔维诺所描绘的海岸带生态退化的趋势，在最近数十年里仍在全世界范围内延续，并且愈演愈烈。在地中海一些旅游城市，整片的海滩已经消失；在美国，仅 1995 年就有 3500 处沙滩被关闭；在印尼等东南亚国家，台风和海啸造成了巨大的经济和生命损失……这些问题既是“天灾”的产物，更是“人祸”的恶果。在“沿海化”趋势下，海岸带资源利用的竞争性冲突日趋激烈，带来了海岸带在生态保育、经济发展、社会公平、空间利用、资源利用、环境保护，以及灾害预防等方面的一系列问题。诚如《地中海白皮书》中所讲，“地球上再没有任何一个地方比海岸带更需要综合的开发规划和管理了”。

我国海岸带面临的问题，既有国际海岸带的共性，也体现了特殊的国情。正如冯友兰指出的，我国在很长一段历史时期内是一个大陆性的农业国家，海岸线几乎意味着国家的边界和探索的终止。因此，对海岸带的利用，也多是基于“兴渔盐之利和舟楫之便”的农业目的。近代之后，我国对海岸带的开发才有所起步，而真正大规模的“沿海化”运动，则要到改革开放之际才露出端倪。正因如此，在面对高速城镇化压力时，海岸带成为建设开发的“前沿阵地”。尤其是近年来随着山东半岛蓝色经济区、舟山群岛海洋经济区等一系列海洋战略的出台，掀起了海岸带开发的新一轮高潮，同时也表明我国海岸带可能进入生态环境恶化、开发建设失序、资源利用粗放和海岸灾害频发的“高风险期”。

热潮之下，需要“冷思考”。本书著者认为，完善海岸带规划体系，是化解海岸带开发中的风险,为未来永续利用“留住家底”的关键举措。海岸带规划脱胎于海岸带综合管理（ICZM，Integrated Coastal Zone Management），后者正是20世纪70年代起，世界沿海国家和地区用以协调不同行业、部门和群体在海岸带开发与保护上的复杂矛盾，实现海岸带可持续发展的主要理论框架与实践方法。事实上，世界海岸带管理的实践经验证明，在海岸带综合管理复杂的流程中，海岸带规划是容纳各方诉求、引导资源保护和开发建设的空间布局、制订管理策略的核心环节，是海岸带综合管理得以顺利实施的基石。而在我国，由于部门分工、行政分割等原因，海岸带管理面临更加复杂的经济、社会和政策环境。在此背景下，海岸带规划以其突出的全面性、实效性和空间性等特点，更应当成为海岸带保护与开发之“纲”。遗憾的是，目前我国虽有一些关于海岸带综合管理的著述，但对具体的海岸带规划环节语焉不详，这大大降低了海岸带管理的实际可操作性。本书著者自2003年主持了国内第一个大尺度海岸带规划类项目——《山东省海岸带规划》以来，陆续主持或参与了威海、日照等多地海岸带规划的编制工作，积累了一定的理论和实践经验，故编著此书，为填补这一空白领域提出几点拙思。

从自身的专业背景出发，著者力图将本书编写成一本“指导手册”，为城市规划师在编制综合性的海岸带规划方面提供直观而必要的建议和指导，同时为海洋、发改、国土等部门编制相关规划提供参考。因此在本书的体例编排方面，也尽量贯彻了直接面向操作、指导规划编制的宗旨。通过总结国际海岸带规划的经验，结合自身实践，提出具有针对性的规划编制建议，并佐以案例和项目分析，力求直观地传达本书的观点。具体而言，本书第一章旨在界定海岸带规划的概念，通过回顾国际海岸带的重要性和面对的突出问题，试图厘清国际海岸带综合管理和海岸带规划的发展脉络、理论内涵，在此基础上着重研究我国海岸带面临的特殊问题；第二章构建了我国海岸带规划体系的技术框架，在研究、总结欧洲、美国等国家和地区的实践经验基础上，提出了我国海岸带规划的核心内容和技术流程；第三章和第四章探讨了海岸带的资源调查、分析和保护问题，在指导海岸带规划构建良好的生态本底方面，具有重要的作用；第五章系统地提出海岸带各项开发建设的控制和引导对策，以及海岸带整体发展模式，明确了退缩线管理、填海活动引导、产业布局、交通系统构建、用地布局协调等诸方面的规划策略；第六章致力于研究如何保持海岸带的公共属性，系统介绍了海岸带公众接近规划的发展历程与具体内容；第七章从工程技术角度指出了海岸带安全防护和环境污染治理的主要注意点；最后，第八章探讨了海岸带规划实施和管理的制度设计，以及对海岸带规划管理趋势的展望。

从2003年著者主持编制《山东省海岸带规划》至今，历史的年轮已转过十载，在这期间，海岸带的开发风起云涌，产生的问题也层出不穷。2006年7月17日的印度尼西亚海啸夺走了660余条生命，几乎摧毁当地经济；“卡特里娜”、“艾琳”、“桑迪”等飓风的轮番光顾，给美国沿海地区造成了巨大损失；最惨重的教训则当属2011年3月11日由海啸引起的日本福岛核电站核泄漏事件，这一灾难引发了全球对海岸带开发的高度关注。而在我国，海岸带生态脆弱地区往往成为开发的热土，折射出海岸带可能面临的种种风险。海岸带绝非予取予求的聚宝盆。展望未来，在全球的沿海化压力下，选择恢复卡尔维诺笔下的胜境，还是重演日本福岛的悲剧，取决于人类秉持何种发展理念、运用何种决策工具，以及能否保持理性的态度和敬畏之心。我们冀望通过本书，为海岸带的永续发展贡献绵薄之力。

本书著者均为“U-AGORA 青年规划师沙龙”的成员，本书在编著过程中得到了该民间学术沙龙的鼎力支持，未来的学术研究、出版将延续、强化这一平台的学术支撑作用。

本书编著者

2013 年 9 月

目　录

contets

第一章 导论

【摘要】

海岸带规划的定义可以描述为：为实现海岸带综合管理的目标，对一定时期内海岸带的生态保护、经济社会发展、资源利用等进行统筹安排，引导其空间布局，制订实施计划和管理措施。海岸带规划是海岸带综合管理中最重要的环节。

海岸带作为海陆交互作用最为频繁的地带，以其丰富的资源条件成为人类活动的主要空间载体。但愈演愈烈的沿海化进程，也严重地消耗了海岸带资源，破坏了海岸带的生态环境。因而，从20世纪70年代起，海岸带规划逐步成为海岸带保护和利用的必要手段，沿海各国大多已形成了较为完备的海岸带规划体系。对我国而言，近年来大规模的沿海城市化，使得我国海岸带地区面临空前的开发压力，而我国的海岸带规划起步较晚，当前整体性的规划框架尚未完全建立。

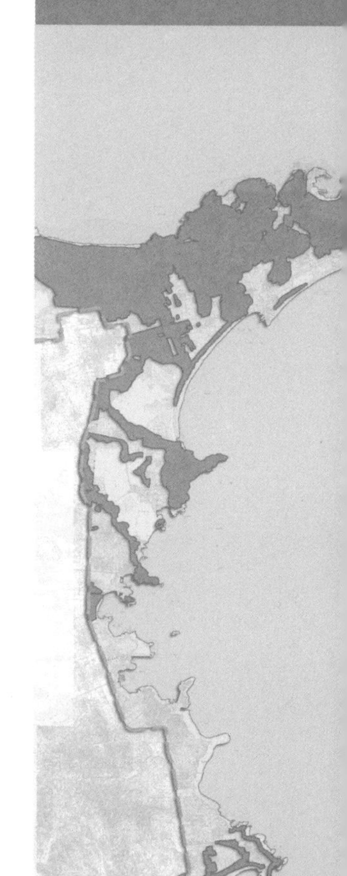

第一节 基本概念

一、海岸带规划相关概念

（一）海岸带

在国际上，海岸带的概念随所处地区的实际情况不同而有所差异，并无统一的定义。世界银行指出，“海岸带是一个特殊区域，其边界通常由所需应对的特定问题来界定。”欧洲委员会认为“海岸带是一个宽度随环境特征和管理需求变化的海陆区域。它很少与现存行政界线或规划单元一致。”在我国的海岸带规划中，较为笼统的说法是指陆地与海洋的交接、过渡地带（冯士筰，2000）。广义的概念则指直接流入海洋的流域地区和外至大陆架的整个水域，但通常指海岸线向陆、海两侧扩展一定距离的带状区域（钟兆站，1997）。

总的来说，不同国家和地区对海岸带概念的界定差异主要体现在海岸带边界向陆、向海距离的不同上。因海洋类型和研究目的不同，目前存在狭义和广义两种海岸带宽度界定标准。

1. 狭义的海岸带：仅限于海岸线附近较窄的、狭长的沿岸陆地和近岸水域（鹿守本和艾万铸，2001）。国际地圈生物圈计划（International Geosphere-Biosphere Programme，IGBP）（1995 年）提出的海岸带范围符合此标准：上限向陆到 200 米等高线，向海是大陆架的边坡，大致与 200 米等深线相一致。

2. 广义的海岸带：它向海扩展到沿海国家海上管辖权的外界，即 200 海里专属经济区的外界，向陆离海岸线已超过 10 公里。包括了部分风景优美的陆地、滩涂、沼泽、湿地、河口、海湾、岛屿及大片海域（鹿守本和艾万铸，2001）。我国在 1980 ～ 1987 年开展的全国海岸带调查，其范围属于广义海岸带范围，调查宽度为离海岸线向陆地延伸 10 公里，向海延伸到 15 公里处。

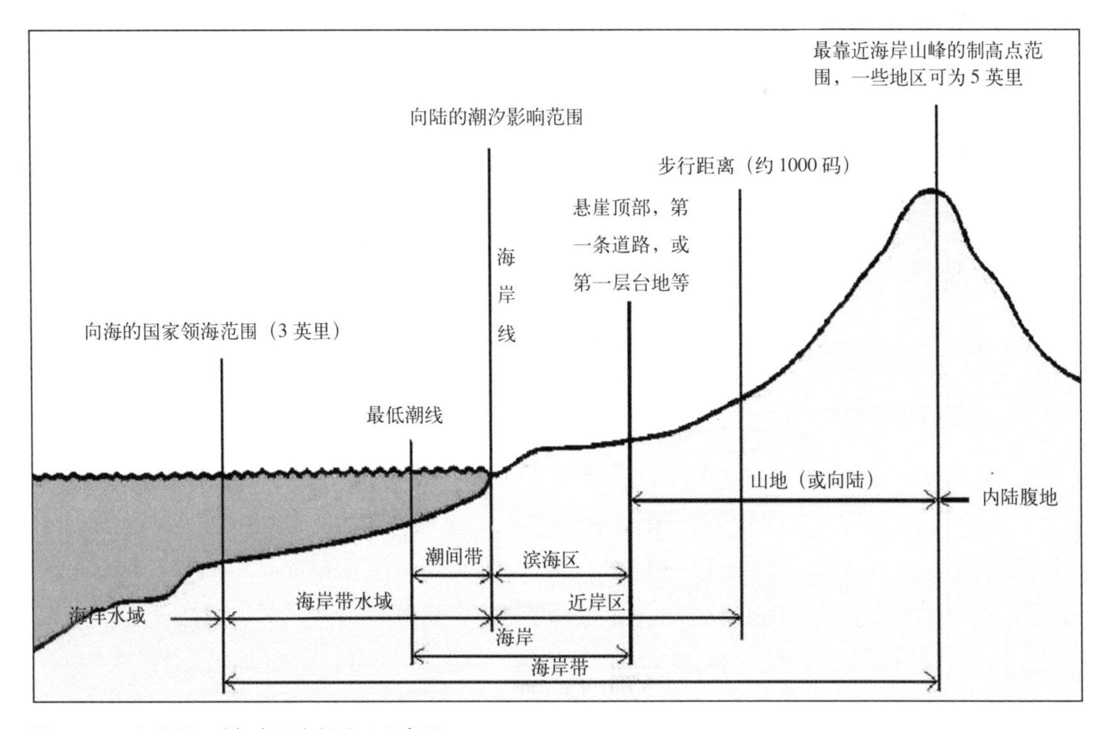

图1-1-1 海岸带相关概念的空间范围示意图
资料来源：改绘自The Coastal Management Centre，年代未知

图1-1-1中展示的“海岸带”空间范围明显体现了广义海岸带的特征。同时，图中“海岸”这一地理范围的界定与狭义的海岸带定义较为接近。

值得注意的是，本书所指的“海岸带规划”，其范围一般情况下以海岸带定义中向陆一侧的空间范围为重点，这是由我国特殊的部门结构、制度环境和实践经验决定的，本书在第二章第三节中将详细讨论这一问题。

（二）海岸带综合管理

海岸带综合管理在国外通常有三种表述方式：海岸带综合管理（Integrated Coastal Zone Management，ICZM）、沿海地区综合管理（Integrated Coastal Area Management，ICAM）、海岸及海域综合管理（Integrated Coastal and Ocean Management，ICOM）。

1997年美国海洋专家延斯•索伦森（Jens Sorensen）在《海岸管理》刊物上发表的文章中，把海岸带综合管理定义为“以基于动态海岸系统之中和之间的自然的、社会的以及政治的相互联系的方式，对海岸资源和环境进行综合规划和管理，并用综合方法对严重影响海岸资源和环境数量或质量的利害关系集团进行横向（跨部门）和纵向（各级政府和非政府组织）协调”。

美国海洋法学专家杰拉尔德•曼贡（Gerald Mangone）认为：“所谓海岸带综合管理，就是根据各种不同用途，以战略眼光，站在国家高度进行规划，由中央政府来制订规划，并监督地方政府通过足够的资金来实施”（鹿守本和艾万铸，2001）。

在1993年世界海岸大会的文献中，定义海岸带综合管理“是

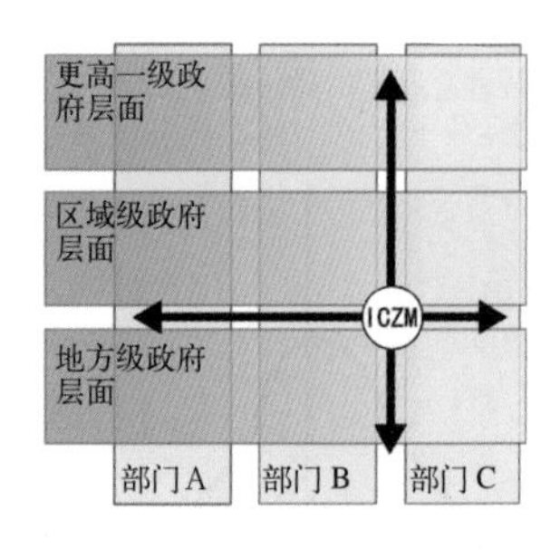

图 1-1-2 ICZM 的水平和垂直综合

资料来源：翻译自 http://www.coastlearn.org

一种政府行为，包括为保障海岸带的开发和管理与环境保护（包括社会）目标相结合，并吸引有关各方参与所必要的法律和机构框架。海岸带综合管理的目的是最大限度地获得海岸带所提供的利益，并尽可能减小各项活动之间的冲突和有害影响。海岸带综合管理开始是一个确定海岸带开发和管理之目标的分析过程。海岸带综合管理应确保制定目标、规划及实施过程尽可能广泛地吸引各利益集团参与，在不同的利益中寻求最佳的折中方案，并在国家的海岸带总体利用方面实现一种平衡”（鹿守本和艾万铸，2001）。

1994 年，在联合国环境署编制的《海岸带综合管理导则：以地中海盆地为研究重点》《Guidelines for Integrated Management of Coastal and Marine Areas：with Special Reference to the Mediterranean Basin》中，提出了海岸带综合管理的 12 个目标，包括：

- 促进资源可持续、可循环的利用；
- 基于传统的或新的用途，积极更新或修复受破坏的资源；
- 控制开发或干预的强度，避免超过资源承载能力；
- 保护海岸带生态系统中的生物多样性；
- 确保资源损耗的速度不超过补充的速度；
- 减少脆弱资源面临的风险；
- 尊重海岸带的自然生态过程，鼓励有益干预，防止不良干扰；
- 鼓励互补性活动，而不是竞争性活动；
- 在社会成本可承受的范围内确保环境和经济目标得以实现；
- 开发人力资源，加强机构能力；
- 保护和促进社会公平，积极引入公众参与；
- 保护传统的使用方式和权利，保障海岸带公众接近。

一般而言，水平综合与垂直综合（图 1-1-2），通俗地说，也就是政府部门“块块”（水平）的协调和“条条”（垂直）的协调，通常被认为是沿海各国海岸带综合管理的核心（王东宇，2005）。

二、海岸带规划的含义

（一）海岸带规划的概念

本书中海岸带规划的定义可以描述为：为实现海岸带综合管理的目标，对一定时期内海岸带的生态保护、经济社会发展、资源利用等方面内容进行统筹安排，引导其空间布局，制订实施计划和管理措施。

本书所指的海岸带规划系指整体性的海岸带管理规划，以上位的区域规划作为发展指导，统领下位综合规划和专项规划，并与同一层次的其他规划进行衔接（图 1-1-3）。我们可以从规划尺度、规划内容和规划深度三个方面来理解海岸带规划的概念和范畴。

1. 规划尺度

海岸带规划所开展的地区不应空间尺度过小（如数百米长的岸段），因为过小的地理范围往往集中于解决该范围内特有的一个或几个问题，因而无法体现海岸带综合管理在空间上的综合性和协作性。对我国而言，通常在国家层面、跨行政边界的地理区域层面、

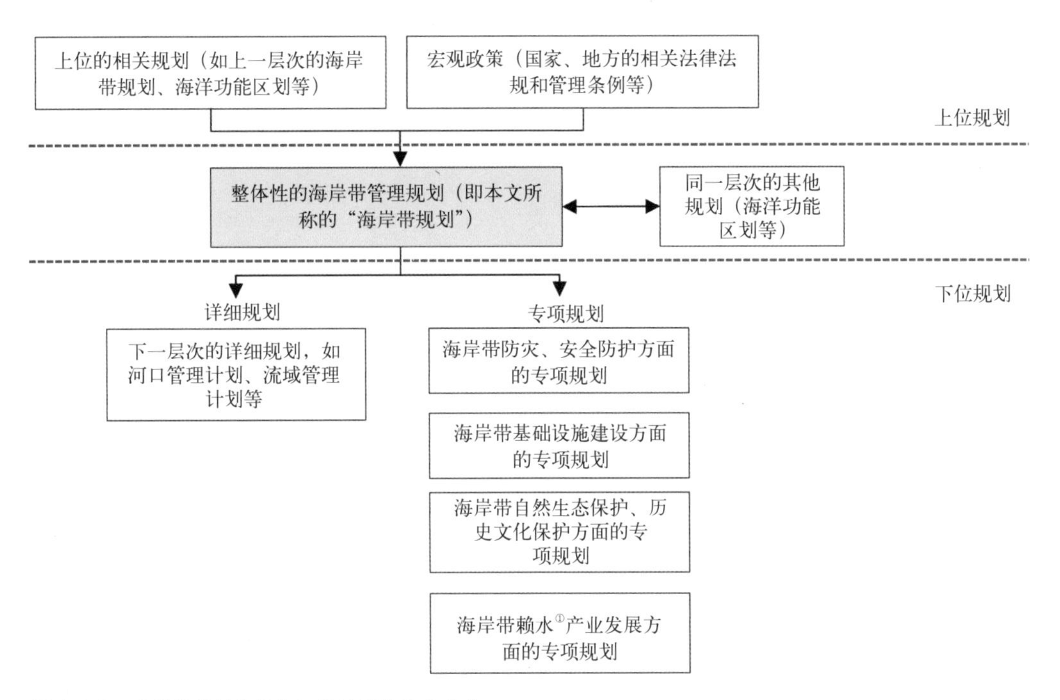

图 1-1-3 海岸带规划与其他相关规划的层次关系

① 指海岸带某些需要临近海水发展，以利用海岸线边缘各种资源的产生。广义上应包括：需要占据可通航深水区滨水位置的港口运输业；需要大量水来制冷或加工食品的“耗水产业”（如水电厂）；临港工业（又称“相关产业”）；需要利用海滩、礁石等海滨资源及景观的海滨旅游业；提供丰富生物生产力和满足动植物栖息的“零次”产业（涉及湿地、潟湖及河口等生态敏感地区的保护）。

地方层面（省、市、县等）开展海岸带规划。

2. 规划内容

海岸带规划是针对海岸带各类问题的综合规划，其规划内容通常全面涵盖海岸带生态保护、产业发展、城镇建设、环境治理等要素，因而与海岸带沙丘保护规划、海岸带公众接近规划等专项规划不同。

正如罗伯特·凯（Robert Kay）和杰奎琳·奥德（Jacqueline Alder）在《海岸带规划与管理》一书中所提出的，与海岸带管理相关的战略规划主要有两种类型：地理上集中的战略（区域一体化规划）和基于部门的战略（集中于一个主题区域或政府机构的活动）（罗伯特·凯和杰奎琳·奥德，2010）。可以认为，地理上集中的战略即是整体性的海岸带规划，而基于部门的战略即是专项规划。

3. 规划深度

罗伯特·凯和杰奎琳·奥德针对海岸带规划，提出了“战略规划”和“业务规划”两个概念。“战略规划”系指确定宽泛的目标，为了实现这些目标，它对所要求的方法进行概述，是粗线条、大框架的规划；而“业务规划”则是实现基本管理活动的方向和步骤，重在针对具体问题提出细致入微的策略。

针对我国海岸带规划和管理的特点，本书认为，海岸带规划应当是“战略规划”和“业务规划”的统一，既指导总体框架的建立，也提出具体的管制意见。

（二）海岸带规划的目标

本书认为，海岸带规划主要实现以下 8 个目标。

1. 保护重要的海滨生态环境

在海岸带开发力度日益加大的现实背景下，加强资源保护无疑是众多目标之根本。通过海岸带规划，严格保护海岸带地区的重要生境，包括河口、潟湖、海滨森林、优质沙滩和海岸礁石等。保护好重要海滨生境是保护沿海人居环境、生物资源、海洋渔业资源及其他自然资源的基础和前提。只有对海滨生境进行保护，才能保持本地区的物种多样性和生态平衡，促进海岸带资源的可持续利用。

2. 旅游及景观资源的保护与合理开发

严格保护海岸带旅游及景观资源，制订合理、有序的海岸带旅游开发政策，核定旅游环境承载力，控制旅游活动的强度，确保滨海旅游业的长远发展。

3. 合理利用海岸带土地资源

通过海岸带空间管制，实施海岸带空间分类引导，综合协调海岸带居住、旅游、商业、工业、交通、娱乐、农业及生态保护等的关系。

4. 提供开发项目的建设性意见

通过海岸带规划，为经济与社会发展规划、开发与保护规划等部门提供专门指导，尽可能避免与海岸带保护相矛盾的项目，明确项目的准入门槛，厘定项目的优先发展次序。

5. 防御海岸带灾害

从海岸带空间管制的角度，控制引导海岸带开发的空间布局。通过确定海岸带退缩线，划定海岸带不可开发区域，减少开发对海滩等近岸资源的破坏，同时又有效防御海岸侵蚀、飓风或台风、潮水泛滥、滑坡等海岸带灾害的发生。

6. 综合协调海岸带不同部门利益

通过政策、法令、规划，解决海岸带资源及土地利用的矛盾和冲突，严格控制可能对海岸带环境造成危害的行为，综合协调各部门的利益。

7. 为海岸带立法管理提供依据

为海岸带规划管理立法和制定海岸带管理的各种技术规范与标准提供技术支持，实现海岸带的依法科学管理。

8. 确定海岸带组织机构与管理模式

应对海岸带的管理需求，提出海岸带合理的管理模式与管理体制，明确管理制度，提出管理机构设置的详细建议，保障规划的顺利实施。

（三）海岸带规划与海岸带综合管理的关系

海岸带规划可以视为海岸带综合管理的中间环节，它承接前期的分析和研究，接续后期的实施、管理和反馈，制订整个海岸带综合管理的实施计划与步骤（图 1-1-4）。对此，罗伯特·凯和杰奎琳·奥德曾指出："海岸带规划项目可被视为'前'战略计划，因为它是为战略性的海岸带计划所制定的战略计划"（罗伯特·凯和杰奎琳·奥德，2010）。

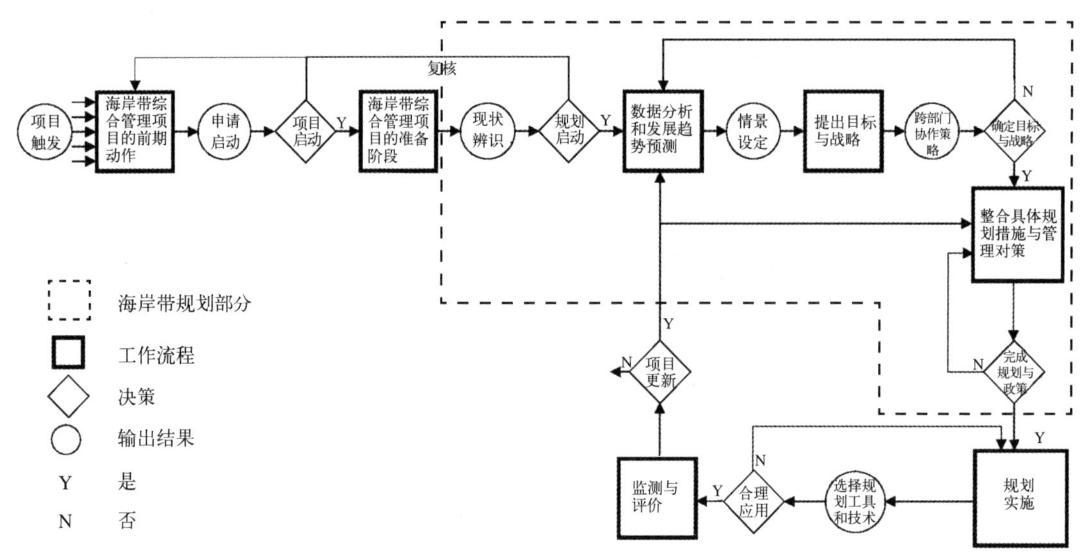

图 1-1-4 海岸带规划与海岸带综合管理的关系
资料来源：根据 Priority Actions ProgrammeRegional Activity Centre，1994 绘制

图 1-1-4 展示了一个完整的海岸带综合管理过程。随着海岸带现状条件的不断变化，该过程不断循环并进行内部自我修正。在一个循环中，海岸带规划环节始于对海岸带现状的辨识，并在此基础上启动规划流程，通过一系列的步骤，最终完成规划编制，并进入实施、管理和反馈的环节。

从动态角度来看，海岸带规划作为海岸带综合管理的中间衔接环节，其不断循环、修正的特征更为明显。一方面，在规划启动之后，仍需对现状的数据和问题进行校核，一旦发现现状情况与项目初期判断不一致，则需要退出规划环节，重新进入项目的启动阶段乃至前期运作阶段；另一方面，在规划实施并管理之后，仍需要通过检测和评估，不断修正规划对策，更新规划体系。

第二节　海岸带规划的战略意义

一、海岸带的重要性

海岸带是海洋和陆地交接、相互作用的地带，既是地球表面最为活跃、变化极为敏感的地带，又是海岸动力与沿岸陆地相互作用、具有海陆过渡特点的独立环境体系（张灵杰，2001）。由于海岸带自然要素和生态过程的复杂性，海岸带成为一个既有别于一般陆地生态系统，又不同于典型海洋生态系统的独特生态系统。海岸带由于其丰富的自然资源、特殊的环境条件和良好的地理位置，成为区位优势最明显、人类社会与经济活动最活跃的地带。同时它又是鱼类、贝类、鸟类及哺乳类动物的栖息地，为大量生物种群的生存、繁衍提供了必需的物质和能量（冯砚青和牛佳，2004）。

整个海岸带地区占全球面积的18%。海岸带地区水体只占8%的海洋表面积，0.5%的海洋水体，却占全球初级生产的1/4，世界90%的渔获量来自于该地区。另外，还占有80%的全球海洋埋藏有机物，90%的全球沉积矿体和50%以上的碳酸盐沉积（胡晴晖，2007）。

对世界上几乎所有的沿海国家而言，海岸带地区是一个强大的国家经济的重要组成部分。例如在美国，据2000年左右的统计数据（图1-2-1），海岸带地区容纳了超过1.1亿的人口，同时提供了约占全国总数34%的工作岗位。沿海地区的海港总数超过190个，每年进出这些海港的货物量总计超过20亿吨。纳拉甘西特(Narragansett)海湾每年的旅游产业便可提供1500个工作岗位，其收入约为3.5亿美元（A Strategic Framework for the Coastal Zone Management Program. The Coastal Programs Division and the Coastal States，Territories and Commonwealths，U.S. Department of Commerce)。

图 1-2-1 海岸带在美国国民经济中的重要地位
资料来源：整理自 A Strategic Frmaework for the Coastal Zone Management Program. The Coastal Programs Division and the Coastal States, Territories and Commonwealths, U.S. Department of Commerce

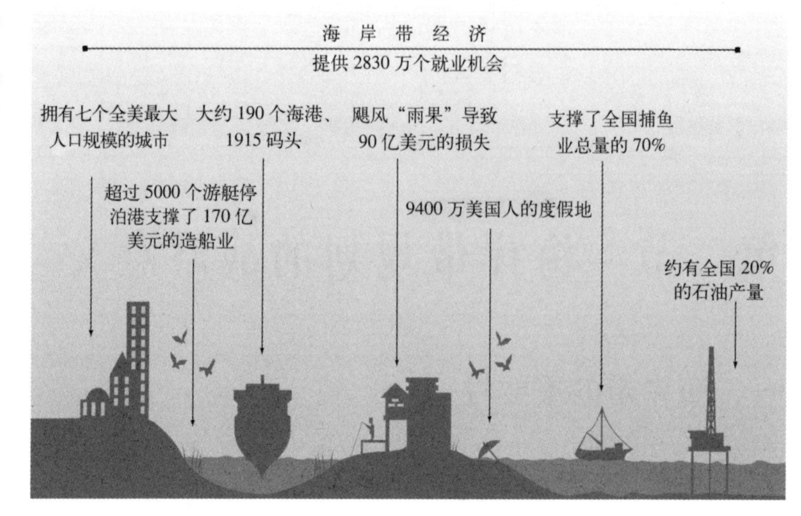

对地中海沿岸国家而言，漫长的海岸带更是它们的生命线。该地区的 15 个参与了地中海环境技术援助项目（Mediterranean Environmental Technical Assistance Programme，METAP）的国家拥有的海岸线长度约为 18000 公里，其中，90% 以上的海岸线属于 6 个国家的管辖范围。根据 2000 年左右的统计数据，在其中沿海 100 公里纵深范围内，居住着 60% 的人口。在大多数地中海国家，沿海地区的人口密度最高，并且具有最宜人的气候条件、最优良的耕作土地以及不断趋于集中的城市群落。同时，沿海地区的工业以及旅游业也取得了长足发展。例如在土耳其，沿海省份的工业收入占据该国工业产值总数的 70% ～ 80%（METAP Secretariat，2002）。

海岸带对于我国的重要性同样不言而喻。我国作为世界海洋大国，拥有 5000 公里的港湾海岸，深水岸线总长超过 400 公里，可供选择建港港址 160 多处；近海鱼类资源量达 1500 万吨，年可捕捞量为 750 万吨；滩涂浅海生物资源 238 种，滩涂面积 200 多万公顷；退海荒地及利用程度很低的滨海土地 207 多万公顷，盐田 23 多万公顷；海滨沙矿已探明储量的矿种有 65 种，矿床 835 个；我国海岸带地跨热带、亚热带和温带三个气候带，旅游景点 1500 多处，旅游资源丰富（金建君等，2002）。此外，我国已建立的 5 个经济特区、12 个经济技术开发区、14 个开放港口城市和 10 多个保税区都分布在海岸带上。

二、沿海化——世界海岸带的普遍压力

沿海化指人口与经济活动在海岸带空间上的集聚，它是人类社会发展的重要趋势。20世纪后期，在城市化、工业化的驱动下，这一趋势愈加明显。尽管国际上对海岸带的界定不同，但与之相应的统计数据均能反映出人类社会发展中强烈的沿海化趋势。1992年联合国《21世纪议程》认为，全世界有一半以上的人口居住在海岸线60公里以内的地方，到2020年，这一比例可能提高到四分之三（《21世纪议程》17.3）。根据施华（Hua Shi）和阿施宾度·辛格（Ashbindu Singh）的研究，世界沿海地区的人口集聚将是一个持久的过程，直至2050年各大陆海岸带的人口密度仍保持高速增长（图1-2-2）；辛瑞森（Hinrichsen，1998）认为世界上32亿人居住在沿海纵深200公里的范围内，约占全球陆地面积的10%，三分之二的世界人口居住在沿海纵深400公里的地域内（Nick Harvey and Brian Caton，2003）。而从表1-2-1中我们也可以看出，在世界上10个人口最多的城市中，沿海城市占据了7个。

因此，海滨资源开发与保护的矛盾，成为总长45万公里的世界海岸带面对的首要压力。

世界10个人口最多的城市　　表1-2-1

城市	人口数（百万人）	区位	所在国家	所在大陆	世界排名
东京	37.2	沿海	日本	亚洲	1
新德里	22.7	内陆	印度	亚洲	2
墨西哥城	20.4	内陆	墨西哥	南美洲	3
纽约	20.4	沿海	美国	北美洲	4
上海	20.2	沿海	中国	亚洲	5
圣保罗	19.9	内陆	巴西	南美洲	6
达卡	15.4	沿海	孟加拉	亚洲	7
加尔各答	14.4	沿海	印度	亚洲	8
卡拉奇	13.9	沿海	巴基斯坦	亚洲	9
布宜诺斯艾利斯	13.5	沿海	阿根廷	南美洲	10

资料来源：United Nations，2012

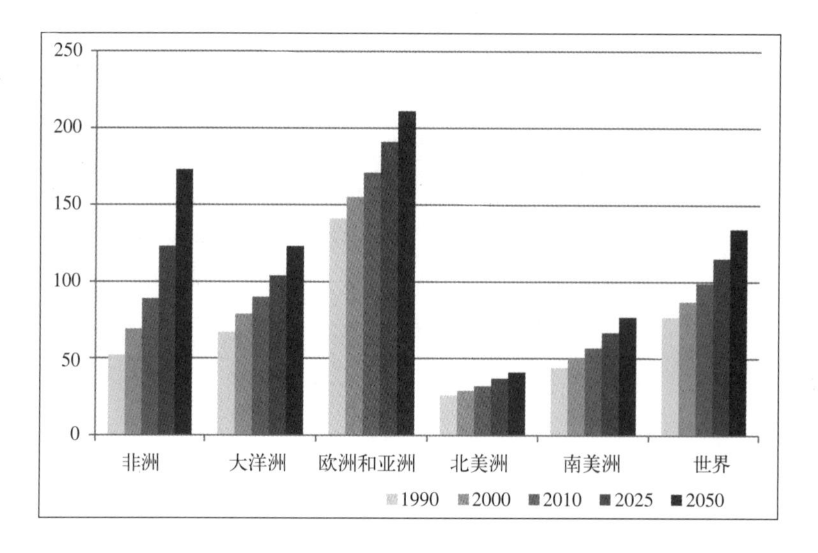

图 1-2-2 各大陆海岸带中的人口密度历史变化及未来趋势（单位：人/平方公里）
资料来源：Hua Shi&Ashbindu Singh，2003

沿海化的趋势广泛表现在世界各个沿海国家和地区。例如，环地中海地区从 20 世纪 40 年代开始，历经了半个多世纪的城市化激情（图 1-2-3）。在自然增长和移民的作用下，地中海城市保持了空前的膨胀速度，目前环地中海地区百万以上人口的城市至少有 26 个，成为世界上规模最大的城市聚集圈之一；在 2000 年，22 个地中海沿岸国家有超过 64% 的人口居住在城镇中；到 2025 年，根据趋势预计，该地区的整体城市化比例可能会达到 72%（Mediterranean Commission for Sustainable Development）。

美国则以占国土面积 17% 的滨海地区，承载了全国一半以上的人口。尤其是 1900 年后的 100 年间，美国海岸带人口增长了 5 倍，到 2000 年海岸带人口密度竟接近内陆地区的近 6 倍，并且据预测，这

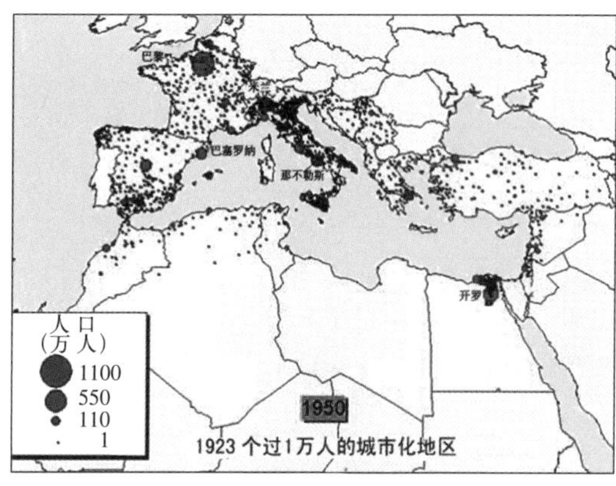

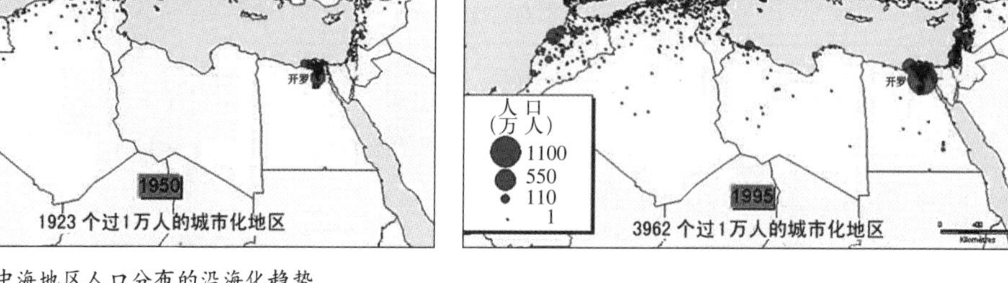

图 1-2-3 地中海地区人口分布的沿海化趋势
资料来源：Sophia Antipolis，March 2001

一差距还将继续扩大。而在中国，土地面积占全国陆地面积 13.6% 的沿海 12 个省、自治区和直辖市，集聚了全国总人口的 43%（人口密度为 415 人 / 平方公里），国内生产总值的近 60%，工农业总产值的 64.7%，沿海口岸进出口贸易总额的 80%，以及旅游业创汇的 50%。

同时，世界的沿海化趋势也存在地区差异：印度和亚洲次大陆是人口向沿海地区集聚最为强烈的地区，而澳大利亚海岸带人口则呈分散状态。目前世界沿海地区有超过 20 个人口过 1000 万的巨型城市，它们多数位于东南亚（Nick Harvey and Brian Caton，2003）。

在人口集聚的同时，旅游、水产、工业等各类产业向海岸带集聚的趋势同样明显。在地中海地区，大部分沿海国家的旅游业收入份额稳定在一个相当可观的比例，而在塞浦路斯、法国和埃及等国家，这个比例还有进一步上升的趋势。

三、海岸带资源的竞争性利用——可持续发展面临威胁

全球范围内对海岸带的占用和开发，一方面吸引了大量人口定居，导致居住、旅游、商业、工业、交通、娱乐和农业等活动对海岸带资源的激烈争夺，使得海岸带面临资源日渐枯竭和环境持续恶化的危险，给海岸带的可持续发展带来了严重威胁；另一方面，海岸带复杂的人类活动和自然过程相互纠结，形成千丝万缕的内在联系，一类资源的破坏或者一项活动的开展往往层层传递，造成“负反馈”效应，正如图 1-2-4 和表 1-2-2 所展示的那样。

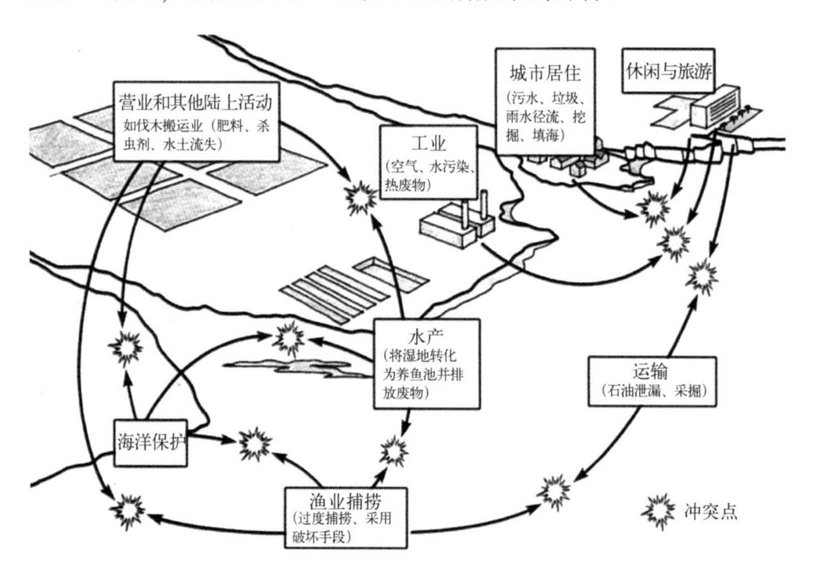

图 1-2-4　海岸带资源利用的冲突
资料来源：整理自 The Meaning Of Integration. METAP-PAP/RAC Training Course onICAM，http://www.pap-thecoastcentre.org/about.html

人类行为与海岸带环境影响之间的关系矩阵 表 1-2-2

影响 行为	城市化	旅游	工业	能源产业	渔业和水产业	交通运输业	林业	农业
海洋污染	**←↑**	**←↑**	**←**	←	**↑**←	←	←	**←**
淡水污染	**←↑**	**←↑**	**←**↑	←↑	←**↑**	←	←	**←↑**
大气污染	**←**↑	**↑**	**←**	**←**		**←**	↑	←
海洋资源损失	**←**	**←**↑	**←**	←	←**↑**	←	←	←
土地资源损失	**←**	**←↑**	**←**	**←**		**←**		←
文化资源损失	**←**	**←↑**	←	←		**←**		
公共空间损失	←	**←**↑	←	←	**←**	**←**		
土壤退化	←		←	←			**←**	**←↑**
噪声污染	**←↑**	**←↑**	**←**	←		**←**		

注：← 表示行为可能造成相应的环境影响，**←** 表示行动可能造成相应的严重环境影响，

↑ 表示环境影响可能反过来影响相应的行为，**↑** 表示环境影响可能反过来严重影响相应的行为。

资料来源：Priority Actions ProgrammeRegional Activity Centre，1994

更重要的是，海岸带丰饶的资源和独特的区位使其面临的环境风险更甚于其他地区。2005 年发布的《新千年评估报告》(Millennium Ecosystem Assessment) 通过诊断，认为将生境、气候、入侵物种、过度开发和污染五项因素综合起来看，海岸带面临的环境压力居于全球各类生态系统之首（图 1-2-5）。

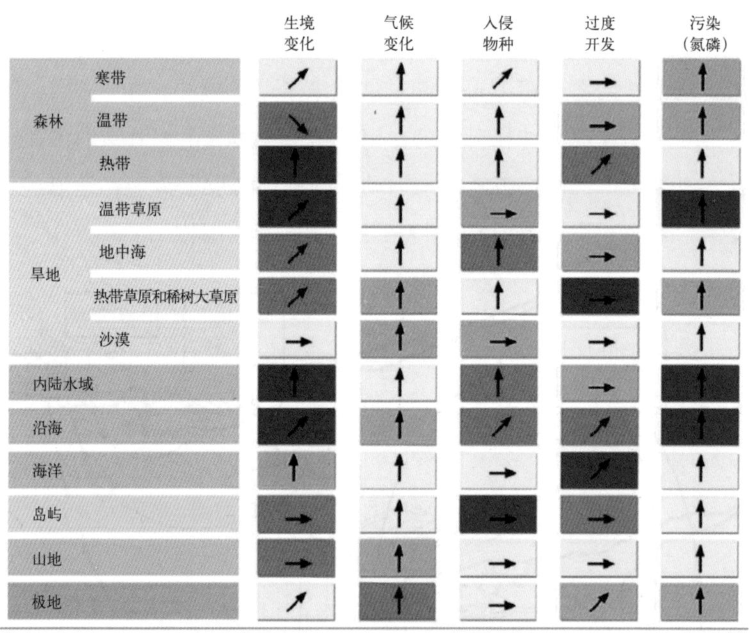

图 1-2-5 全球各类生态区面临的环境压力比较

资料来源：Millennium Ecosystem Assessment 2005

从世界范围来看，海岸带发展主要面临着以下几方面的问题：

（一）城镇建设用地的无序扩张

以地中海地区为例，21世纪初，该地区经历了大规模的城市扩张。在南部的阿尔及利亚、突尼斯和土耳其，政府建造了许多新的城市居住区和综合旅游建筑，而在北部地区，从1990年到2000年间，随着城市化进程的发展，城市周围的人口从主要城市人口总数的17%上升到了21%（Claude CHALINE，2001）。建设用地的无序蔓延和自然资源的快速消失成为地中海地区在过去几十年中面临的难题。例如在西班牙的安达卢西亚海岸，（图1-2-6），建设用地占总面积的百分比从1975年的37%上升到1990年的68%，而耕地从26%下降到9%，损失了64%，植被锐减了22%，水域面积从1.2%下降到0.2%（Sophia Antipolis，2001）。

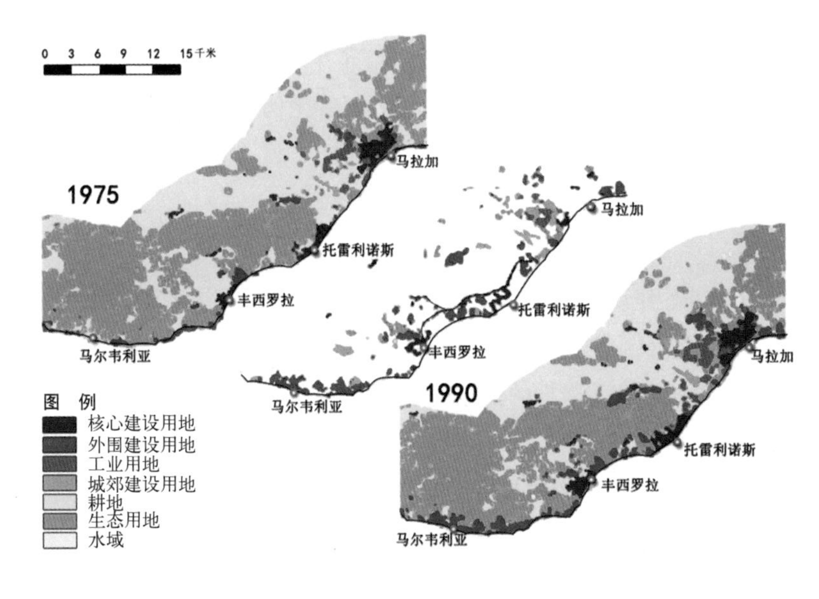

图1-2-6 马贝拉•马拉加地区（西班牙）的城市建设用地无序蔓延
资料来源：Sophia Antipolis，2001

（二）城市生活环境的脆弱与恶化

由于人口和产业的高度集聚，全球相当一部分海岸带的生态环境已明显恶化，反过来影响沿海居民的生活品质和生命财产安全。

在希腊雅典、法国的贝尔莱唐（I'Etang de Berre）、突尼斯的斯法克斯和加贝、叙利亚的胡姆斯等沿海城市，因为机动车增长和工业化，城市大气污染问题突出（Claude CHALINE，2001）。

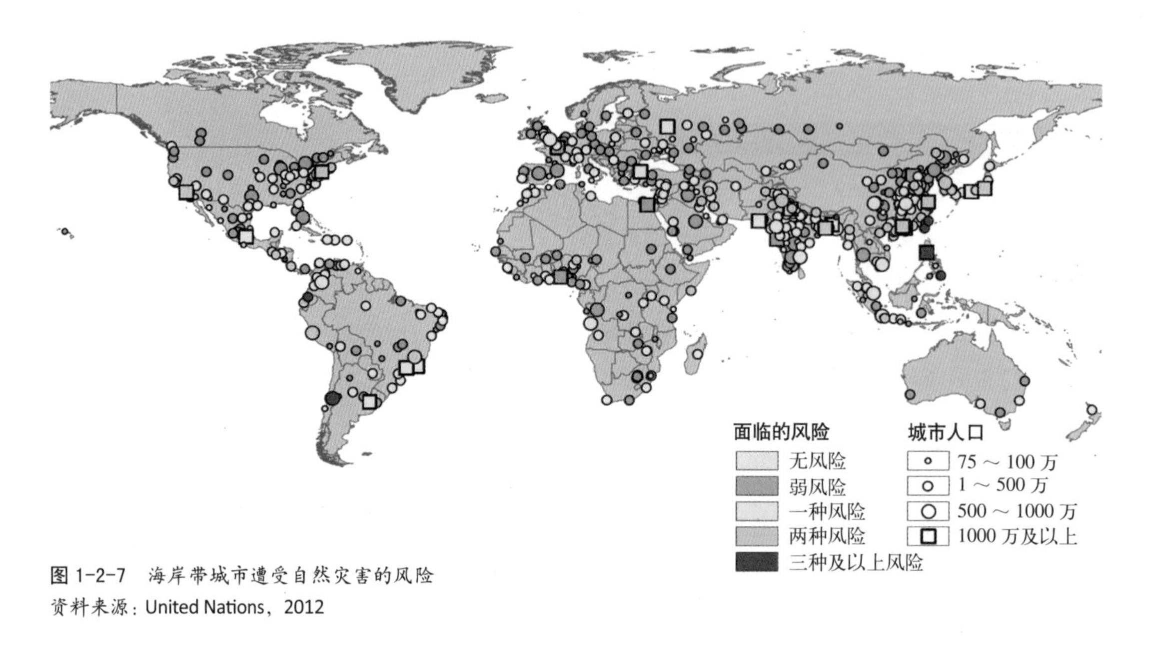

图 1-2-7 海岸带城市遭受自然灾害的风险
资料来源：United Nations，2012

自然灾害同样是全球海岸带发展面临的普遍问题。根据联合国对 2011 年全球城市化的环境分析，面临三种以上自然灾害（这些自然灾害包括台风、污染、地震、干旱、洪水等五种）的城市绝大部分都分布在沿海地区（图 1-2-7），其比例远远高于内陆城市。

（三）土地资源不断流失

海岸带建设活动的开展往往伴随着耕地资源的减少。例如在法国，每年农业用地的损失大约在 50000 公顷左右。而在地中海地区，随着城市向着内地的无序蔓延，这种损失的数量更是惊人。例如，统计过去 30 年里的耕地减少数据，斯洛文尼亚约为 2700 公顷；在克罗地亚是 4000 公顷；在波斯尼亚是 1000 公顷；在塞浦路斯，自从 1985 年以来，因为城市化因素导致尼科西亚周围已经损失了 3200 公顷的耕地，同时农业产品的减少还造成了大约 800 万美元的损失；在土耳其，从 1978 年到 1998 年的 20 年间，大约有 150000 公顷的上等农业用地被永久消耗；在埃及，特别是在开罗周围，自从 1952 年以来，每年有 25000 公顷的土地被侵吞（Claude CHALINE，2001）。

图 1-2-8 显示了到 2010 年，土耳其伊斯肯德伦海湾地区城市化以及工业化的扩张趋势。由图不难看出，城市的扩张建立在肥沃粮田的大面积丧失之上。

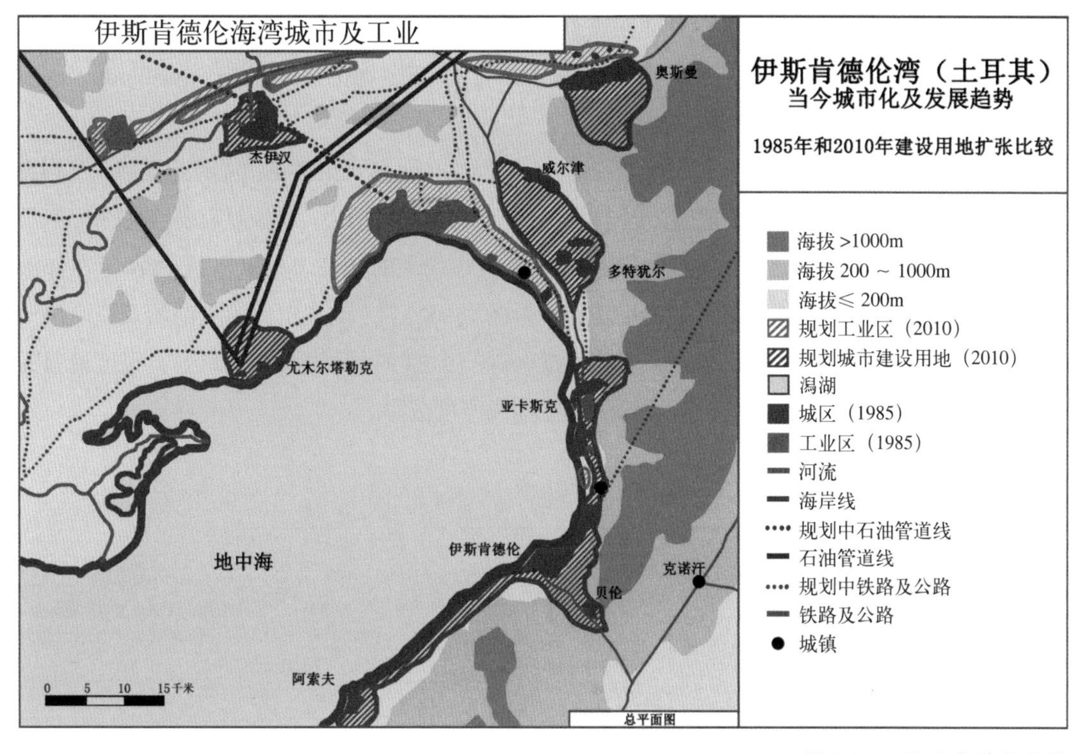

图 1-2-8　伊斯肯德伦海湾（土耳其）城市周边大量耕地存在被侵蚀的危险——1985年和2010年的建设用地扩张比较

资料来源：Sophia Antipolis，2001

（四）生态环境恶化

海岸带生态环境恶化是全球沿海国家面临的核心问题，海岸带战略资源的衰退和流失令许多沿海国家的综合竞争力下降。正如图1-2-9所展示的，美国海岸带地区曾饱受生态恶化之苦，这也成为美国全面推进海岸带综合管理的最大动力。全球普遍面临的海岸带生态问题主要有以下几个方面。

一是污染问题。在所有参加“地中海环境技术援助计划”的国家中，未经处理的污水常直接被排放到海岸或沿海水域中，或是通过河流从上游城市、工业污水排放地点、污染扩散源（如农业生产）流入沿海水域中，从而引起海藻污染以及泛滥（赤潮）。同时，海上运输过程中由于石油、船体的残骸而造成的人为污染及事故污染，也加剧了水质的恶化。

二是海洋及沿海地区生物多样性的丧失。根据施华（Hua Shi）和阿施宾度·辛格（Ashbindu Singh）在2003年的统计，当时全球只有10.45%的海岸带被划定为保护区。在生物多样性丰富的海岸带地区，大多数宝贵的红树林、湿地和珊瑚礁还没有得到充分保护。国际自然保护机构（Conservation International）对位于海岸带的25

个生物多样性重点地区中的23个进行了调查鉴定（图1-2-10），发现其中只有8.5%被授予了保护区地位（Hua Shi &Ashbindu Singh，2003）。

三是海岸侵蚀。这在地中海地区也很常见，尤其是在阿尔及利亚和突尼斯，近十余年来整个海滩均已消失，其恢复需要巨大的耗资。

四是水产业对海洋生物资源的破坏。如摩洛哥1999年在非洲大陆的最高平均渔获量为750000吨；位列世界第七的埃及淡水渔业的鱼类总产量为225000吨（METAP Secretariat，2002）。过度渔猎深海鱼类对生物多样性构成严重威胁。

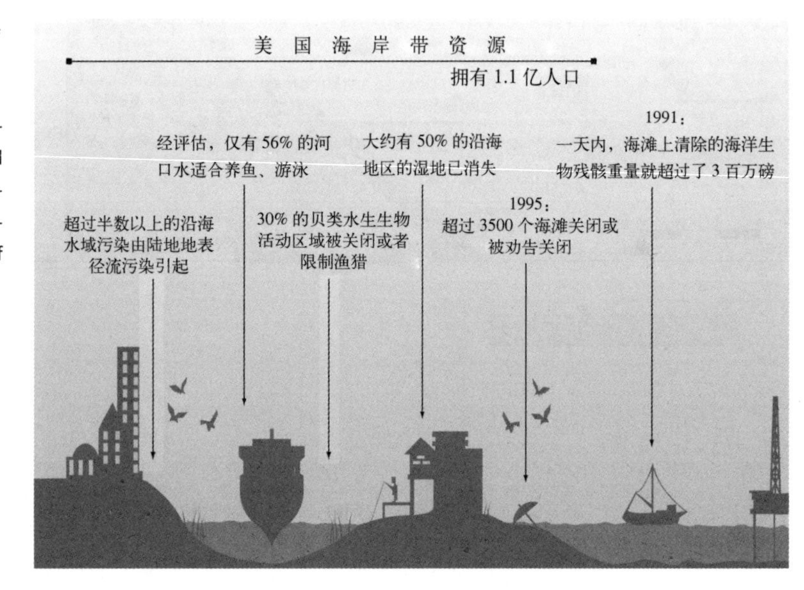

图1-2-9 美国海岸带的生态环境面临巨大压力
资料来源：整理自 A Strategic Framework for the Coastal Zone Management Program. The Coastal Programs Division and the Coastal States，Territories and Commonwealths，U.S. Department of Commerce

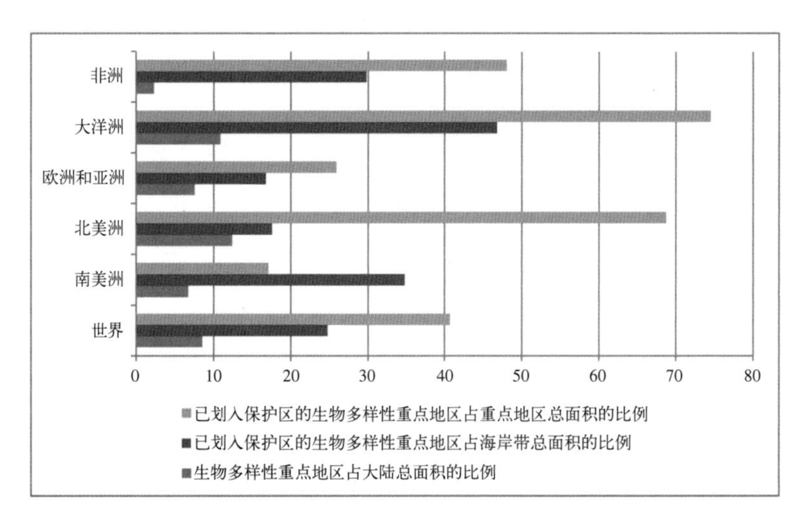

图1-2-10 各大陆海岸带中生物多样性重点地区及其被保护的面积百分比分布
资料来源：Hua Shi&Ashbindu Singh，2003

第三节 国际海岸带规划的发展：兴起与趋势

一、海岸带综合管理的发展

对海岸带资源利用冲突的协调，往往牵涉多方利益。人们逐渐认识到，“地球上再没有任何一个地方比海岸带更需要综合的开发规划和管理了”（约翰 R. 克拉克，2005）。仅从行业或部门利益考量，无法全面应对海岸带的复杂利益诉求、实现资源的可持续利用。由此，海岸带综合管理（Integrated coastal zone management，简称 ICZM）逐步成为沿海国家和地区普遍采用的规划管理理念和方法。总体来说，我们可以把海岸带综合管理的发展分为三个时期。

（一）海岸带综合管理的萌芽期

指 20 世纪 50 年代至 60 年代。在此阶段海岸带大规模开发尚未起步，但环境污染等问题已初露端倪。美国、加拿大和西欧部分国家在初步探究了环境污染与海岸带生态健康的关系后，制订了一些法律和法规来禁止黑色废弃物的排放（杨庆霄，1998）。一般认为海岸带综合管理的发端是美国建立旧金山湾自然保护与发展委员会（San Francisco Bay Conservation and Development Commission）（蔡程瑛，2010）。

（二）海岸带综合管理的形成期

指 20 世纪 70 年代至 80 年代。其发端以美国 1972 年颁布《海

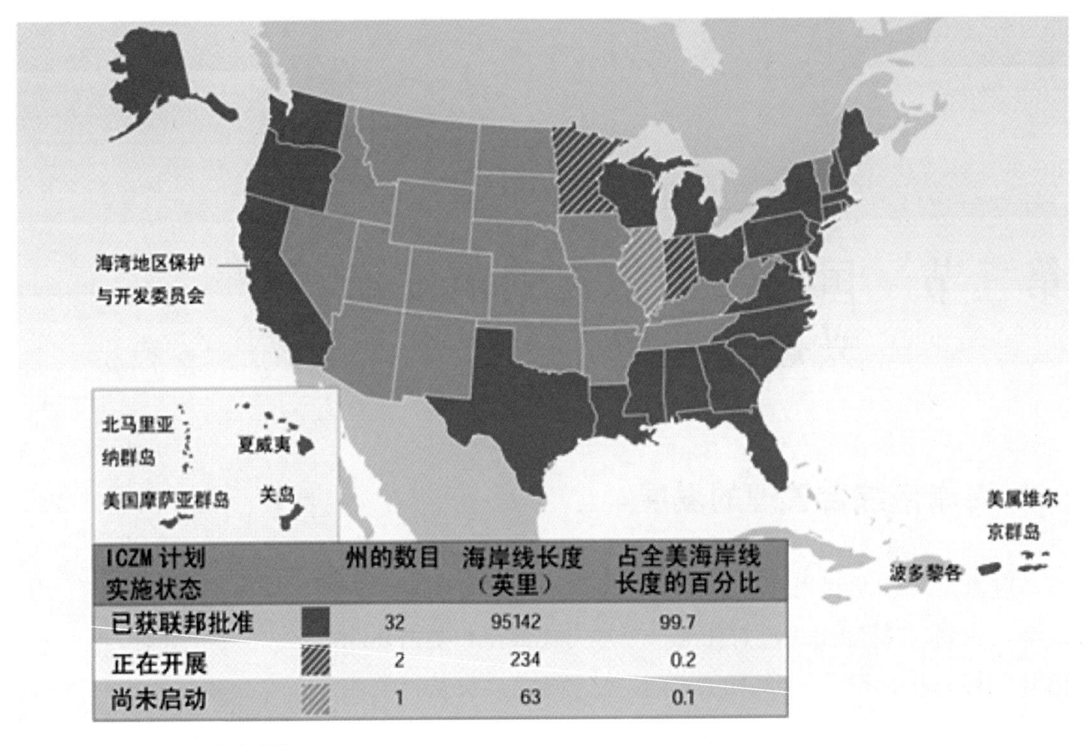

ICZM 计划实施状态		州的数目	海岸线长度（英里）	占全美海岸线长度的百分比
已获联邦批准		32	95142	99.7
正在开展		2	234	0.2
尚未启动		1	63	0.1

图 1-3-1 美国 ICZM 实施的情况

资料来源：U.S. Department of Commerce

岸带管理法案》（coastal Zone Management Act of 1972，CZMA）为标志（图 1-3-1），之后的发展则得到了包括联合国环境计划署、世界银行等国际组织和机构及众多非政府组织的大力推动，各国海岸带管理法规陆续出台，包括 20 世纪 70 年代英国颁布的《北海石油与天然气:海岸规划指导方针》、韩国制定的《公有水面管理法》与《公有水面管理法实施令》、1973 年澳大利亚公布的《海洋和水下土地法》等。在我国，江苏省 1985 年率先颁布了《江苏省海岸带管理暂行规定》（鹿守本和艾万铸，2001）。

在这个时期，另一个值得注意的动向是在联合国的引领下，跨区域的海岸带综合管理协作框架逐步成型。例如，在联合国环境计划署主导下，1975 年地中海 17 国通过了《地中海行动规划》（Mediterranean Action Plan，MAP），拉开了地中海海岸带综合管理的序幕，这是第一个政府间的地中海保护行动规划（王东宇等，2005）；20 世纪 80 年代，联合国经济和社会理事会的海洋经济技术处，组织专家对世界 40 多个国家的海岸带和沿海地区进行了一次调查研究，形成了《海岸带管理与开发》专题报告（鹿守本和艾万铸，2001）。

总体来看，1980 年之后，海岸带综合管理的概念已经广为世界沿海国家所接受。

（三）海岸带综合管理的蓬勃发展期

自 1990 年起，世界银行和欧洲投资银行开始在地中海地区联手开展海岸带综合管理的合作。

1992 年 6 月在巴西召开的联合国环境与发展大会（UNCED），以及 1993 年 11 月在荷兰召开的世界海岸大会，分别形成《21 世纪议程》和《世界海岸 2000 年——迎接 21 世纪海岸带的挑战》两份文件，对海岸带综合管理的发展起到非常重要的推动作用（王东宇等，2005）。

1992 年召开的联合国环境与发展大会（United Nations Conference on Environment and Development，UNCED）上通过的联合国《21 世纪议程》，要求"沿海国承诺对其国家管辖范围内的沿海地区和海洋环境进行综合管理和可持续发展"。该议程初步明确了海岸带综合管理的目标、计划、实施条件等，具有开创性的指导作用（联合国，1992）。

到 20 世纪 90 年代中期，世界 177 个沿海国家中，已经有 95 个国家在 385 个地区开展了海岸带综合管理工作（表 1-3-1）。

世界各地区海岸带综合管理（ICZM）实施的大致比例　表 1-3-1

地区	北美地区加拿大、美国和墨西哥	加勒比海和大西洋岛屿地区	中美洲	南美洲	亚洲	欧洲和北大西洋地区	非洲
比例 %	100	31	57	45	57	32	13

资料来源：整理自鹿守本，艾万铸．海岸带综合管理——体制和运行机制研究，23-24 页

二、海岸带综合管理背景下的国际海岸带规划情况

（一）美国、欧洲等发达地区开展情况

在规划法规方面，1972 年，美国国会通过了《海岸带管理法案（CZMA）》，并于 2000 年对其进行了修订，从而形成了美国海岸带规划的总体法律框架（许学工和许诺安，2010）。

在规划前期的评估方面，美国环保署与它的合作机构前后编制了两次《全国海岸环境报告》（NCCR I 和 NCCR II），对全国大部

分的海岸带及河口资源进行评估，有力地支撑了海岸带规划和管理的开展（United States Environmental Protection Agency，2005）。

在整体规划框架搭建方面，《海岸带管理法案（CZMA）》第307条要求联邦政府机构以与州海岸管理计划一致的方式引导他们的行为。为此，美国政府提供了海岸资源与生境类型、压力、利用和问题四个方面的规划原则，在协调各州海岸带规划、解决共同问题方面起到了重要作用。例如，在河口和海岸湿地保护方面，沿海所有的州都有地方分区条例，通过构建完善的系统来控制沿岸湿地的变化；大多数州都有一个"零净损失"的政策，旨在阻止湿地的任何进一步损失；22个州要求建筑要与湿地有一定距离，以在开发活动和资源保护之间提供一个缓冲地带；28个州依靠传统的手段，如地方土地利用规划和特别区域管理计划来保护海岸湿地（美国国家海洋和大气管理局（NOAA），1998）。

在各州海岸带规划方面，考虑到实际情况的差异性，各州的资源管理优先级、管理技术手段和组织结构都有所区别。例如在北卡罗来纳州的海岸管理计划中，优先级最高的两项是保护存留的沿海湿地和减少由飓风造成的生命和建筑物的损失。为此该州建立了沿岸湿地的地理信息系统，制订湿地的保护和恢复计划，划定环境关注区，并要求每个县制订土地利用计划。而在马萨诸塞州，海岸带规划中具有最高优先权的是在本州沿海地区的发展和娱乐用途间获得平衡，因此海滨休闲区域的游览管控、受保护的公众接近通道、非点源污染控制能力、海洋资源管理计划的制定成为规划的主题。

在重点海岸带地区规划方面，在《海岸带管理法案（CZMA）》框架下，大量的资源保护地区或人口密集地区均编制了相关规划，如旧金山湾规划、卡斯科（Casco）湾规划、加尔维斯敦（Galveston）湾规划等。

欧洲的海岸带规划发展情况与美国存在很大的不同，这主要是由欧洲沿海国家多、海岸带开发强度高、区域联系紧密的特点造成的。与美国、中国等疆域辽阔的国家不同，跨国的区域一体化规划和综合管理对欧洲国家更为重要。因此，我们可以将欧洲海岸带规划的开展划分为两个领域，即各国内部的海岸带规划和区域一体化的海岸带规划。

1. 各国内部的海岸带规划

从20世纪70年代起，欧洲国家逐步开展了海岸带规划工作。

1973年7月，法国政府发表了题为“法国海岸带整治展望”的正式文件，首次明确规定海岸带范围，对海岸带自然空间保护及向内陆扩展的滨海旅游开发活动引导等问题提出了具体的建议，同时提出了关于制定海域利用计划的设想；1979年8月，法国政府制定了“海岸带保护与整治方针”，提出了有组织、有秩序地实施海岸带城市规划、保护并开发海岸带自然空间、海岸公众开放、滨海地区各类建筑物的造型与质量控制等规划指引（法国海岸带开发管理制度一瞥）。

其他欧洲国家也陆续在城乡规划法规及其他法规基础上，逐步开展了海岸带规划工作。例如在英国，通过《规划政策指南》(Planning Policy Guidance)中的20号指南(即海岸带政策规划指南)(1995)，从生态保护、经济社会发展、风险、环境评估等方面指导地方政府制定海岸带的“结构规划”和“地方规划”；瑞典和挪威均根据《规划和建筑法》(Planning and Building Act)，在划定海岸带范围的基础上，鼓励海岸带开展整合的、可持续的规划，沿海地区被要求制定海岸带规划；而在西班牙，自治区层面编制了大量的海岸带规划，但地方政府缺乏足够的技术手段和经济实力来落实规划。(本段翻译自 Linda Bridge，Final Study ReportPrepared for the Dutch National Institute for Coastal & MarineManagement，2000。)

总的来看，欧洲各国海岸带规划存在以下的特点：

一是绝大部分国家均未出台全国范围的海岸带规划管理法规，而是采用大量局部性的法规，这对海岸带规划的有效编制和实施造成了困扰。

二是各国海岸带规划中普遍将土地管制规划作为重点。

三是在很多国家，公众参与被视为海岸带规划的重要内容，尤其是在北欧国家。

2. 区域一体化的海岸带规划

从20世纪90年代起，在欧盟、联合国、世界银行等机构的倡导下，欧洲国家及环地中海的其他国家开展了大量海岸带综合管理项目。尽管每个项目的关注点有所不同，但其中绝大部分项目均对海岸带规划起到了良好的指导作用。

例如，地中海地区开展了一系列海岸带综合管理项目（表1-3-2)，从数据搜集、前期分析、对策研究、实施管理等诸多方面，衍生出丰富的规划工具和规划对策。

地中海地区相关 ICZM 活动对海岸带规划的支撑作用 表 1-3-2

	相关计划	实施机构	活动类型	与之相关的海岸带规划相关内容
科学监控与观察	地中海测绘计划（Mediterranean Atlas，MEDATLAS）	欧共体（European Community，EC）	水文地理监控	开展海岸带地区资源和环境的调查
	地中海污染监控计划（Mediterranean Pollution Monitoring Program，MEDPOL）	地中海行动计划（Mediterranean Action Plan，MAP）	污染评估与控制	指导污染治理和污染源控制的相关规划
	地中海全球海洋观测系统（Mediterranean Global Ocean Observing System，MEDGOOS）	政府间海洋学委员会（Intergovernmental Oceanographic Commission，IOC）	长期监控	全球海洋观测系统（Global Ocean Observinh System，GOOS）的组成部分，为规划提供数据
	海洋科学与技术计划（Marine Science and Technology，MAST）	欧共体	数据收集、垂直集中以及能源运输、生态系统的响应	支持地中海地区关于环境与气候的几个项目，为规划提供数据和决策工具
能力建设与信息交换	地中海行动计划（Mediterranean Action Plan，MAP）		蓝色计划（Blue Plan）、优先行动计划（Priority Actions Programme，PAP）、地中海污染监控计划（Mediterranean Pollution Monitoring Program，MEDPOL）以及其他计划	方式包括手册、培训课程、技术援助以及示范项目，衍生出一系列规划项目和策略
	短、中期优先环境行动计划（Short and Medium-term Priority Environmental Action Programme，SMAP）	欧共体	保护地中海环境行动的框架计划	指明了五个优先规划区域：综合水域管理、综合废物管理、热点地区管理（包括受污染地区以及生物多样性受到威胁的地区）、综合沿海地带管理区以及防止沙漠化的地区
	欧洲全球气候变化研究网络（European Network for Research In Global Change，ENRICH）	欧共体	研究	研究全球气候变化，提供规划决策工具
	地中海海岸带环境计划（Mediterranean Coastal Environment，MEDCOAST）	地中海行动计划相关机构	科学网络	促进关于海岸带综合管理主题的科学与专业化网络的建立，提供海岸带规划工具
区域法定权利实施手段	地中海行动计划		区域大会	巴塞罗那大会与六个技术协议，是规划的指导依据
保留	特别保护区区域活动中心（Regional Activity Centre for Specially Protected Areas，RAC/SPA）	地中海行动计划相关机构	关于特别保护区与生物多样性的协议	保护区网络与物种列表，是规划的重要内容

续表

	相关计划	实施机构	活动类型	与之相关的海岸带规划相关内容
保留	世界自然保护联盟（International Union for the Conservation of Nature and Natural Resources, IUCN）	马拉加办公室 / 保护区世界委员会	能力建设	保护区与物种，是规划的重要内容
	世界自然基金（World Wide Fund for Nature, WWF）		地中海地区的差距分析（GAP analysis）	优先实施生物多样性保留区的确定，是规划的重要内容
社会经济问题 / 基金注入 / 投资	蓝色计划区域活动中心（Blue Plan Regional Activity Center）	地中海行动计划（Mediterranean Action Plan, MAP）相关机构	关于社会－经济交互作用的当前及以后的环境状况	研究与情景构建，为规划提供经济社会方面的决策工具
	优先行动计划 / 区域活动中心（Priority Actions Programme / Regional Activity Centre, PAP/RAC）	地中海行动计划相关机构	海岸带管理项目（Coastal Area Management Programme ，CAMP）	在克罗地亚、希腊、叙利亚、土耳其、突尼斯、埃及、阿尔巴尼亚、阿尔及利亚、摩洛哥、以色列、马耳他、黎巴嫩以及斯洛文尼亚已经开展了海岸带管理项目，规划是其中的重要环节
	地中海环境技术援助项目（Mediterranean Environmental Technical Assistance Programme, METAP）	欧共体、世界银行（World Bank, WB）、欧洲投资银行（European Investment Bank, EIB）、联合国开发计划署（United Nations Development Programme, UNDP）、瑞士、芬兰	能力建设、项目准备与投资	污染、水域和沿海地区管理，指导了一系列的海岸带规划编制和研究
	欧洲 - 地中海合作计划（Euro - Mediterranean Partnership ，MEDA）	欧共体	在欧洲 - 地中海合作范围内提供援助	在欧共体与地中海国家间建立双边、多边以及区域合作关系，合作范围涉及规划技术
	欧洲区域合作计划（European Territorial Cooperation ，INTERREG）	欧共体	根据经济发展与环境保护状况而提出的跨国战略所采取的措施与开展的研究工作	针对综合沿海开发、防止并控制海水污染以及环境保护，提出了一些规划战略思想
	全球环境基金（Global Environment Facility, GEF）	世界银行、联合国开发计划署（United Nations Development Programme, UNDP）、联合国环境计划署（United Nations Environment Programme, UNEP）	码头或者其他事物，涉及生物多样性的项目以及跨国水域	地中海中实施石油污染管理项目、陆基污染的战略性行动计划、湿地和沿海生态系统的保留等，是相关规划的重要依据

资料来源：根据 METAP Secretariat，2002 修改

（二）联合国在海岸带规划中的作用

联合国很早就关注到了海岸带的重要性及其面临的问题，这使其成为海岸带综合管理和

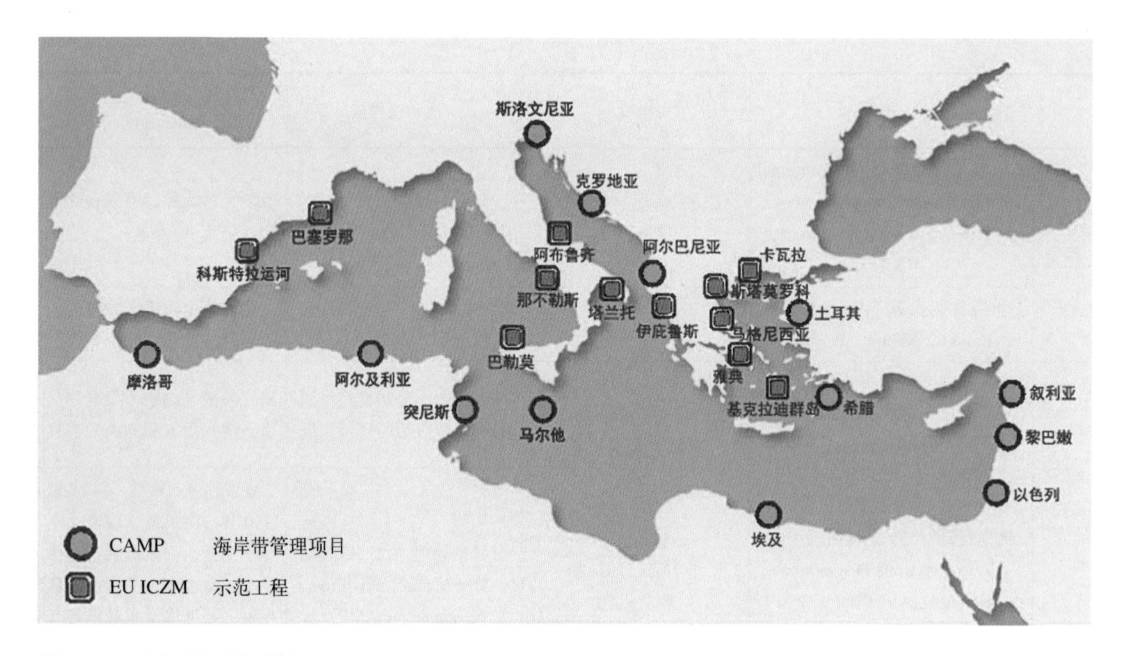

图 1-3-2 地中海行动计划"海岸带管理项目"和欧盟"海岸带综合管理示范项目"分布图
资料来源：UNEP/MAP/PAP，2001

海岸带规划的关键推进力量。在 1992 年里约热内卢全球峰会上通过的《21 世纪议程》中，联合国规定了各缔约国的权利和义务，为保护海洋和海岸环境及其资源、确保海岸带可持续发展奠定了国际基础。并指出，要达到保护的目的和实现可持续发展，就需要在国家、次区域、区域和全球层次上制订出海洋带管理和开发的新举措、新方法（UN 1992. Agenda 21:The United Nations Programme of Action from Rio. United Nations. New York. USA. Pp.147.）。在 1995 年，联合国环境计划署为了预防和解决来自陆地的人类活动对海洋和海岸带的威胁，实施了"针对陆地活动保护海洋环境的全球行动计划(Global Programme of Action for the Protection ofthe Marine Environment from Land-based Activities)"（崔胜辉等，2004）。

以《21 世纪议程》为基础，联合国大致通过以下三种方式对海岸带规划起到重要的推动作用：

1. 对沿海地区发展的指引

典型的是地中海地区。在联合国环境计划署(UNEP)的支持下，17 个地中海国家于 1976 年共同签署了《巴塞罗那条约》，实施《地中海行动计划（MAP）》（图 1-3-2）。此后联合国环境计划署还支持成立了蓝色计划研究中心，通过智囊团的方式，为蓝色计划提供了一系列的数据、具有系统性和前瞻性的研究方法，以及一些在特定情况下共同实施蓝色计划的行动方案。这项计划为地中海地区国家提供了有用的信息，帮助其贯彻、实施可持续的社会经济发展战略，进而防止地中海地区环境恶化（http://www.planblue.org.）。

自1989年起，《地中海行动计划》的一个重要内容是对一些重点地区的试点研究和先行管制，称之为"海岸带管理项目"（Coastal Area Management Programmes，简称CAMPs），这些项目共13个，分别位于克罗地亚的卡斯特拉湾、叙利亚滨海地区、希腊罗德岛、突尼斯的斯法克斯（Sfax）滨海地区等地区。由于每个项目所面临的问题不尽相同，《地中海行动计划》鼓励当地政府从海岸带综合管理计划庞杂的工具和方法库中，选取有针对性的技术途径，以解决具体问题。例如，1989～1993年在克罗地亚的卡斯特拉湾（Kaštela Bay）地区项目中，针对该地区基础市政设施匮乏、废水排放问题突出的现状，项目对排水系统进行了重新组织。

2. 对特定沿海国家和沿海城市的指引

此类方式主要通过《可持续性城市计划》、《地方化21世纪议程计划》和《城市管理计划》（Urban Management Programme，UMP）落实。其中《可持续性城市计划》制定于1990年，致力于在地方、地区和国家等各个层面提升城市环境规划与管理的能力；《地方化21世纪议程计划》支持建立和实施一个广泛参与的环境行动计划，重视城市规划和管理的每个细节；《城市管理计划》则主要涉及以下几个领域：城市土地管理、城市基础设施的建设和维护、城市金融、城市扶贫和保护城市环境等。

3. 对特定的海岸带问题的研究和指引

联合国高度关注海岸带不断出现的经济社会、资源保护、自然灾害等方面的突发性问题，并已建立起完善的问题预警、问题分析、动因追溯和策略研究机制，从而不断为海岸带的可持续发展提供技术方法和规划工具。

例如，2007年联合国环境署编撰报告，系统回顾了2004年印度洋海啸发生后，2005～2007年间联合国及国际、地方的其他政府和民间机构在印度尼西亚亚齐（Aceh）地区从事的生态恢复活动，评估其成效，并总结经验教训，提炼出一套海岸带灾后生态恢复的技术方法和组织流程，具有很大的借鉴意义（United Nations Environment Programme，2007）。

第四节 我国海岸带的主要特征与规划回顾

一、主要特征

（一）资源分布和经济产业发展不均衡

从海岸带资源总量来看，我国是一个海岸带资源相当丰富的国家，但是人均拥有资源量却非常少。我国人均海岸线不足 3 米长，在 111 个沿海国家中，排在最后一位（金建君等，2001）。

同时，我国大陆沿海各省份的海岸线长度分布较不均衡，广东、福建和山东分列前三名，而上海和天津的海岸线绝对长度相对较短（图 1-4-1）。

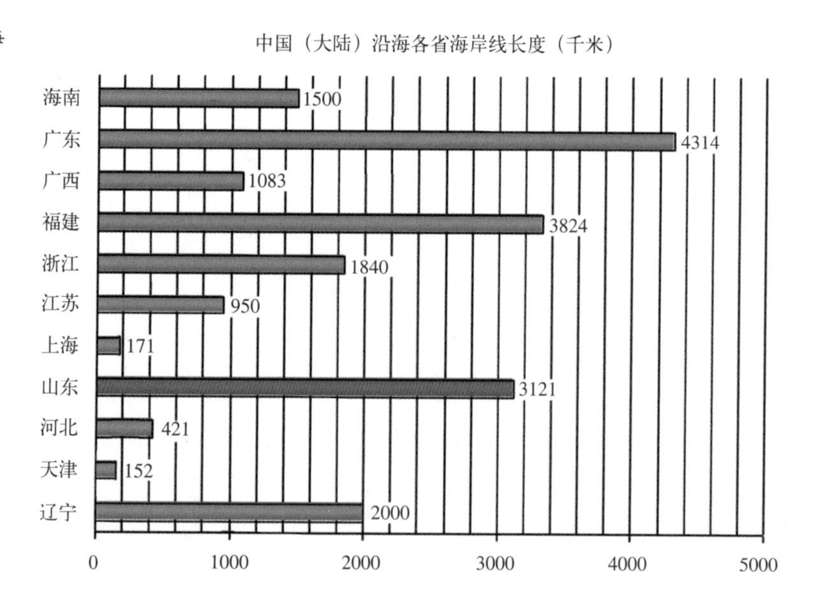

图 1-4-1 中国（大陆）沿海各省海岸线长度
资料来源：王东宇等，2005

从经济产业发展水平上看，我国大陆各省海洋经济的发展并不均衡。以地区海洋生产总值考量，广东、山东可划为第一类，海洋生产总值都在 7000 亿元以上；江苏、上海、福建、浙江、辽宁、天津可划为第二类，海洋生产总值在 2500 亿元至 5500 亿元之间；河北、广西、海南为第三类，海洋生产总值小于 1200 亿元。

以海洋经济密度考量，根据 2009 年、2010 年的统计数据（图 1-4-2），上海海洋经济密度居大陆 11 个沿海省份之首，天津居第二，江苏、广东、山东和河北居 3 ~ 6 位，辽宁、福建、海南和广西的海洋经济密度则居于后几位（国家海洋局海洋发展战略研究所课题组，2012）。

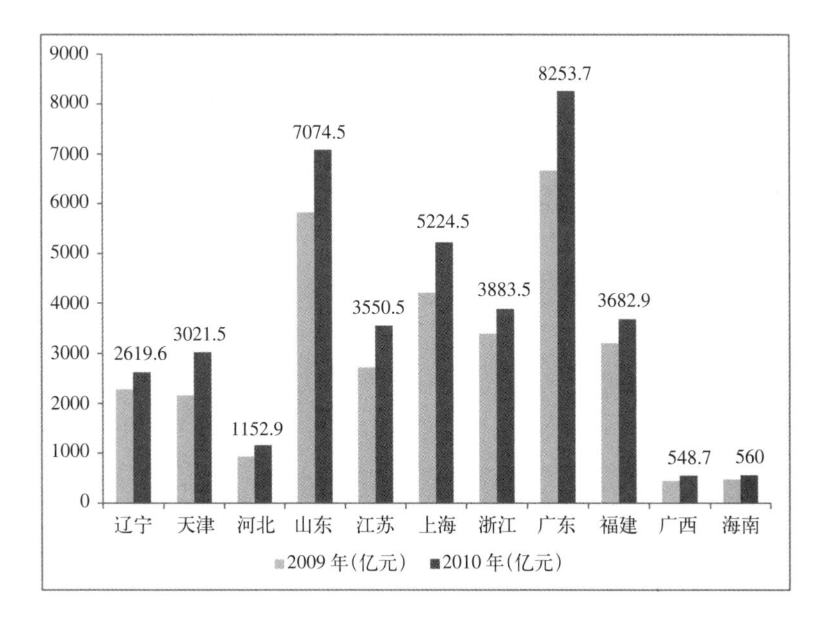

图 1-4-2 2009 年、2010 年沿海省份海洋生产总值比较
资料来源：《中国海洋经济统计公报》（2010、2011）

以海洋产业结构考量，大陆各沿海省份海洋产业结构差异明显，一、二、三产业发展不甚均衡。如表 1-4-1 所示，河北、天津的重工业化趋势比较明显；海南的第一产业和第三产业比重较大（国家海洋局海洋发展战略研究所课题组，2012）。

中国沿海地区海洋三次产业结构（单位：亿元）　表 1-4-1

地区	海洋生产总值				海洋生产总值占地区生产总值的比重（%）
	总计	第一产业	第二产业	第三产业	
合计	39572.7	2008.0	18935.0	18629.8	16.1
天津	3021.5	6.1	1979.7	1035.7	32.8
河北	1152.9	47.1	653.8	452.1	5.7

续表

地区	海洋生产总值				海洋生产总值占地区生产总值的比重（%）
	总计	第一产业	第二产业	第三产业	
辽宁	2619.6	315.8	1137.1	1166.7	14.2
上海	5224.5	3.7	2059.6	3161.6	30.4
江苏	3550.5	162.6	1927.1	1461.2	8.6
浙江	3883.5	286.7	1763.3	1833.6	14.0
福建	3682.9	317.7	1602.5	1762.7	25.0
山东	7074.5	444.0	3552.2	3078.3	18.1
广东	8253.7	194.0	3920.0	4139.6	17.9
广西	548.7	100.4	223.1	225.2	5.7
海南	560.0	129.9	116.6	313.5	27.1

资料来源：《中国海洋统计年鉴》（2011）

（二）城市化："过度城市化"与统筹协调的缺失

目前我国海岸带已成为城乡建设的密集地区。据统计，我国大陆沿海地区的人口密度从1952年的181人/平方公里，上升到2010年的459人/平方公里。58年间，人口密度增加值为278人/平方公里，是同期全国人口密度增加值（72人/平方公里）的3倍多，说明与全国相比，沿海地区土地的人口承载压力显著增大（人口数据来源于国家统计局第六次人口普查数据）。与人口增长同步的是，沿海地区的建设用地增长同样迅猛。

需要引起重视的是，为引导沿海地区的进一步发展，沿海各城市的规划往往依赖单纯的规模扩张，从而制造了大量的过剩需求。以唐山市为例，若将沿海地区相关规划拼合如图1-4-3所示，不难发现全市沿海一线几乎完全被城市新区和工业园区所占据，其建设规模显然超出了城市发展的实际需求。

建设用地高速增长的同时，伴生着耕地的严重流失。刘彦随等人的研究表明，1996～2005年的10年间，我国东部沿海地区的年均耕地损失达到1709平方公里之多，10年共损失耕地17087平方公里（图1-4-4）。更有甚者，近年来随着城市建设力度的加大，耕地资源的损耗速度大大提升。如图1-4-5所示，从2001年到2005年我国大陆沿海省份共损失耕地13730平方公里，为1996年至2000

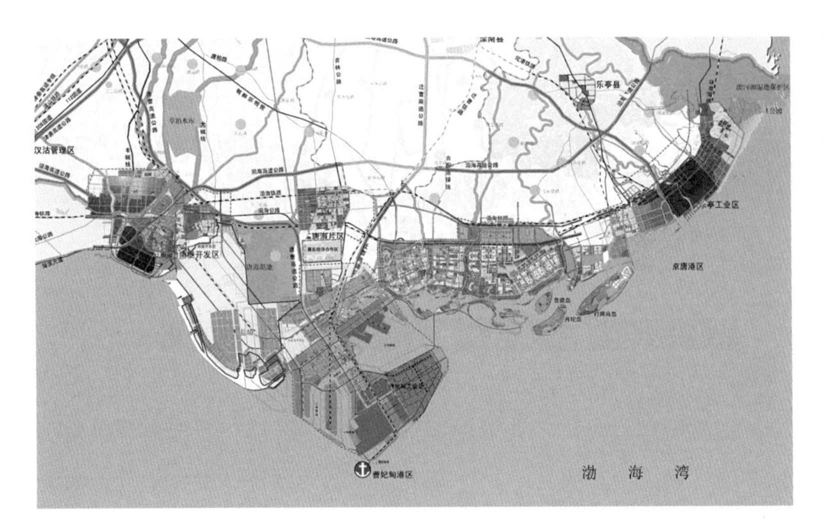

图 1-4-3　唐山市沿海地区规划拼合图

资料来源：中国城市规划设计研究院，2011

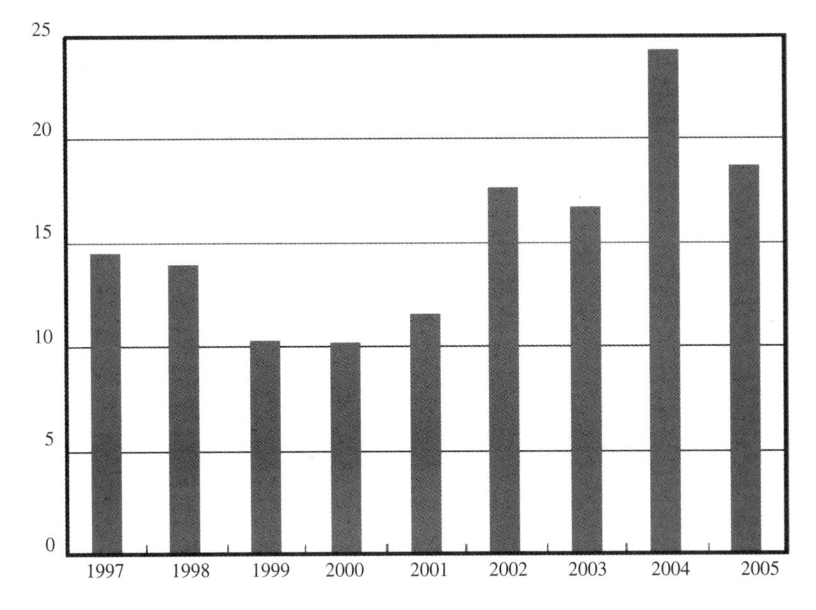

图 1-4-4　我国东部沿海地区 1996-2005 年建设用地增长图（单位：万公顷）

资料来源：刘彦随等，2008

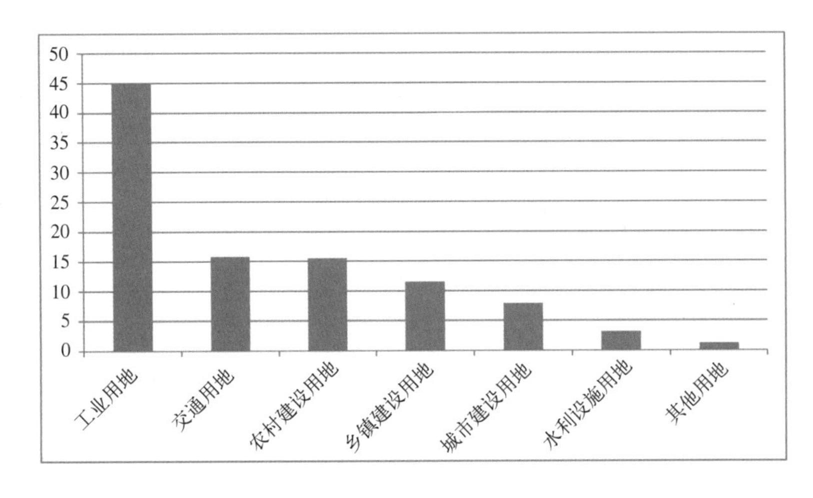

图 1-4-5　1996-2005 年耕地转化为其他用地的比例分配图（%）

资料来源：刘彦随等，2008

年损失量的4倍（刘彦随等，2008）。仅2001年一年，全国建设占用耕地达16137平方公里，其中沿海地区建设占用耕地9178平方公里，占全国的59.17%。沿海地区建设所占用的耕地数量占耕地减少总量的46.15%，大大高于全国18.13%的平均水平，尤其是在长江三角洲地区，这一比例更高达60%以上（金凤君等，2004）。

（三）环境：面临大规模开发压力的生态脆弱地区

随着城镇建设、产业发展和旅游活动的开展，我国海岸带常受到环境污染、植被破坏、物种减少等问题的困扰。整体上看，我国海岸带常见的生态问题如表1-4-2所示。

海岸带的生态安全问题、威胁和诱因　　表1-4-2

生态问题	主要危害	形成诱因
富营养化污染和赤潮	制约沿海经济的发展，破坏海洋生态环境，威胁人类健康	工业和生活废水排放，海岸带高密度、大规模、集约化的海水养殖
海岸带生境的破坏	经济种类失去自然栖息的环境，生物多样性降低，且造成海岸侵蚀；滩涂的酸性土质排放到周围水体中，使水体的pH值降低，将对很多水生生物造成危害（苗卫卫和江敏，2007）	围海造地、围海养殖、砍伐、工程建设等
渔业资源衰退	多数传统优质渔业种类已形不成鱼汛，渔获物中优质鱼类比例下降，渔获物中优质鱼类以幼鱼为主，威胁人类的食物安全，收入减少（崔胜辉等，2004）	过度捕捞、环境污染
生物多样性减少	降低海岸带的生态、景观、经济价值	环境污染、生境破坏、城镇和产业用地扩张等
外来种入侵	引起当地生态系统结构和功能的改变，如重建食物网、引入新疾病、与本地种争夺食物和空间；与当地的物种进行繁殖，可能改变基因库导致杂交和同一性从而使多样性减少；威胁人类健康和经济的发展（崔胜辉等，2004）	贸易、旅游、邮件传递、作物育种、引种、农业生产等
近岸海域污染	破坏海洋生态系统，影响水产业发展，降低海岸带景观品质，威胁人类健康	沿海生产、生活的污染物排放、海洋运输、燃油泄露等
海岸侵蚀	造成海岸带土地和生态资源损失，对沿海各项建设的安全构成威胁	不合理的海岸工程、海岸线形态的人工改变、植被破坏、全球海平面上升等

（四）灾害：脆弱易受灾害的岸段

综合考虑风暴、海平面上升等因素，我国大陆海岸线生态脆弱、易受灾害的岸段有9个，主要分布在京津冀沿海地区、长三角沿海地区、海南省北部沿海地区等地。

在风暴灾害方面，2011年我国沿海共发生风暴潮过程22次，其中台风风暴潮9次，5次造成灾害；温带风暴潮13次，1次造成灾害。在海平面上升方面，预计2050年海平面将比常年升高145～200毫米（2011年中国海洋环境质量公报），从而加剧沿海地区风暴潮的影响，可能引发海岸侵蚀、海水入侵与土壤盐渍化等灾害，给当地人民的生产生活和经济社会发展造成一定的危害。在海水入侵和土壤盐渍化方面，我国海水入侵严重地区分布于渤海和黄海滨海平原地区，土壤盐渍化严重地区分布于渤海滨海平原地区，其成因主要是海平面上升和地下水过量开采。在海岸侵蚀方面，我国沙质海岸和粉沙淤泥质海岸侵蚀严重，侵蚀范围扩大，局部地区侵蚀速度加快。

（五）未来趋势

根据《全国城镇体系规划（2006-2020）》，我国东部沿海地区未来很长一段时间内仍将是人口和产业集聚的重点地区。如表1-4-3所示，该规划预测，2020年城镇化水平高于60%的省份将主要位于东部沿海地区。

东北、东部、中部、西部地区城镇化率（%）　　表1-4-3

地区	2010年	2020年
全国	47	56～58
东北3省	59.19	69.58
东部10省	56.96	68.86
中部6省	39.48	48.83
西部12省区	37.63	45.77

资料来源：住房和城乡建设部城乡规划司、中国城市规划设计研究院，2010

而在该规划确定的我国城镇体系“一带七轴多通道”空间结构中，“沿海城镇带”因其突出的资源优势和区位条件，成为关键的组成部分。

而在《中华人民共和国国民经济和社会发展第十二个五年规划纲要》中，明确提出了积极支持东部沿海地区的率先发展："发挥东部地区对全国经济发展的重要引领和支撑作用，在更高层次参与国际合作和竞争，在改革开放中先行先试……着力培育产业竞争新优势，加快发展战略性新兴产业、现代服务业和先进制造业……进一步提高能源、土地、海域等资源利用效率，加大环境污染治理力度，化解资源环境瓶颈制约。推进京津冀、长江三角洲、珠江三角洲地区区域经济一体化发展，打造首都经济圈，重点推进河北沿海地区、江苏沿海地区、浙江舟山群岛新区、海峡西岸经济区、山东半岛蓝色经济区等区域发展，建设海南国际旅游岛"(http://www.ce.cn/macro/more/201103/16/t20110316_22304698.shtml)。

可以预见的是，随着人口、产业的进一步集聚，我国海岸带地区的战略地位将不断提升，同时其所面临的资源环境压力也将持续增加。在此情况下，改变单视角、局部式的管理方式，以综合、全面的海岸带规划为基础，开展海岸带综合管理，其重要性不言而喻。

二、海岸带规划历程回顾

世界海岸带规划管制发端于经济、社会最为发达的美国，绝非偶然。这表明通过海岸带规划管制，协调海岸带资源的保护与开发，是海岸带经济与社会发展到一定阶段的必然结果。换言之，沿海国家或地区实施海岸带规划管制的需求，与其"沿海化"程度成正比。

中国海岸带的开发，过去以"兴渔盐之利和舟楫之便"为主要目的，开发强度低，资源尚能可持续利用，开发行业之间也矛盾较小。而从改革开放至今的30余年间，目前已到了迫切需要施行海岸带规划管制的阶段，其原因主要有三：

1. 理论和法规基础日趋完善

1980年以来，中国已完成了"全国海岸带和滩涂资源综合调查"、"中国海湾志"、"全国海岛资源综合调查"、"全国海洋功能规划"、"全国海洋开发规划"等一些专项调查研究项目。近十年来，中国各学科研究人员在海平面变化及未来预测、海岸带及海洋灾害、海岸侵蚀、海岸带环境保护及生态研究等领域，开展了相应的专题研究，取得了一批研究成果。《中华人民共和国海域使用管理法》的颁布实施以及其他相关法律的确立，使得海岸带管理已经具备一定的法律基础。联合国环境开发署在我国厦门建立了海岸带管理示范区，中美两国也一直在红树林、珊瑚礁等海岸带地区进行海岸带管理的合作研究。

2. 海岸带矛盾日渐凸显

近年来，国家在沿海地区社会经济发展政策、沿海及海洋产业结构布局和发展调控、海域资源和环境管理的国家层面决策方面，科学依据和决策支持系统仍然不足；沿海地区科技兴海活动已高潮迭起，经济效益显著，迫切需要促进海岸带资源与环境持续利用的关键技术；作为宝贵资产的海岸带资源，在快速开发利用的形势下，我们对其资源底数、资源供求关系和发展中的风险等缺乏系统的了解和掌握。例如，仅仅日益增长的海岸带环境保护问题便能产生巨大的财政负担。因此，需从现实的国民经济实力出发，寻求新的方法来加强海岸带管理。

3.“沿海化”使得中国海岸带的社会、经济背景发生了深刻的变化

在城市化、工业化背景下，协调海岸带陆域空间、土地资源使用，日益成为海岸带规划管制需要面对的重要问题。这些新的问题，并非单一部门、单一行业规划（如海洋功能区划）能够解决。

在此背景下，国外的研究学者把1985年《江苏省海岸带管理条例》(1997年进行了修订）的颁布，作为我国海岸带综合管理的开端。在该条例之后，我国的厦门、深圳等少数沿海城市也曾开展过海岸带规划管制的工作。但总体而言，从全国海岸带规划管制的发展情况来看，上述案例虽有积极的意义，却尚属“偶发”的零星个案。事实上，与海岸带面临的巨大压力相比，我国目前海岸带规划管制的开展仍十分滞后，许多领域几近空白。

从目前情况来看，我国沿海发达地区编制海岸带规划的行动已开始萌芽。中国海岸带由北向南跨越了40个纬度，自东而西跨越了20个经度，其自然地理特征因地理位置而异。而且，中国海岸带不仅海岸类型多种多样，且沿海岛屿也有类型多、数量大的特点。因此，编制统一的《海岸带综合管理规划》具有困难，而编制省、市一级的海岸带管制规划是现实、可行的。

2004年初，山东省率先在国内提出开展《山东省海岸带规划》的编制工作，对海岸带的资源配置、土地利用、生态保护、开发方

向进行了科学、系统的规划，其编制对于充分认识和正视各种需求、合理控制和使用海岸带资源、保护和改善海岸带环境、促进海岸带地区经济和社会近期和长远的发展意义重大。在该规划的指导下，山东省陆续编制了《威海市海岸带分区管制规划》、《日照市海岸带分区管制规划》、《烟台市海岸带规划》等下一层级的海岸带规划，对沿海地区的发展起到了良好的指导作用。

此后，全国各沿海地区的海岸带相关规划工作广泛展开。这些规划包括省级层面的《河北沿海地区发展规划》（2011 年 11 月 27 日批复），以及地方层面的《黄河三角洲高效生态经济区发展规划》等（表 1-4-4）。

2008 ~ 2011 年国务院批复的沿海地区经济和区域发展规划情况一览　　表 1-4-4

国务院批复时间	文件名称	重点地区	所属地区
2008 年 9 月 8 日	《国务院关于进一步推进长江三角洲地区改革开放和经济社会发展的指导意见》	上海	长三角经济区
2009 年 4 月 14 日	《国务院关于推进上海加快发展现代服务业和先进制造业建设国际金融中心和国际航运中心的意见》	上海	长三角经济区
2009 年 5 月 4 日	《关于支持福建省加快建设海峡西岸经济区的若干意见》	福州、厦门、泉州、温州、汕头	海峡西岸经济区
2009 年 6 月 10 日	《江苏沿海地区发展规划》	连云港、盐城、南通	长三角经济区
2009 年 7 月 1 日	《辽宁沿海经济带发展规划》	大连长兴岛和花园口岸、营口、锦州湾、盘锦、葫芦岛、丹东	环渤海经济区
2009 年 12 月 7 日	《国务院关于进一步促进广西经济社会发展的若干意见》	防城港、北海、钦州	北部湾经济区
2009 年 12 月 8 日	《黄河三角洲高效生态经济区发展规划》	东营、滨州、潍坊、莱州	环渤海经济区
2009 年 12 月 31 日	《国务院关于推进海南国际旅游岛建设发展的若干意见》	海口、三亚	海南岛
2011 年 1 月 4 日	山东半岛蓝色经济区规划	青岛、东营、烟台、潍坊、威海、日照	环渤海经济区
2011 年 11 月 27 日	河北沿海地区发展规划	秦皇岛、唐山、沧州	环渤海经济区

资料来源：国家海洋局海洋发展战略研究所课题组，2012

第二章 海岸带规划体系

【摘要】

搭建合理的海岸带规划框架，制订完善的技术路线，是开展海岸带规划的第一要务。由于世界各国的海岸带保护与利用情况千差万别，统一的规划技术路线无疑不可能形成，“具体问题具体解决”是世界海岸带规划的共识。在本章中可以了解到，为了构建一个宏观框架，容纳各国海岸带情况的差异，欧洲海岸带规划围绕普适原则，形成了一个弹性指导框架；而在美国，为了化解开发对海岸带资源的破坏，资源保护和建设引导的内容趋于细化，更加翔实。

我国海岸带面临的情况在很多方面与美国和一些欧洲国家类似，但又具有自身特点。为此，本章提出的规划体系是在广泛借鉴世界各国经验的基础上，结合我国实际情况而形成的。在此基础上，本章对规划的流程进行了梳理，并且对于前期的关键环节——海岸带规划范围的划定，提出了具体的指导意见。

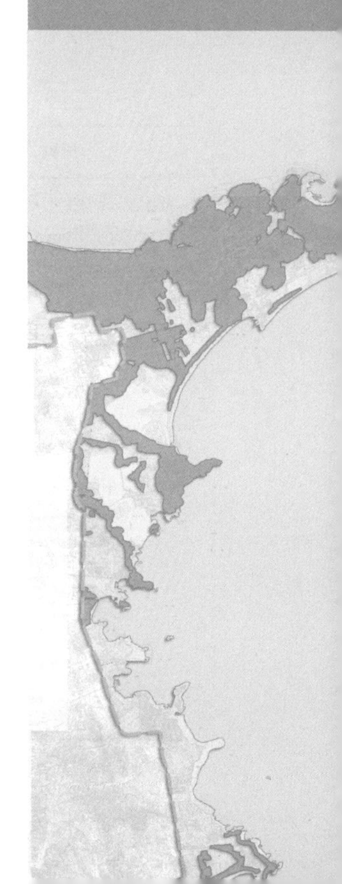

第一节 海岸带规划体系的内容

一．国外海岸带规划的体系构成

（一）欧洲海岸带规划的体系构成

根据《欧洲海岸带行为准则》（European Code of Conduct for Coastal Zones，Geneva，19 April 1999）及部分欧洲国家海岸带规划的体系构成，对欧洲海岸带规划的原则和关键要素进行梳理（表 2-1-1）。

由于欧洲海岸带长度较长，涉及国家极多，且各国的海岸带条件和管理政策差异较大，因而《欧洲海岸带行为准则》致力于树立海岸带规划的基本价值观和普适性原则——“生态优先”和“维护公众利益”。而这些价值观和原则对我国的海岸带规划同样是适用的。

欧洲海岸带规划的原则和关键要素　　表 2-1-1

<table>
<tr><th>原则</th><th>关键要素</th></tr>
<tr><td>泛欧洲景观生态多样性战略（The Pan-European Biological and Landscape Diversity Strategy）的原则</td><td>海岸带部门整合发展
促进社会经济协调发展，通过全面环境影响评估，以确保开发量不超过当地的承载能力，并应将影响海岸带的集水区纳入集水区保护计划</td></tr>
<tr><td rowspan="5">审慎规划原则
规避不利影响原则
前瞻性预防原则
危害性项目搬迁原则</td><td>禁建区
划定海岸带禁建区为当代人和后代人使用，最大限度地减少洪水、海平面上升的影响，防止海岸侵蚀；禁建区应包括海洋、潮间带地区、沿海生态系统和栖息地、景观保护区，以及一定距离的海岸带退缩区。尽量减少或避免填海、挖掘等海防工程作业</td></tr>
<tr><td>保护海岸带景观
保护海岸带景观资源，限制进入，并保持视觉完整性</td></tr>
<tr><td>防灾
确保海岸带安全，保护居民财产和生命</td></tr>
<tr><td>防止引进外来物种
防止外来物种入侵，并严格管制可能的外来物种栖息地</td></tr>
<tr><td>海岸带活动约束
不依赖海岸带的活动应疏解，建成区应预留充足的发展备用地</td></tr>
</table>

续表

原则	关键要素
生态补偿原则	沿海栖息地零净损失 珍稀自然资源和景观，以及重要的植物、动物栖息地，应该得到严格的保护。当某处栖息地已被开发或利用时，应另觅一处更大的栖息地予以补偿，以保持海岸带栖息地的规模
生态一体化原则	保持和加强海岸带生态过程 保留自然动力系统，例如沙丘、海滩、湿地等，增强海岸线应对海岸侵蚀和海平面加速上升的能力。通过恢复泥沙传输过程，加强沿海生态系统的多样性。清除对生态过程影响重大的建设项目
	防止生境破碎化 促进海岸带建设集聚，减少对自然栖息地的割裂，保持生境连续性
	创建和维护生态廊道 根据景观生态学原理，构建离散的（一系列的踏步石）或连续（如海岸）的生态廊道，并恢复退化的地区，限制开发
生态恢复与重建原则	海岸带生境恢复 生境的恢复最好是位于原址，而异地的补偿性生境建设应强化其生态服务能力
环境效益最佳原则	无污染建设和填海工程 严格限制沿海基础设施在建设中使用有污染的材料
	节约用水 节水技术应纳入所有的设计
环境生态补偿原则	海岸带生态补偿机制 对沿海资源的开发利用，应根据其对海岸带经济社会、生态效益的影响，收取相应的成本
公众参与和公众接近原则	海岸带公共接近 通过规划避免私人拥有海岸线，充分引入公众参与

资料来源：根据《欧洲海岸带行为准则》（the Secretariat General Direction of Environment and Local Authorities，European Code of Conduct for Coastal Zones，1999）相关内容整理

（二）美国海岸带规划的体系构成

美国海岸带规划的内容重点是解决对资源的竞争性需求，将活动引导向适合的沿岸地区，并使这些活动对海岸资源的影响最小化，同时兼顾各州的实际情况，鼓励其通过计划和对某一特定用途或地区职权的调整进行利用管理。

美国海岸带规划的体系可以看作是目标导向和问题导向的结合：一方面，充分利用海岸带规划的现有理论和技术，提出了生态保护、资源利用、公众接近等方面的规划导则；另一方面，针对美国海岸带发展中较为突出的环境污染、人口增长、生态恶化、灾害侵袭等问题，逐一对规划编制提出要求。主要包括以下几个方面：

1. 海岸资源与生境类型

湿地

分水岭

河口
海滩/沙丘/堰洲岛
珊瑚礁
红树林
鱼类与无脊椎动物
岸禽与水鸟

2. 压力

沿海人口增长
水源与空气污染（内陆和海岸资源）
海洋废弃物
风暴
慢性侵蚀
海水和大湖平面的变化
过度捕捞

3. 利用

沿岸开发
公众接近/娱乐/旅游
矿物提取/油气钻井
航海/码头与港口
农业/林业
水产业/海洋生物养殖业
渔业
文化/历史的保护与复原

4. 问题

水质退化
有害藻华
海岸灾害
栖息地丧失和破碎
物种减少/生物多样性丧失
水生物种入侵
公众接近受限
渔业衰退和终止

资料来源：National Oceanic and Atmospheric Administration（NOAA）. 1998（on-line）."Managing Coastal Resources" by William C. Millhouser，John

McDonough, John Paul Tolson and David Slade. NOAA's State of the Coast Report. Silver Spring, MD: NOAA.

（三）法国海岸带规划的体系构成

开发强度高、人口增长快和旅游发展需求旺盛是法国海岸带的重要特点。因此，法国政府将海岸带规划命名为"海岸带空间计划"，其主要目的是合理开发与利用海岸带资源及海岸带自然空间。规划一般包括三部分内容：一是海洋开发的基本计划，主要是一些普适性的规划导则；二是土地利用计划，这是海岸带政策的主要空间载体；三是沿海城市建设的基本计划，这相当于是对重点地区的管控。

1. 海洋开发基本计划

该计划是根据市、镇、省、大区及国家分担权限的法律制定的。这项海洋开发基本计划的意义在于根据海区特点制定海岸带保护、管理、整治计划，并实施"适用海域的基本利用计划"。基本计划草案由法国运输部下属的海洋国务秘书处拟定，然后征求有关政府部门和地方公共团体的意见，最后以政令形式颁布，其内容如下：

(1) 地区现状

包括环境现状、海区及海岸带利用条件与未来展望；

(2) 区域发展、保护、设施建立的方向

明确各地区优势项目，如工业、港湾、水产养殖、娱乐休闲等；

(3) 使用海区及海岸带空间的协调条件

(4) 与海区相关的设施建立计划

其中包括港湾设施、扩建的现代化设施、产业设施与娱乐设施的选址等，同时，标明各类设施的种类、特点、位置、规模及特殊条件；

(5) 海区保护措施

在认为有必要保护海区与海岸带、保持海岸带生态平衡时，应明确指出海区、河流及其相应陆地区域的特殊条件。

2. 土地利用计划

该计划是法国海岸带城市规划的一项重要计划。法国城市规划法规定了"土地利用计划"的内容：优先考虑国家项目，项目的区域范围以一个或几个市、镇的管辖区为宜；其次，针对被指定的城市区和自然保护区，规定每个区域的用途、建设项目的种类、规模、外形，以及道路、机场、港湾等基础设施的位置与规模。直到 20

世纪 80 年代中期，法国海岸带地区已有 80% 以上的市、镇制定并实施了土地利用计划。

3. 沿海城市建设基本计划

这项基本计划的内容包括：海岸带地区现状与展望，整治区域及其目的，保护环境措施，沿海土地利用的方针，城市区域及自然保护区内的主要基础设施的位置与规模。“沿海城市建设基本计划”所确定的规划区面积一般为 100 ～ 200 平方公里。据最新资料报道，法国海岸带地区已有 48% 的城镇制定了“城市建设基本计划”（法国海岸带开发管理制度一瞥）。

（四）经验总结

通过对国际海岸带规划体系的分析，大致可以归纳出以下的关键点：

1. 生态资源和公众利益的保护既是海岸带综合管理和规划开展的初衷，也是绝大部分国家海岸带规划的立足点，对化解海岸带面临的各类问题、保障海岸带可持续发展具有深远意义，因而无疑是海岸带规划的基础。

2. 合理引导海岸带各项开发建设活动。由于海岸带的资源十分有限，明确开发利用的规模、强度和布局，提升其空间效能，加强环境影响控制，是海岸带开发利用的重要思路。而该思路主要是通过两个方面来实现的：一是对各项利用活动的单独指引，二是发挥空间管制（土地利用）的基础作用和综合功能，将各项活动对应在不同的地类上。

3. 当海岸带的空间尺度较大时，规划所面临的情况更趋复杂，此时分岸段的管制和针对重点地区的管制是必要的。

二. 我国海岸带规划的核心内容建议

1. 海岸带规划范围的界定

2. 海岸带核心管制政策构成

（1）海岸带资源保护政策

海滩及沙丘（Beach and Dune）保护；

生态敏感资源（Ecological Sensitive Resources）保护；

历史场所与构筑物（Historical Sites and Structures）保护。

（2）海岸带环境质量管制政策

非点源污染（Non-pointed Pollution）控制；

海岸带水质、水量管制。

（3）海岸带开发管制政策

赖水（Water-dependent）产业布局；

填海（Filling）活动管制；

海岸带挖掘（Dredging）活动管制；

海岸带开发或增长模式(Development/Growth Pattern)管制。

（4）海岸带用地管制政策

（5）海岸带交通政策

（6）海滨休闲及旅游政策

（7）公众接近（Public Access）政策

海岸带私产（Private Property）的管制；

海岸带小径（Trail）系统的设置；

公众接近标识系统的设置。

（8）海岸线防灾规划

海岸建设退缩线（Setback Line）的划定（海岸蚀退、海平面上升等的原因，包括海滩建筑退缩线、海崖建筑退缩线等）；

航海安全和原油泄漏防治。

（9）其他管制政策

海岸带景观控制；

海岸带军事设施管制；

海洋产业管制（渔业水产业等）。

3. 海岸带空间管制

将各类管制政策，落实到对海岸带用地的管制上，是增强规划可操作性的关键。用地管制规划应根据上位规划和相关规划，在海岸带空间的规划管制要求下，吸收国外海岸带用地规划动态性和渐进性的特点，进一步细化，实现对海岸带用地的管制。

4. 分岸段管制规划

5. 特别管制区规划

重点管制区的划定，以保护海岸带的“精华”和“家底”为主要宗旨，同时参照国际海岸带关于特别管制区（Special Management Area)划定的原则,基于防控海岸带灾害等目的,酌情增加重要控制区。

重点管制区的规划管制要求是强制性的，并且必须落实到对重点管制区用地的控制上。

6. 海岸带规划管制的实施

第二节　海岸带规划的技术路线和流程

一、技术路线

海岸带规划的建议技术路线如图 2-2-1 所示。

图 2-2-1　海岸带规划的建议技术路线图

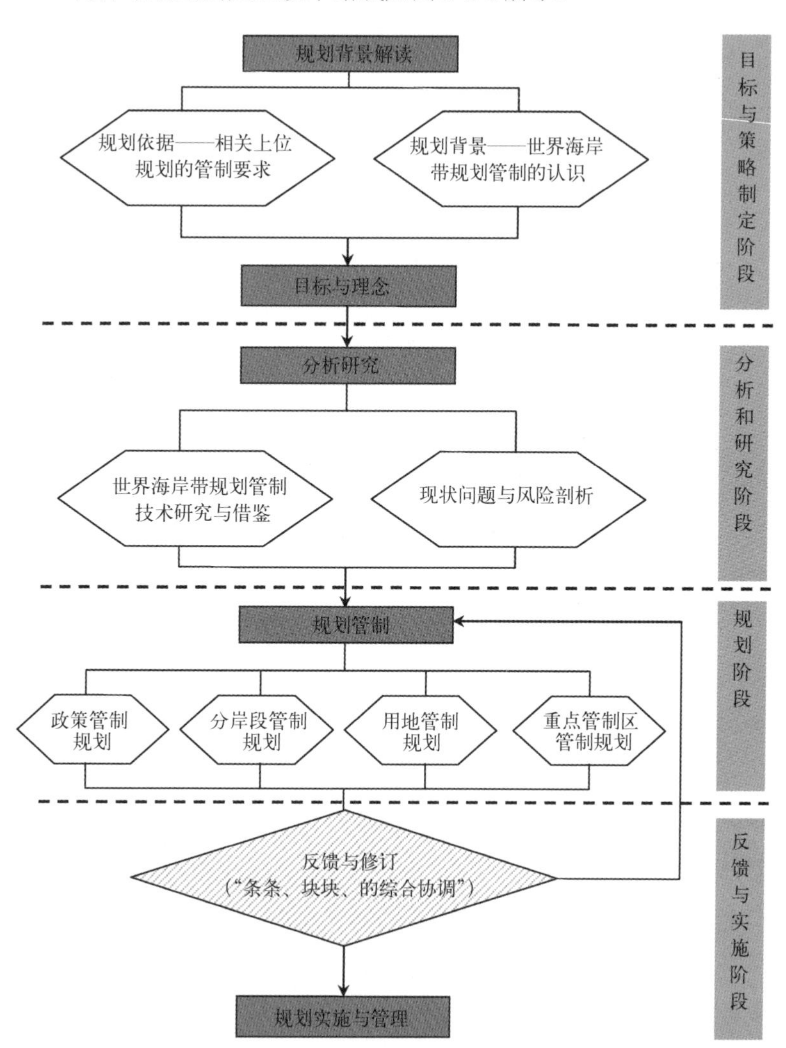

二、流程

从海岸带项目组织的角度出发，可以将海岸带规划的过程划分为 4 个阶段（图 2-2-1）：

1. 目标与策略制订阶段

从海岸带所在地区的保护和发展需求出发，结合区域宏观政策和城市发展计划，对规划的背景进行解读，明确规划的必要性，指出其对所在地区的意义和作用。

对相关的上位规划进行系统的梳理，严格落实各项保护要求和管制政策，通盘考虑上位规划对海岸带的利用和开发需求，加以吸纳，并体现在海岸带规划策略的制订中。

对世界海岸带规划的最新动态进行研究，掌握规划的基本价值取向，了解世界海岸带规划的技术方法和实践经验。

制订规划目标。目标按照空间层次，可以分为全局目标、重点地区发展目标、局部目标等；按照执行阶段，可以分为近期目标、远期目标、远景目标等。

2. 分析和研究阶段

对海岸带的现状情况进行摸底，充分掌握海岸带在生态资源、历史文化资源、公众接近等诸多方面的现状和问题。

对现状资料进行充分的分析，并提炼出规划的核心内容，包括：确定海岸带规划的边界，判断海岸带面临的关键问题，对现状既有规划的评估，规划的经济和法律效益等。

根据现状数据，进行前期的规划分析。包括几个方面：一是自然生态方面的分析，旨在分析各种人类活动对海岸带生态环境的影响；二是经济社会方面的分析，旨在分析各种人类活动的空间布局、结构关系和可能影响；三是预测海岸带未来发展所需的资源，并将其与海岸带的承载力进行比较。该预测和比较应根据不同情况设定不同情景。

3. 规划阶段

在此阶段，海岸带规划对海岸带各类要素控制策略进行整合，其中既包括资源保护、环境质量管制、交通政策等政策管制规划，也包括分岸段管制规划、用地管制规划和重点管制区管制规划。

4. 反馈与实施阶段

立足海岸带综合管理“条条、块块”综合协调的特点，积极征求各级、各类执行部门的反馈意见，在此基础上对规划进行调整和修改。

制订详细具体、切实可行的规划实施与管理策略，对海岸带规划的政策实施、机构设置、部门协调等关键内容进行安排，加强海岸带规划与管理、实施之间的衔接。

第三节　海岸带规划范围的划定

一、国际经验

表 2-3-1 列举了全球部分沿海国家的海岸带规划和管理的空间范围。一般而言，该范围应视海岸带条件、管理能力、行政区划等不同情况而定。同时与本书所建议的划定方法不同的是，在大部分国家，该范围同时包括向陆一侧和向海一侧（表 2-3-1）。

国家海岸带管理计划的内陆和海洋界限　　表 2-3-1

<table>
<tr><th colspan="2" rowspan="2">国家和地区</th><th colspan="2">海岸带边界</th></tr>
<tr><th>向陆方向</th><th>向海方向</th></tr>
<tr><td colspan="2">巴西</td><td>距平均高潮线 2 公里</td><td>距平均高潮线 12 公里</td></tr>
<tr><td rowspan="3">加利福尼亚州</td><td>1972 ~ 1976 年</td><td>距离最近山脉的最高点</td><td>距海岸基线 3 海里</td></tr>
<tr><td>1972 ~ 1976 年计划</td><td>距平均高潮线 1000 码</td><td>距海岸基线 3 海里</td></tr>
<tr><td>1977 年以后的规章</td><td>问题不同界线不同</td><td>距海岸基线 3 海里</td></tr>
<tr><td colspan="2">哥斯达黎加</td><td>距平均高潮线 200 米</td><td>平均低潮线</td></tr>
<tr><td colspan="2">厄瓜多尔</td><td>地区问题不同，界线不同</td><td></td></tr>
<tr><td colspan="2">以色列</td><td>1 ~ 2 公里，取决于资源环境</td><td>距平均低潮 500 米</td></tr>
<tr><td colspan="2">南非</td><td>距平均高潮线 1000 米</td><td>距海岸基线 3 海里</td></tr>
<tr><td colspan="2">南澳大利亚</td><td>距平均高潮线 100 米</td><td>距海岸基线 3 海里</td></tr>
<tr><td colspan="2">昆士兰</td><td>距平均高潮线 400 米</td><td></td></tr>
<tr><td colspan="2">西班牙</td><td>距最高风暴线或平均高潮线 500 米</td><td>12 海里</td></tr>
<tr><td colspan="2">斯里兰卡</td><td>距平均高潮线 300 米</td><td>距平均低潮 2 公里</td></tr>
<tr><td colspan="2">华盛顿州计划</td><td>沿海国家的内陆界线</td><td>距海岸基线 3 海里</td></tr>
</table>

资料来源：Sorensen and McCreary，1990

二、划定原则

本书所指的海岸带规划范围划定包括五项原则，分别是：

1. 陆域为主原则

尽管海岸带是海陆交汇的地区，兼具海洋和陆地两种环境特征，海岸带规划一般应当涵盖一定范围的海域，但从以下三个方面考虑，本书建议海岸带规划以陆域一侧的管制为重点，全书大部分内容也围绕陆域管制展开；同时，水环境保护等与海域管制相关的重要内容也应当有所涉及。

第一，从法律法规角度看，陆域为主原则可以减少不必要的交叉，廓清规划和管理的边界，有利于规划的实施和海岸带的管理。具体而言，在我国与海岸带规划和管理相关的法律法规有数十个之多，包括《民法通则》、《渔业法》、《土地管理法》、《海域使用管理法》等（关涛，2007），这些法律法规多为部门立法，从各自角度对海岸带提出相应规定，且不同法律法规对陆域和海域的偏重各不相同。秉持以陆域为主的原则，有助于充分依托偏重陆域的相关法律法规，脱开偏重海域的相关法律法规，避免海岸带这一制度模糊地带在规划编制中的进一步复杂化。

第二，从行政管辖权角度看，陆域为主原则提出了与实施主体的权责相对应的空间范围，既不遗漏，也不逾越。海岸带规划的实施主体不论是专门的管理委员会或是特定的牵头部门，均是以陆域为主要管理对象，而海域一侧通过海洋部门编制的海洋功能区划已可实现有效的管理和控制。

第三，从实践经验角度看，《山东省海岸带规划》、《威海市海岸带分区管制规划》、《日照市海岸带分区管制规划》等规划均以陆域管制为重点，同时做好与海洋功能区划的衔接工作。多年实施反馈表明，上述规划较好地满足了实施主体的管理诉求，特别是基本可以实现对规划范围内的用地“应管尽管”，而对管辖权力之外的海岸带海域部分，也可以与相关海洋部门充分对接。实践证明陆域为主原则对我国的海岸带规划较为适用。

2. 延续性原则

海岸带规划范围应在上位海岸带规划的框架下确定，以体现规划的延续性和一致性。例如，《威海市海岸带分区管制规划》、《日照市海岸带分区管制规划》的规划范围均基本依据了《山东省海岸带规划》所界定的范围划定，仅在局部稍作调整。

3. 以规划管制需求为导向的灵活划定原则

以规划管制需求为导向，综合自然地理标准、经济地理标准、行政区域标准、距离划分标准、地理单元标准灵活确定海岸带的规划范围。一般地区以自然地理特征、公路，或一定距离（原则上一般不小于高潮位以上2公里）为界，便于开展管理工作。

4. 重要资源控制与保护的完整性原则

其一，若涉及河口、湿地、保护区等生态敏感区，以保护生态系统的完整性为划定原则，调整规划范围以满足生态敏感区生态系统的保护要求，如以滨海山体分水岭为界等；其二，必须涵盖适宜布置赖水（Water-Dependent，或 Water-Oriented）功能的地区，如适合港口、码头的岸线和地段；其三，涵盖重要的海岸带旅游及景观资源（图 2-3-1）。

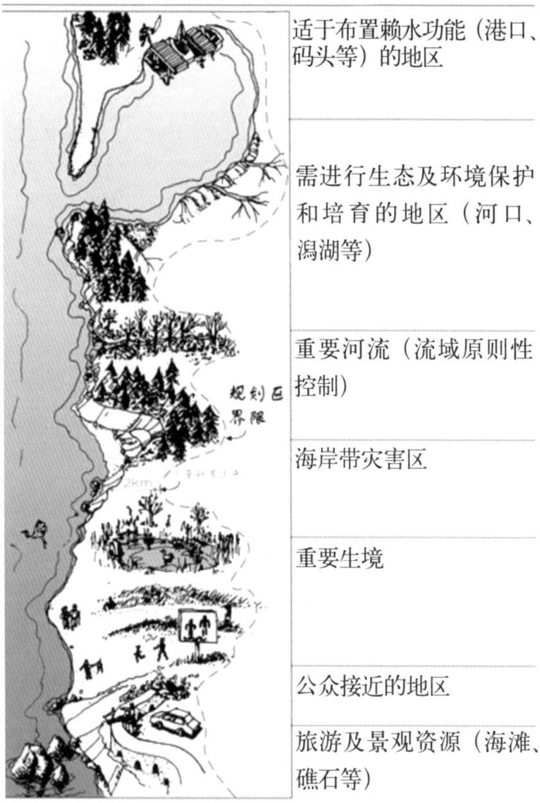

5. 海岸带防灾原则

规划范围应涵盖因受海岸退蚀等灾害直接影响而需要进行控制的区域。

适于布置赖水功能（港口、码头等）的地区

需进行生态及环境保护和培育的地区（河口、潟湖等）

重要河流（流域原则性控制）

海岸带灾害区

重要生境

公众接近的地区

旅游及景观资源（海滩、礁石等）

规划区界限

2km

图 2-3-1 海岸带规划范围划定的主要原则示意

资料来源：A Citizen's Guide to the Oregon Coastal Management Program

三、案例：山东省和威海市的海岸带规划范围划定

（一）《山东省海岸带规划》的规划范围

山东省海岸带规划范围南起日照市，北至滨州市，包括日照、青岛、威海、烟台、潍坊、东营和滨州七市的山东全省海岸带。规划向陆纵深以山脊线、滨海道路、河口、湿地和潟湖等为界划定，在无特殊地理特征或参照物的区域，原则上以不小于2公里划定。近岸海岛除原则控制外，规划着重对长岛县的南北长山岛和庙岛提

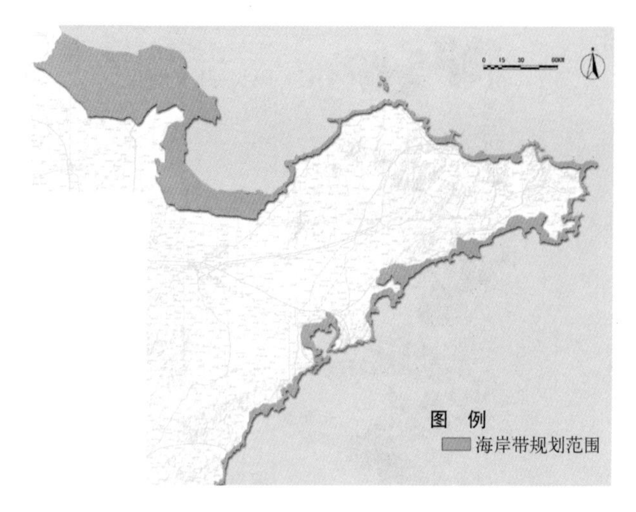

图 2-3-2 山东省海岸带规划范围示意图

出控制要求；陆域方向涉及重要河流时，规划对与海岸带生态环境保护和控制有重要关系的流域提出原则性控制要求。

规划海岸线总长 3024 公里（图纸量算长度为 3213 公里），现状总面积 11614 平方公里（图 2-3-2）。

（二）《威海市海岸带分区管制规划》的规划范围

《威海市海岸带分区管制规划》的规划范围以向陆纵深以山脊线、滨海道路、河口、湿地和潟湖等为界划定，在无特殊地理特征或参照物的区域，原则上以不小于 2 公里划定。规划区内岛屿的规划管制，主要针对刘公岛提出控制要求。陆域方向涉及重要河流时，对与海岸带生态环境保护和控制有重要关系的流域提出原则性控制要求。规划以海岸带陆域控制为主，海域部分依照《威海市海洋功能区划》执行，不另作要求。

规划范围西起双岛湖，南至乳山口，包括威海市区、荣成市、文登市和乳山市四个区、市的海岸带（图 2-3-3）。规划区总面积 1046.58 平方公里，海岸带总长 976 公里。

图 2-3-3 威海市海岸带分区管制规划范围

第三章 现状资源环境调查与分析

【摘要】

对海岸带现状资源的辨识和问题的梳理，是开展海岸带规划工作的基础。为此，首先需要对通常情况下，海岸带的资源环境特征进行了解。总体上，本章把海岸带的资源环境系统分为沙滩与沙丘、滨海湿地、河口、红树林、珊瑚礁及海草床六个部分，而将海岸带面临的威胁集中在水域污染、生态系统破坏、地质灾害三个主要方面；而后，本章对海岸带现状调查的一般程序进行了介绍，该程序由制订调研计划开始，致力于建立资源环境信息系统；最后，本章对海岸带现状调查和分析中最常采用的技术方法——适宜性分析，进行了详细的介绍。

第一节　海岸带资源环境概述

一、海岸带资源

资源是指人类生产和生活所必需的物质和能量的总和，包括自然资源和社会人文资源。自然资源一般是指一切物质资源和自然过程，通常是指在一定技术经济环境条件下对人类有益的资源；社会人文资源是直接或间接对生产发生作用的社会经济因素。

海岸带处于地球水圈、岩石圈、大气圈和生物圈的交汇区，是物质流和能量流的重要聚散地带，不仅造就了湿润温暖的气候、优美宜人的环境，而且拥有丰富的海岸带资源，包含海岸带内的自然资源和社会人文资源，包括土地资源、湿地资源、港址资源、岛屿资源等空间资源和淡水资源、海水资源、生物资源、盐业资源、矿产资源、旅游资源等实物资源。其中，海岸带生物多样性是海洋中最高的，其生物资源包括初级生产力、浮游生物、底栖生物、游泳生物、潮间带生物等；旅游资源包括地质地貌景观、名胜古迹、宗教文化遗迹、航海军事遗迹等；能源资源包括潮汐能、盐差能、波浪能、温差能、风能等（左玉辉和林桂兰，2008）。总之，海岸带资源种类丰富、储量巨大，为生态平衡、开发利用海洋资源、社会经济发展创造了优越的条件。

二、海岸带环境

地球环境按其组成要素分为大气环境、水环境、土壤环境和生态环境，对应于地球科学所称的大气圈、水圈、岩石圈（土圈）和居于上述三圈交接带或界面上的生物圈。

对于海岸带而言，环境是指海陆交错地带以人类为主体的大气、水、土壤、地质地貌和生态环境以及社会经济环境的总和，按照研究习惯，分为自然意义上的地质环境、地形地貌环境、气候环境、水文动力环境、海水水质环境、底质沉积环境、生态环境以及综合意义上的地理环境、经济环境、社会环境、文化环境、景观环境等(左玉辉和林桂兰，2008)。

三、海岸带资源环境系统

资源和环境是两个不可分割的概念，所有的自然资源都来源于地球各个圈层环境，经利用转化后又回归于环境。在海岸带地区，存在一些典型的资源环境系统（即自然生态系统），它们是海岸带生命支持系统的关键部分，具有高生物生产力和高生态服务功能，在维持生物多样性、固碳释氧、生态平衡、抵御海洋灾害等方面具有重要作用。

（一）海滩与沙丘

海滩和海岸沙丘是时空变化过程及其形态响应十分明显的动态地貌系统，在巨大的波浪、海流和风能等动力作用下，相应的地貌形态时空变化频繁，尤其海岸沙丘更是深受海、陆、气三相交互作用影响的复杂动力地貌系统，由以波浪—水流作用为主的海滨动力地貌系统和以风力作用为主的沙丘动力系统所组成（董玉祥，2010)。

海岸沙丘发育于各纬度，以沙源丰富、风况适宜和沙汇充足的海岸带最完好，分布在风暴浪作用的最高位置或最大天文潮线之上。在发育过程中，沙源、波浪能量、风速、风区长度起决定性作用，海滩坡度、沉积物粒径、颗粒间的粘结力、空气密度、植被盖度等因素的影响也不容忽视。在各种动力—地貌系统和自然环境的影响下，沙丘的形态和规模呈现出不同程度的发育状态。中国除江苏省外，东部沿海各省区皆断续分布着多种类型的海岸沙丘。在热带—亚热带的华南海岸，受热带—亚热带海洋性季风气候的影响，发育以海岸前丘、横向沙丘、新月形沙丘、抛物线沙丘、纵向沙垄、海岸沙席、爬坡沙丘等类型为主的沙丘；在温带海岸，受温带海洋性季风气候的影响，沙丘形态以雏形前丘、横向前丘脊、草灌丛沙丘、抛物线沙丘、斜向沙脊、新月形沙丘、横向沙脊、纵向沙垄、海岸沙席、爬坡沙丘为主（李志文等，2011)。

海滩和沙丘是防御海浪冲击的重要自然防护体，它们对自然保护的关键是沙子具有储存和抵御风浪的能量，从而消散风浪的攻击力。海滩拥有独特的生态环境，按照组成物质颗粒的大小，可分为砾石滩（卵石滩）、粗沙滩和细沙滩，由适于在沙子、砾石和贝壳上持续运动的动物所占有，是众多动物的栖息地，许多重要的鸟类、爬行动物和其他动物在海滩上筑巢、做窝、产卵、觅食和栖息（薛雄志，1999）。海滩作为一种旅游资源，已经成为人们滨海旅游的首选目的地，西方发达国家对海滩经济价值的重视和开发较早，许多沿海国家的经济已经高度依赖于滨海旅游和海滩质量的提高而带来的收益（Klein et al.，2004）。

（二）滨海湿地

滨海湿地是指海陆交互作用下经常被静止或流动的水体所浸淹的沿海低地、潮间带滩地及低潮时水深不超过 6 米的水域（WERG，1999）。滨海湿地是介于陆地和海洋生态系统间复杂的自然综合体，是生物多样性最丰富、生产力最高、最具价值的湿地生态系统之一。

我国滨海湿地的分布总体上以杭州湾为界，分为南、北两个部分（表 3-1-1）。杭州湾以北的滨海湿地，除山东半岛和辽东半岛的部分地区为基岩性海滩外，多为沙质和淤泥质海滩；杭州湾以南的滨海湿地以基岩性海滩为主，在河口和海湾的淤泥质海滩上分布有红树林，从海南省至福建省北部沿海滩涂及台湾省西海岸均有分布，在西沙群岛、中沙群岛、南沙群岛及台湾、海南沿海分布有热带珊瑚礁（张晓龙等，2005）。

滨海湿地不仅能够为人类提供丰富的资源，如生物资源、土地资源、盐业资源、旅游资源等，还具有调节气候、调节水温、净化污染物、保护海岸线、控制侵蚀等多种功能。滨海湿地为各种生物种群的栖息和繁衍提供了良好的自然环境，对生物多样性保护具有重要作用。以我国鸟类资源为例，栖息于滨海湿地的水鸟约有 230 种，占全国湿地鸟类种类总数的 80% 以上（陈家宽，2011）；湿地植被可以减弱潮流、波浪和风暴潮对陆地的侵袭，起到保护海岸线和控制侵蚀的作用，也使建筑物、构筑物、作物等免遭强风的破坏；滨海湿地对于环境具有重要的调节作用，包括大气调节、水文调节、小气候调节等；此外，湿地资源还有美学和旅游的价值。

中国滨海湿地主要分布地区（张晓龙等，2005）　表 3-1-1

地区	主要湿地区域
辽宁省	辽河三角洲、大连湾、鸭绿江口、辽河湾
河北省	北戴河、滦河口、南大港、昌黎黄金海岸
天津市	天津沿海湿地
山东省	黄河三角洲及莱州湾、胶州湾、庙岛群岛
江苏省	盐城滩涂、海州湾、上海市崇明东滩、江南滩涂、奉贤滩涂
浙江省	杭州湾、乐清湾、象山湾、三门巷、南麂列岛
福建省	福清湾、九龙江口、泉州湾、晋江口、三都湾、东山湾
广东省	珠江口、湛江港、广海湾、深圳湾、韩江口
广西壮族自治区	铁山港和安铺港、钦州湾、北仑河口湿地
海南省	东寨湾、清澜湾、洋浦港、三亚、大洲岛、西沙群岛、中沙群岛、南沙群岛
港澳台地区	香港米浦和后海湾、台湾淡水河、兰阳溪、大肚溪河口、台南、台东湿地

（三）河口

河口是指河流和海洋的结合地段，一个半封闭的海岸水体，是由内陆河流在入海口形成的一种独特的生态系统。从地质历史上看，河口由河流和海洋相互作用而形成，这种相互作用使河口的发育处于动态变化之中；河口是河、海相互作用的集中地带，其生态系统是融合淡水生态系统、海水生态系统为一体的复杂系统；河口的地形地貌、沉积物的理化性质及水的深浅和盐度在时空上的变化使河口生境类型丰富多样。河口特殊的形成过程和优越的自然环境使其具有丰富的各类资源，不但是人类活动频繁密集的区域，而且是自然生态过程密集的地区，在珍稀动物保护、生物多样性维持和海岸带保护等方面起着关键作用（黄桂林等，2006）。

丰富的生境类型使河口具有较高的生物多样性，并成为许多生物栖息和繁殖的场所。河流带来的大量营养元素使这里的浮游植物繁盛发育，大量淤泥和有机碎屑在河口区沉淀，为许多底栖生物提供了良好的生息地；河口通过潮汐循环输出营养盐和有机物到外部海域，为洄游性动物提供洄游通道；为近海物种提供浅水生境，满足其繁殖和育幼的要求；众多的生物种类构成了复杂的生物链网结构，使河口保持了较高的生物生产力水平，并发挥着重要的生态作用。

河口位于河流入海的三角洲地区，具备优越的区位、丰富的水资源、油气资源、港口资源和湿地资源等，经济地位十分重要，养殖、捕捞、沙矿开采、港口和工业开发、防洪调水、旅游休闲娱乐等活动往往在此选址。

（四）红树林

红树林是生长在热带、亚热带低能海岸潮间带上部，受周期性潮水淹没，由以红树植物为主体的常绿灌木或乔木组成的潮滩湿地木本生物群落（张乔民和张叶春，1997）。红树林区的植物可分为真红树植物（只能在潮间带生境生长的木本植物）、半红树植物（可在潮间带和沿岸陆地生长，并可在潮间带形成优势种群的两栖性木本植物）和伴生植物（偶尔出现于林缘、不能形成优势种群的木本植物及红树林附生植物、藤本植物、草本植物等）（林鹏和傅勤，1995）。

全球红树林自然分布范围大致在南、北回归线之间，最北可达32°N，最南可达33°S，共有红树植物24科30属86种（含变种）。中国红树植物区系中，真红树有12科15属26种（含1个变种）。中国红树林现有面积220平方公里，自然分布于海南、广东、广西、福建、台湾、香港和澳门等省区，从最南端的海南省三亚市（18°13′N）到最北端的福建省福鼎市（27°20′N），并人工引种至浙江省乐清县（28°25′N）。其中，海南、广东和广西是中国红树林的主要分布地区。海南是中国红树林植物种类最多、最全、保护面积最大的省份；广东则是中国红树林面积最大的省份，其红树林面积占全国的39.4%（傅秀梅等，2009b；何斌源等，2007）。

红树林湿地作为一种特殊的生态交错带，立足于狭长的海岸潮间带滩涂，地貌特征明显，构造复杂多样，具有维持海岸带生态系统和生物多样性、防风护岸、防灾减灾、净化水质、调节大气、美化环境等多种功能。红树林湿地生境有着高度的异质性和复杂性，诸多不同尺度的景观单元提供了物种多样性空间分布的载体，为众多鱼类、甲壳动物和鸟类等物种提供繁殖栖息地和觅食生境，使其成为世界上最多产、生物种类最繁多的生态系统之一。红树林的枝叶掉落物和碎屑物会进入近岸环境中，这些有机物有可能为潟湖、河口港湾、近海水域、水下海草床地和珊瑚礁中的生物所利用，在热带海域，大多数商业鱼虾类生物都与红树林的饵料源有关。红树植物具有复杂的地面根系和地下根系，能够阻挡潮流，使潮流发生滞后效应，促使悬浮泥沙沉积，并固结和稳定滩面淤泥，起到防浪护岸的作用。红树林可吸收入海污水中的氮、磷、重金属等威胁海洋生物及人体的物质，如秋茄（*Kandelia candel*）能将吸收的汞存储在不易被动物取食的部位，避免了汞在环境中的再扩散。此外，红树林还可提供木材、食物、药材和其他化工原料，并被认为是二氧化碳的容器，其独特的群落外貌使其也兼具旅游价值。

（五）珊瑚礁

珊瑚礁由珊瑚等生物作用产生的碳酸钙积累和生物骨壳及其碎屑沉积而成。其中，珊瑚以及少数其他腔肠动物、软体动物和某些藻类对石灰岩基质的形成起重要作用。

全球约有110个国家拥有珊瑚礁资源，主要分布在南北半球海水表层水温20℃等温线内，在30°S与30°N之间的热带和亚热带地区。中国的珊瑚礁绝大多数分布在南海，在台湾岛及其邻近岛屿沿岸的西太平洋以及东海南部也有零星分布（傅秀梅等，2009）。

珊瑚礁生态系统是生物多样性最高的海洋生态系统，也是海洋高生产力区域，被誉为“海洋中的热带雨林”，目前已记录的礁栖生物占到海洋生物总数的30%，对全球生物多样性保护具有重要意义。珊瑚礁是重要的渔业资源地，世界鱼类的1/3都生活在珊瑚礁区。在礁区和近岸浅海区，珊瑚礁为鱼类提供食物网，维持生命循环；在大洋渔业区，珊瑚礁的高生产力养育着“深海”鱼类。珊瑚礁是海洋中的奇异景观，在热带和亚热带浅海中形成一道多姿多彩的美丽风景线，成为珍贵的滨海旅游资源。珊瑚礁纵深达几百米，具有坚固的物理性质，牢固地附着在海底，构成护岸屏障，可有效抵御强风巨浪的冲击，为海草、红树林以及人类提供安全的生态环境。

（六）海草床

海草是单子叶草本植物，通常生长在浅海和河口水域，最大海草分布深度为水下90米处，大多数海草种类分布在浅海域深度20

米以内。

大面积的连片海草被称为海草床。海草床是热带和温带重要的海洋生态系统，对海岸带区域发挥着重要作用，具有提供栖息地、净化水质、护堤减灾等多种生态服务功能。海草床结构的复杂性决定了其重要的栖息地功能，能够为重要的商业鱼类提供食物来源和育苗场所；为临近区域的盐沼、珊瑚礁和红树林的很多物种提供重要的育苗场所；成为许多海洋动物的栖息地和生存场所，是濒危的儒艮（*Dugong dugon*，俗称美人鱼）和海龟（*Chelonia mydas*）的主要食物来源地之一。海草可以调节水体中的悬浮物、溶解氧、叶绿素、重金属和营养盐，具有净化水质的功能。海草还能够降低来自于波浪和水流的能量，从而可以防止海岸侵蚀，具有防岸护堤的功能（韩秋影和施平，2008）。

四、海岸带资源环境面临的威胁

"二战"后，世界人口规模的急剧增长和对资源需求的高度膨胀，推动了海岸带的大规模开发利用。如今，大陆架、深海、洋底蕴藏的资源已经成为各沿海国家和地区竞相开发的目标，海岸带成为开发这些资源的前沿阵地。伴随着人类对海岸带的大规模开发利用，海岸带资源环境出现了不同程度的水域污染、生物多样性减少、渔业资源锐减、自然灾害频繁等危机。

（一）水域污染

1. 赤潮灾害

随着沿海地区工农业发展和城市化进程加快，大量未经处理的含有有机质和丰富营养盐的工农业废水和生活污水被排入沿海水域中。2007 年，中国实施监测的 573 个入海排污口中，约 87.6% 的排污口超标排放污染物，主要超标污染物为化学需氧量、磷酸盐、悬浮物和氨氮等。高浓度的 N、P 和频发的赤潮以及养殖动物病害等成为近海污染的主要环境特征（安鑫龙和周启星，2006；杨宇峰等，2005）。

赤潮，又称红潮，是指海洋中一些浮游生物在一定环境条件下爆发性增殖或聚集引起海水变色的现象，包括所有能改变海水颜色的有毒藻或无毒藻引发的赤潮，以及那些虽然生物量低而不能改变海水颜色，但却因含有藻毒素而具有危险性的藻华。国内外大量研究表明，海洋浮游藻是引发赤潮的主要生物，在全世界4000多种海洋浮游藻中有260多种能形成赤潮，其中有70多种能产生毒素。

赤潮原本是一种自然现象，但人类大规模的工农业生产所带来的水域环境污染加剧了这一现象发生的次数和危害的程度，成为目前全球性的海洋灾难，1990年联合国将赤潮列为世界三大近海污染问题之一。目前，世界上已有30多个国家和地区不同程度地受到过赤潮的危害，日本是受害最严重的国家之一。我国沿海在20世纪70年代以前仅有两次赤潮记录，进入80年代后，由于海洋污染日益加剧，我国沿海水域赤潮频繁发生，每年达几十次之多。其中，2003年全海域共发现赤潮119次，累积面积约14550平方公里；2004年5月，浙江中南部海域发现特大面积赤潮，赤潮总面积达4000平方公里。

赤潮不仅严重破坏海洋生态系统，造成海洋捕捞、海水养殖业的重大损失，还会危及人类健康（图3-1-1）。赤潮能引起水体缺氧、生物体大量分解腐败等生物物理性后果，进而改变海洋生态系统平衡，降低海洋水体的环境质量；有些赤潮生物会分泌出黏液，粘在鱼、虾、贝等生物的鳃上，妨碍呼吸，导致窒息死亡；部分赤潮生物会自然发生某些毒素，通过食物链进入人体致毒；有些赤潮水与皮肤接触后，可出现皮肤瘙痒、刺痛、红疹等；有赤潮毒素的雾气还能引起呼吸道发炎。

图3-1-1　2013年8月在山东省威海市南夼渔港一带爆发的大面积赤潮

对赤潮的发生、危害予以研究和防治，涉及生物海洋学、化学海洋学、物理海洋学和环境海洋学等多种学科，是一项复杂的系统工程。目前预防和减轻赤潮危害的方法除了持续观测海域营养盐、温度等海水理化指标的变化，以便及早发现赤潮发生的征兆而提前加以预防外，严格控制废水排放成为减少赤潮发生的重要途径。

2. 石油污染

海上运输过程中，由于石油、船体的残骸而造成的人为污染及事故污染极大地造成了水质的恶化，导致石油污染。随着经济的发展和各国原油贸易量的增加，海洋石油污染事故频发，已经发展成为世界性的严重海洋环境危机。

以地中海地区为例，从苏伊士运河出发，油船经过直布罗陀海峡并向西行使，日平均通航数量达到2000只油船，还有游弋在地中海地区的250到300艘油船，阿尔及利亚、突尼斯、利比亚、埃及以及叙利亚都拥有装油港，这使得地中海的航道以及港口作业异常繁忙。因此，经常发生由于操作不当而造成的石油泄漏问题，平均每年报告的石油泄漏情况为15起。可以说,在地中海的任何地区，随时都可能发生严重的石油泄漏情况。

海上事故发生后，石油类污染物将直接进入海域，首先在水面扩展，形成油膜，在风、海浪及其他水动力条件的作用下逐渐向近岸海域汇集并被带到海滩，粘附在沙质海滩表层（图3-1-2）。与此同时，在海水和大气降水作用下以可溶解性油的形式向沙体内部对流和弥散，进而使整个沙滩遭受石油污染（郑西来等，2008）。在污染过程中，石油在海面形成的油膜能够阻碍大气与海水之间的气体交换，影响海面对电磁辐射的吸收、传递和反射，对全球海平面变化和长期气候变化造成潜在影响；油膜玷污海兽的皮毛和海鸟羽毛，溶解其中的油脂物质，使其失去保温、游泳或飞行的能力（图3-1-3）；受石油严重污染的海域会导致个别生物种丰度和分布的变化，从而改变群落的种类组成；高浓度的石油会降低微型藻类的固氮能力，阻碍其生长，终而导致其死亡；沉降于潮间带和浅水海底的石油，使一些动物幼虫、海藻孢子失去适宜的固着基质，或使其成体降低固着能力。此外，由于海岸带初级生产力高，生物种类密集，并且海岸带附近的水域缺少高强度的海风和海流的强大扩散作用，因此，海岸带附近的石油污染将导致更为严重的危害。

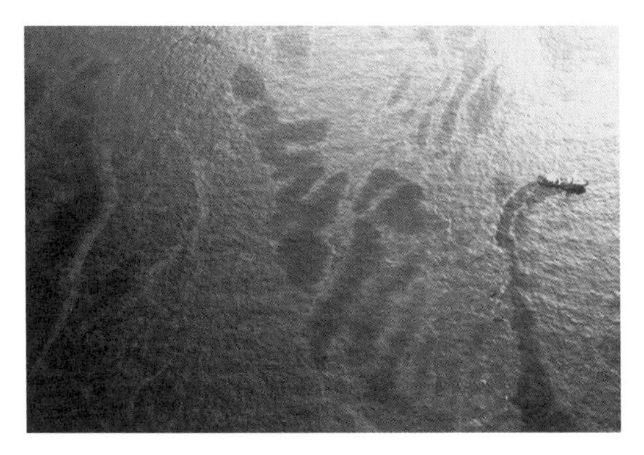

图 3-1-2　石油污染的海面图
资料来源：Chris Graythen，Getty Images

图 3-1-3　油污中挣扎的海鸟
资料来源：Chris Graythen，Getty Images

图 3-1-4　位于美国西海岸和夏威夷之间的太平洋垃圾带
资料来源：http：//style.sina.com.cn/news/2009-08-12/113247110.shtml

3. 固体废弃物污染

因滨海旅游和陆源固废流失等人类活动而进入海洋的塑料垃圾，目前已被认为是海岸带固体废弃物的主要成分（图 3-1-4）。其所带来的环境影响诸多，包括：通过缠绕、堵塞、降低再生产能力等途径降低海洋野生动物的生存能力；其上附着的菌类可传播海洋疾病等；海滩塑料废弃物的堆积严重影响海滨的美学价值，对旅游资源的可持续利用造成损失等（蔡中丽和李细峰，1997；Murray&Gregory，1999）。

海洋倾倒活动由来已久，最初表现为沿海居民处理生活垃圾、渔船作业产生的废弃物直接向海洋排放、海上处理大型固体废弃物等形式。工业革命后，随着港口码头的大规模兴建，产生了许多疏浚物，疏浚物的数量、规模和有害性越来越大，对海洋环境的影响也日益增加。大量的疏浚物无序倾倒造成海水浑浊度增加、海水质量下降和污染物扩散；人工放射性核废料对海水和海洋生物产生污染和损害；工业废弃物含有多种有机和无机化学残留物质，由于累积作用，对海洋生物资源和渔业资源造成严重污染（穆欣，2010）。

（二）生态系统破坏

1. 生物栖息地破坏

滨海湿地是世界上生产力最高但所受威胁最严重的生态系统之一。随着沿海地区工农业的发展以及城市用地扩张，滨海湿地不断转化为种植业用地、水产用地、盐业用地和城市用地，使得滨海湿地面积严重缩小。20 世纪 50 年代以来，中国已损失滨海湿地约 219 万平方公里，相当于沿海湿地总面积的 50%。20 世纪 50 年代和 80 年代分别掀起的围海造田和围垦养殖热潮，使沿海自然滩涂湿地总面积缩减了一半，其结果不仅使滨海湿地的自然景观遭到破坏，大大降低了湿地调节气候、储水分洪、抵御风暴潮及护岸保陆等的能力，更加造成鱼、虾、蟹、贝的生息、繁衍场所消失，许多珍稀濒危野生动植物绝迹。

红树林是热带与亚热带地区海岸潮间带滩涂上生长的木本植物群落，为许多海洋动物提供栖息和觅食的理想生境，在我国主要分布在福建、两广及海南等地区。红树林区是全球水鸟迁徙重要的歇脚站和繁殖地（林益明和林鹏，2001），拥有丰富的生物资源。近年来，由于围海造地、围海养殖、砍伐等人为因素，我国红树林面积急剧减少。20 世纪 80 年代初期，我国尚有红树林约 40，000 平方公里，20 世纪 90 年代初仅剩下约 15，000 平方公里，且多变为低矮的次生群落，不仅使很多海洋生物丧失了栖息地，损害了海洋生物资源，而且带来海岸侵蚀等灾害（洪华生等，2003；李凡和张秀荣，2000）。

此外，分布于热带和亚热带地区的珊瑚礁生态系统目前也正受到海洋污染和严重的人为破坏，陆地污染和过度捕捞致使海洋动植物赖以生存的家园面临风险，珊瑚礁、鱼类、贝类资源锐减。

2. 外来物种入侵

外来物种是指那些出现在其过去或现在的自然分布范围及扩散潜力以外的物种、亚种或以下的分类单元。在众多的外来物种中，一部分作为有用物种为人类作出贡献，另一部分则成为当地物种的可怕杀手，严重破坏当地生态平衡，改变生物多样性，这类归化物种被称之为侵略种。

在全球范围内，数量众多的侵略种已经严重破坏了海岸带的自然环境、生态系统及景观效果。20 世纪 60 ～ 70 年代，我国分别从英国和美国引进大米草（*Spartina anglica*）和互花米草（*S. alterniflora*），因其具有耐盐碱、耐水湿、耐淤埋、耐风浪等特点，早期常将其作为固沙促淤的先锋植物种植在沿海滩地上。50 年来，由于缺少天敌，大米草和互花米草广泛蔓延，我国米草的分布面积已达世界首位，在福建、广东等地更发展成为严重的生态灾难。福建沿海 2/3 面积被大米草侵占，大面积、高密度的大米草与沿海滩涂乡土植物竞争生长空间，造成海滩大面积红树林消失，贝类、蟹类、鱼类、藻类等多种生物窒息死亡，水产品养殖受到毁灭性打击（吴敏兰和方志亮，2005）。

3. 生物多样性丧失

人类各种经济和社会发展活动对自然生境和自然资源造成了前所未有的破坏，海岸带生物丧失原有的栖息环境，野生物种数量不断减少；环境污染对野生动植物生存环境造成极大威胁，改变了物种的生存环境，加速物种灭绝；人类滥采滥捕导致某些物种和种群消失；外来入侵的有害生物往往导致生态多样性、物种多样性、生物遗传多样性的丧失和破坏。

在地中海地区，生物多样性的不断丧失已经成为一个非常严重的问题，当地相关部门，尤其是地中海援助项目已经尽了最大努力来保护生物多样性。然而，生存环境的污染、破坏、过度渔猎以及外来物种入侵等问题，依然对地中海地区的生物多样性造成了严重的威胁。目前，为了保护生物多样性，地中海地区已经设有 122 个保护区，其中 42 个保护区位于地中海环境技术援助项目（METAP）国家境内。尽管保护区的数量有了极大的增加，但是，海洋及沿海保护区的状况仍不令人满意，更多的地区需要加以保护，已建立保护区的地区中，大多数的保护区也还存在着严重的管理问题。

4. 渔业资源衰减

随着世界人口的急剧增长，世界渔业生产发展速度不断加快，很多渔区产生了过量捕捞的现象。对某些海洋生物的过度捕捞，将损害该物种的再生产能力，缩短食物链的传递，从而影响整个海域的生物恢复和多样化分布。如今，过度捕捞成为造成海洋生物产量下降的主要原因之一，渔业资源不再取之不竭。

例如，东海舟山渔场是中国第一大海洋渔场，作为北方寒冷海流和南方温暖海流的交汇处，各种鱼类十分丰富，以鱼种多、品质优、产量高而蜚声中外。如今，由于过度捕捞，渔业资源受到严重破坏，渔民出海经常一无所获。

又如，纽芬兰渔场位于加拿大境内，是世界著名渔场之一，曾经拥有“踩着鳕鱼群的脊背就可上岸”的美名。然而，经过几个世纪的肆意捕捞之后，特别是20世纪50～60年代大型机械化拖网渔船开始在渔场作业后，纽芬兰渔场逐渐走向消亡。到20世纪90年代，鳕鱼数量下降到20年前的2%；1992年，加拿大政府被迫下达了纽芬兰渔场的禁渔令；迄今，纽芬兰水域仍没有表现出任何的恢复迹象，昔日似乎取之不尽的鳕鱼，如今却是踪影难觅。

（三）地质灾害

全球变暖会加速极地冰盖、高山冰川的融化，导致海平面上升，造成海岸带灾害加剧，引发海岸侵蚀、海水入侵、土壤盐碱化等环境地质灾害。

1. 海岸侵蚀

海岸侵蚀常由海平面上升、海洋动力作用增强等自然因素或滩涂围垦、大量开采海滩沙等人为因素所引起。在人为因素中，拦河坝的建造、滩涂围垦、大量开采海滩沙、珊瑚礁、滥伐红树林，以及不适当的海岸工程设置等，均会引起海岸侵蚀。

海岸侵蚀会导致土地丧失、海岸构筑物坍塌、海滨浴场退化、海滩生态环境恶化、海岸防护压力增大、附近海域淤积等问题。在METAP国家，海岸侵蚀是常见的现象。近年来，部分METAP国家大面积的海滩不断消失，尤以阿尔及利亚和突尼斯最为严重。

2. 海水入侵与土地盐碱化

海水入侵是特定区域自然与人类社会经济活动两大因素叠加影响的结果。在我国，至少有11个城市和地区发生了不同程度的海水入侵。海水入侵和土地盐碱化将会对淡水资源、陆域植被发育、海岸构筑物等造成影响。

第二节　现状资源环境调查

现状资源环境调查是进行海岸带规划必要的前期工作，没有扎实的调查分析工作，缺乏大量的第一手资料，就不可能正确认识对象，也不可能制定切合实际、具有科学性的规划方案。因此，现状资源环境调查分析的过程也是海岸带规划方案的孕育过程，必须引起高度重视。

一、调查程序与准备工作

（一）调查程序

现状资源环境的调查工作一般包括三个重要方面：

1. 基础资料的搜集与整理

主要应取自当地城市规划部门积累的资料和有关主管部门提供的专业性资料。

2. 现场踏查

规划组必须对海岸带现状资源环境进行现场踏查。

3. 现状分析

这是进行现状资源环境调查工作的关键，将收集到的各类资料和现场踏查中反映出来的问题进行系统地分析整理。

（二）调查任务和目的

全面系统调查海岸带资源环境现状和潜力，其主要目的是摸清情况、掌握特征，为现状分析、规划编制、审批、管理、实施、监督提供科学依据。

（三）调查内容

现状资源环境调查包括自然资源环境调查和人文社会资源调查两个方面。其中，前者又包括自然环境调查和自然资源调查。

（四）准备工作

在进行现状资源环境调查之前，充足的准备工作必不可少，主要包括各类资料的收集和底图的制作。

1. 资料收集

资料收集是规划工作的前提，前期资料收集得越详尽、真实，后期规划也将越科学、完善。其内容包括：规划区勘察资料、测量资料、气象资料、水文资料、历史资料、人口资料、经济与产业资料、土地利用资料、自然资源资料等。

2. 底图的制作

底图的制作是以图形格式进行数据采集的初始步骤，依托基础数据，可以制作出规划所需要的底图。这一制图过程也可以用地理信息系统（Geographical Information Systems，GIS）技术在计算机上实现，数据的处理和计算技术都可以实现自动化。与传统纸质地图相比，GIS 技术可以对数据结果实现十分有效的图形展示功能。

卫星影像可以提供时间和空间尺度上的环境信息，而这些环境信息是传统方法无法获得的。需要注意的是，对影像图和其他数据的校正、投影变换，对各种数据进行叠加，以及基于数据库的各种专题图的制作，都是非常重要的步骤。它们已经超出了传统制图学的基本要求。尽管大量的数字数据可以很方便地获取，但是规划组中有精通 GIS 技术和制图工作的人员是非常重要的。

二、自然资源环境调查

（一）气候

气候是一个地区在一段时间内各种气象要素特征的综合，它包括极端天气和长期平均天气。区域气候受山脉、洋流、盛行风向以及纬度等自然条件的影响。同时，气候也可以通过对岩层的风化和降水量的大小来影响本地区自然地理环境的形成和变化。海岸带的位置比较特殊，处于陆地和海洋两个截然不同的物质体系相邻的地带，是海、陆、气三相物质相互作用的过渡地带，特殊的地带造就了特殊的滨海气候。在进行海岸带资源环境调查中，当地气候是首先要进行调查和掌握的信息之一。

1. 资料准备

气候主要由气压、气温、湿度、风力、日照、降水等要素组成，不同的气候要素对海岸带自然环境、资源和人类社会产生不同的影响，各要素的组合则对它们产生一个综合的整体影响。因此，气候相关资料的准备，涉及温度、湿度、降雨量、日照以及盛行风向与风速等。

2. 气温调查与分析

将地方气象局提供的多年各月平均温度数据进行综合与分析，掌握规划区气温分布和历年各月的气温动态变化特点。

随着计算机技术的进步，GIS 常被作为主要资源环境要素的处理和分析工具。在气温分析中，可以规划区地形图为底图，各气象监测点记录的历年气温数据为数据源，通过空间内插法获得气温的空间分布图。

此外，也可以利用遥感热红外图像分析各种土地利用的地表温度。地表辐射温度常因土地利用类型的不同而存在变化。城市区域温度的空间分布格局则与开阔的水面和绿地的分布有着密切的相关性，因为水体和植物可以通过蒸发而吸收大量的热量。近年来，随着全球城市化进程的不断加快，利用遥感热红外数据研究“城市热岛”问题得到了越来越广泛的关注。“城市热岛”被认为是城市气候效应的主要特征之一，它是一种由于城市构筑物及人类活动等原因导致的热量在城区空间范围内聚集的现象。为了研究城市热岛的发展与变迁，需要将不同年代遥感影像的热红外波段加以比较。理想的条件是选用不同年代时相相同的热红外波段来进行研究（徐涵秋和陈本清，2003）。

3. 降水量调查与分析

与温度数据的综合与分析类似，将地方气象局提供的多年平均降水量数据进行综合与分析，掌握规划区降水量分布和历年各月动态变化特点，以规划区地形图为底图，各气象监测点记录的多年降水量数据为数据源，通过空间内插法获得降水量的空间分布图（图 3-2-1）。

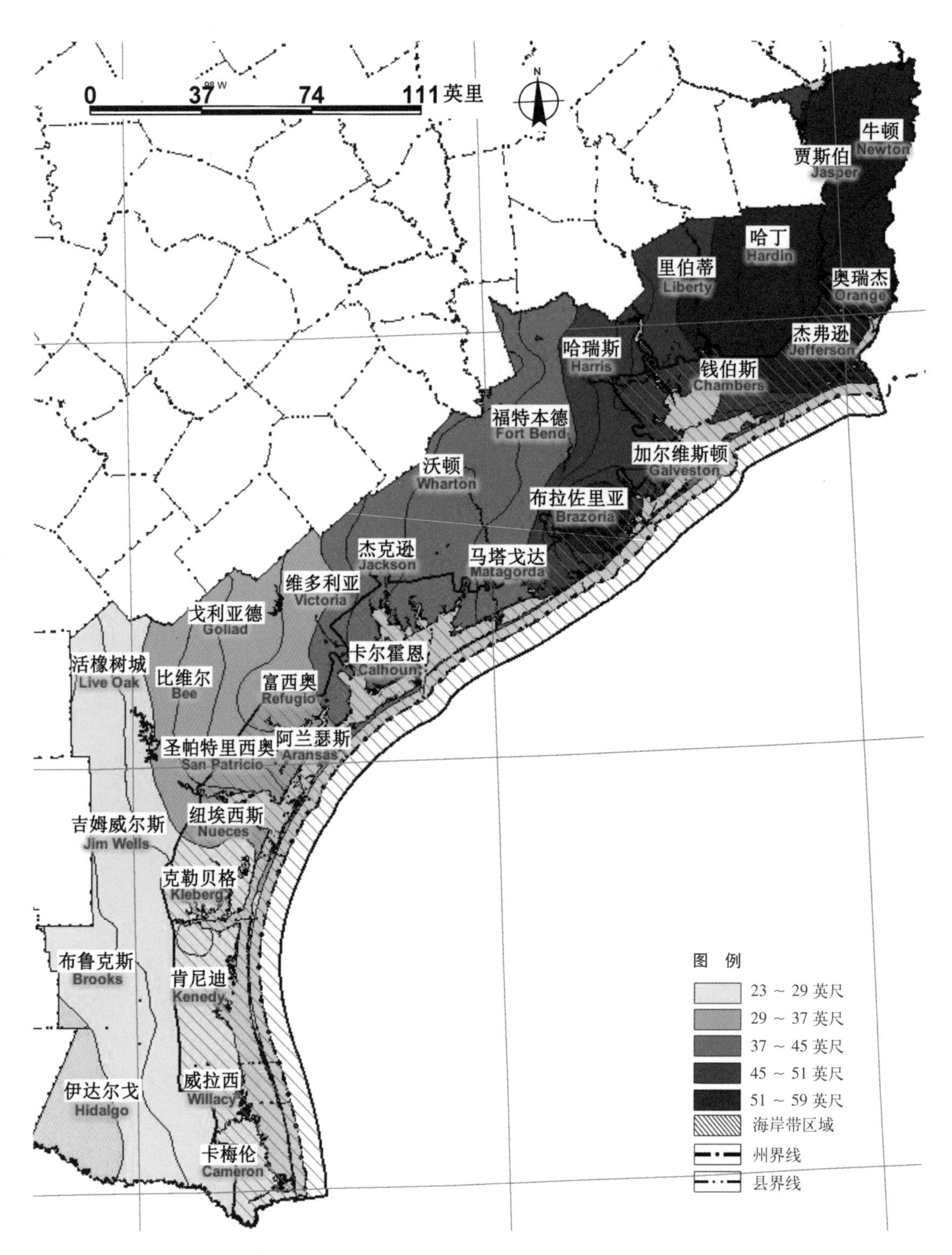

图 3-2-1 美国得克萨斯州海岸带降雨量分析图

资料来源：http：//coastalatlas.tamug.edu/

此外，区域内的其他气候因素，如日照、盛行风向、风速及持续时间等也对海岸带规划起着重要的作用，掌握和分析其相关信息与特点也成为必要。

（二）地形

地形表面崎岖不平、变化无穷，既有高耸的山峰、低陷的凹地，也有连绵的山脊、幽深的峡谷；既有起伏的丘陵、宽广的平原，也有微小的岩突和滑塌。海拔和坡面是反映地形的两个最重要的方面。由于坡度、土壤、地质、水文、小气候、植物及动物等与海拔存在着非常密切的联系，因而在景观分析中，海拔是一项极为重要的因素。根据坡度和坡向可以对坡面作出进一步的划分。其中，坡度对农业活动和工程建设具有重要的影响，而坡向则对住宅的采光非常重要。此外，有时也需要了解坡面的组成和岩性。

1. 高程分析

传统的高程分析中，是以地形图为底图，选择适当的等高距，然后由底图制作出高程图。在高程图上，不同的海拔高度可以用不同深浅的颜色来表示。高程变化可以用马克笔、彩色铅笔、蜡笔或通过计算机以棕色、黄色、灰色等不同颜色的阴影表示出来。因此，在地图上，随着高程的增加，颜色会逐渐变浅或变深。对于某些研究区，建立物理高程模型会非常有用。

计算机技术为规划区的自然地理条件分析提供了许多便利的手段，地形分析是数字高程模型（Digital Elevation Model，DEM）的基本应用。在GIS中，利用DEM数据可由计算机自动绘制等高线，根据选定的等高距，形成高程图，并能够进行相关数据统计（图3-2-2）。

对海岸带规划而言，高程与海潮淹没、盐碱侵蚀、海滩退蚀等影响因素存在千丝万缕的联系，应将其作为现场踏查的一个重要内容。

2. 坡度分析

规划人员依据DEM数据，应用GIS技术，可以制作出规划区坡度图。坡度对于确定海岸带建设用地的布局、划定水土流失高敏感区，具有较为重要的意义。

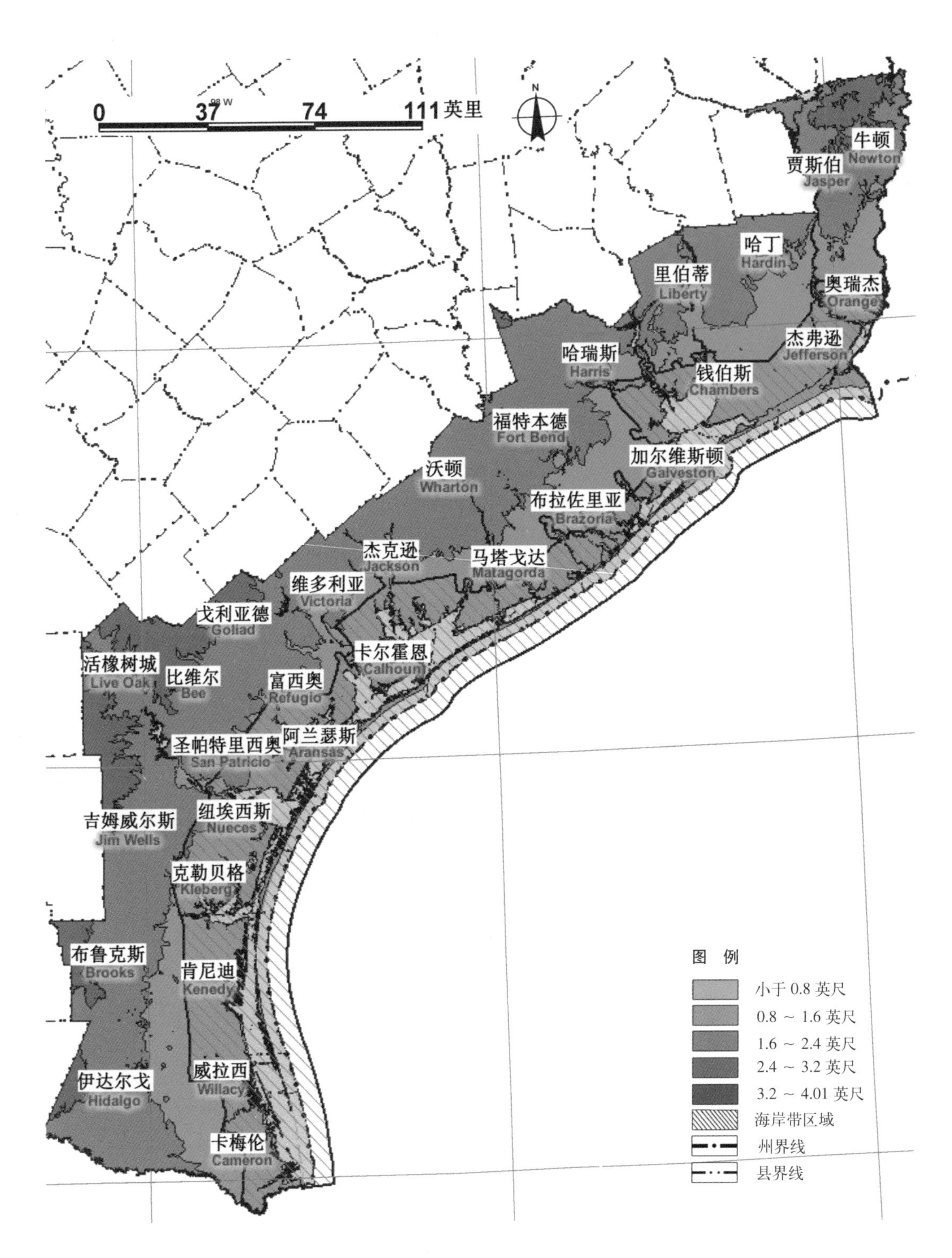

图 3-2-2　美国得克萨斯州海岸带高程分析图

资料来源：http：//coastalatlas.tamug.edu/

3. 坡向分析

坡向是指坡面所面临的方向，即坡面朝向。同样，根据 DEM 数据，也可以进行坡向分析，从而制作出规划区坡向分析图。绘制详细的坡向图，有助于甄别海岸带地区最适宜进行建设的用地。

（三）地质

地质学是一门研究地球的科学，其研究内容既包括地球过去发生的事情（地质历史），也包括当前发生的事情。对一个地方的调查通常需要对该地区的地质历史和过程有一定的了解，而这一过程首先从地质图开始。在城市规划中，地质图不仅用以传达一个地区地质历史的信息，更可用作进行自然灾害的评价以及道路、桥梁、房屋等城市建设适宜性的评价。

地质图以图形的方式描绘出露于地球表层的岩石地层单位和地质特征，为了表示不同类型和年代的岩石，许多地质图上还描绘了诸如断层、褶皱及火山等地质现象和特征。通常情况下，对一个地区的地质分析可以表 3-2-1 为基本要素进行收集和分析。在一些地区，分别制作出基岩地质图和地表沉积物（或风化壳）地质图更有意义。基岩地质图可以表示大陆地壳的连续固体岩石；地表地质图则表示了地表景观中松散沉积物的分布状况。在许多地方，将地质灾害（如许多氡的沉积物、活动断层带等）绘制成地质图也具有重要意义，这些信息可以包括在地质图中，也可以专门制作成单独的地质灾害图。

基本的地质要素　　**表 3-2-1**

序号	地质要素	来源
1	区域地质史	地方地质局
2	基岩深度，岩石露头，基岩的类型和特征，横向剖面、柱状剖面，表面沉积物等资料	
3	矿产资源	
4	主要的断层线、地震带、地震活动	
5	岩石滑坡、泥质滑坡	

为了在海岸带规划中尽量预见地质灾害的空间分布，引导城

乡建设用地的布局实现趋利避害，应在现场踏查中掌握足够的地质信息。

（四）水文

水文学是一门关于地表水和地下水运动的学科。地下水指地表以下沉积物的孔隙中所含有的水分；地表水是指存在于地壳表面，暴露于大气的水。

水文过程是联系大陆腹地与海岸带的重要生态过程，也是海岸带地貌和生态环境变迁的主要动因之一。

1. 地下水

地下水的水位深度、水质、含水层的出水量、水的运动方向、水井的位置等都是地下水的重要因子，相关资料主要来源于地质局和环保局（表 3-2-2）。从地质图上就可以确定含水层的位置，而对含水层相关信息的汇总和分析是进行规划区地下水开发利用保护规划的基础。

地下水要素 **表 3-2-2**

序号	地下水要素	来源
1	地下水补给区	地方地质局、环保局
2	含水层位置、出水量	
3	水井位置、出水量	
4	水质	
5	地下水位、季节性高水位	
6	不同地质单元的水特征	

2. 地表水

地表水的概念有广义和狭义之分。广义的地表水指地球表面的一切水体，包括海洋、冰川、湖泊、沼泽以及地下一定深度的水体。狭义的地表水专指地球陆地表面暴露出来的水体，包括河流、冰川、湖泊和沼泽四种水体。

河流系统被划分为干流与支流。在一个水系中，直接流入海洋、内陆湖泊或消失于荒漠的河流叫做干流，流入干流的河流叫做一级支流，流入一级支流的河流叫做二级支流，其余依次类推。河流的水系格局由区域的地质结构所决定，重力作用导致河流逐步趋向稳定,河道会沿着可获得能量和阻力的平衡的位置发育。因此，河流的水系格局、河水流量、河水水位等都是河流的重要因子（表3-2-3）。

湖泊是陆地表面洼地积水形成的比较宽广的水域，通过入湖河川径流、湖面降水和地下水而获得水量。湖泊分布、水位变化等是湖泊的主要因子。

此外，需要指出的是，水量是规划中需要考虑的重要因素，因为城市的维持需要充足的水资源。但是，过多的水则会带来灾难。洪水是干旱地区的一种普遍现象，在发生洪水时，土地暂时被部分或全部淹没，它可以由内陆河流的溢出造成，也可以由严重的风暴、飓风和海啸而引起的海水上涨所造成。洪泛平原是与河流、海洋、湖泊以及其他水体相邻的低地，它们曾经被水淹没或者可能被水淹没。洪泛平原包括排水通道、洪水路径以及洪水的边缘地带。对于城市规划来说，洪泛平原地图的收集极为重要。

地表水要素　　**表 3-2-3**

序号	地表水要素	来源
1	河流、湖泊、河口、湿地等的分布与格局	地方水务局、环保局
2	水位变化（常水位、最高水位、最低水位）	
3	水流量	
4	水质、主要污染源	
5	洪泛平原、洪水威胁区	
6	水体的富营养化、藻类暴发等问题	

3. 海洋水

在海岸地带，水文要素分析还必须包括海洋水的相关数据收集和分析，海岸线变化、水温、盐度、潮汐、波浪、海流、海水化学（包括溶解氧、pH、COD、磷酸盐、无机氮以及油类和重金属含量等数据）、海域环境质量（包括主要污染源，污染物入海途径、入海量，主要污染物在海洋中的含量和分布，以及环境质量现状评价数据等）、海洋灾害（包括风暴潮、风暴海浪、海雾、赤潮、海水浸染、海岸侵蚀与滑塌）等资料（图 3-2-3，图 3-2-4）。

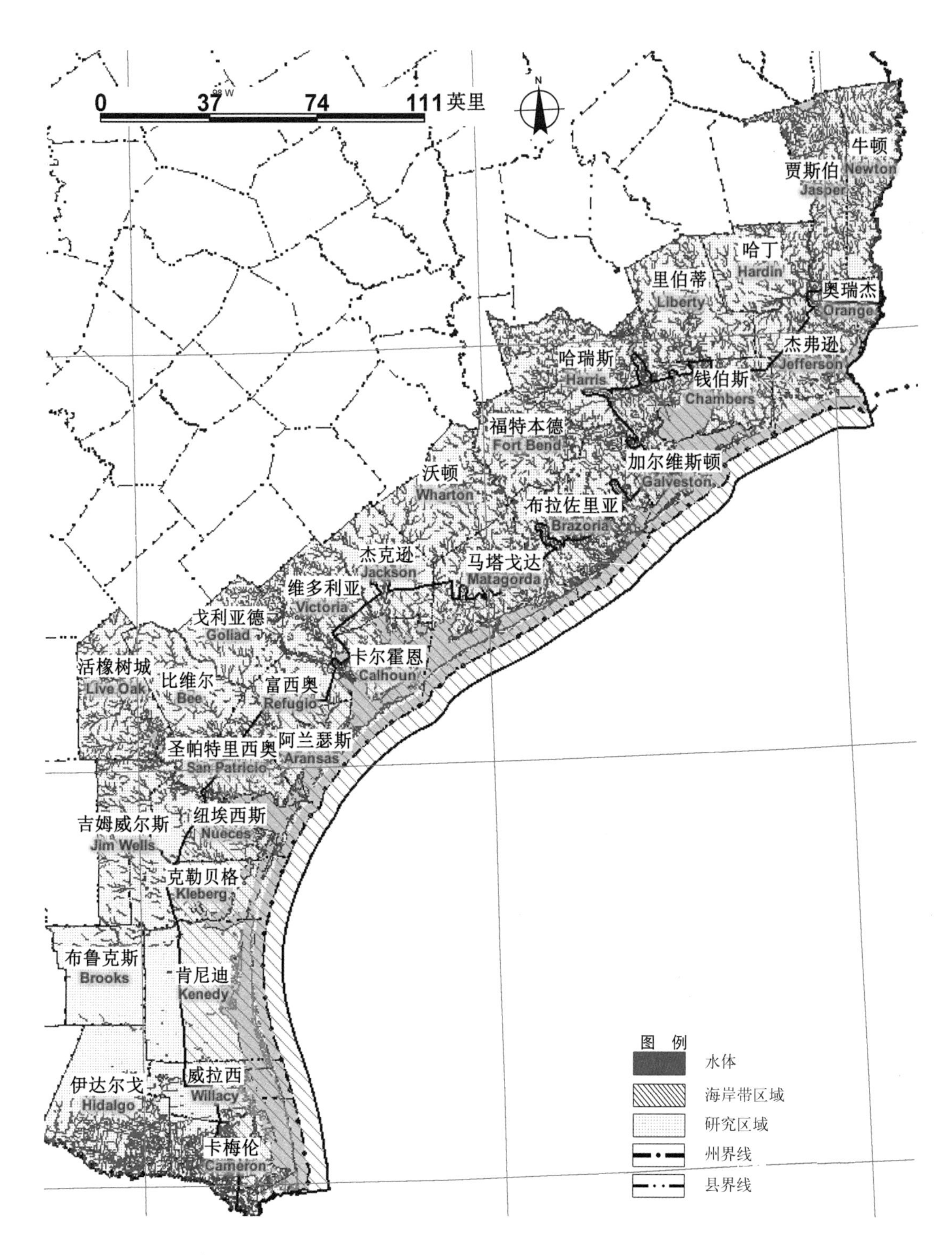

图 3-2-3 美国得克萨斯州海岸带水文系统分析图

资料来源：http：//coastalatlas.tamug.edu/

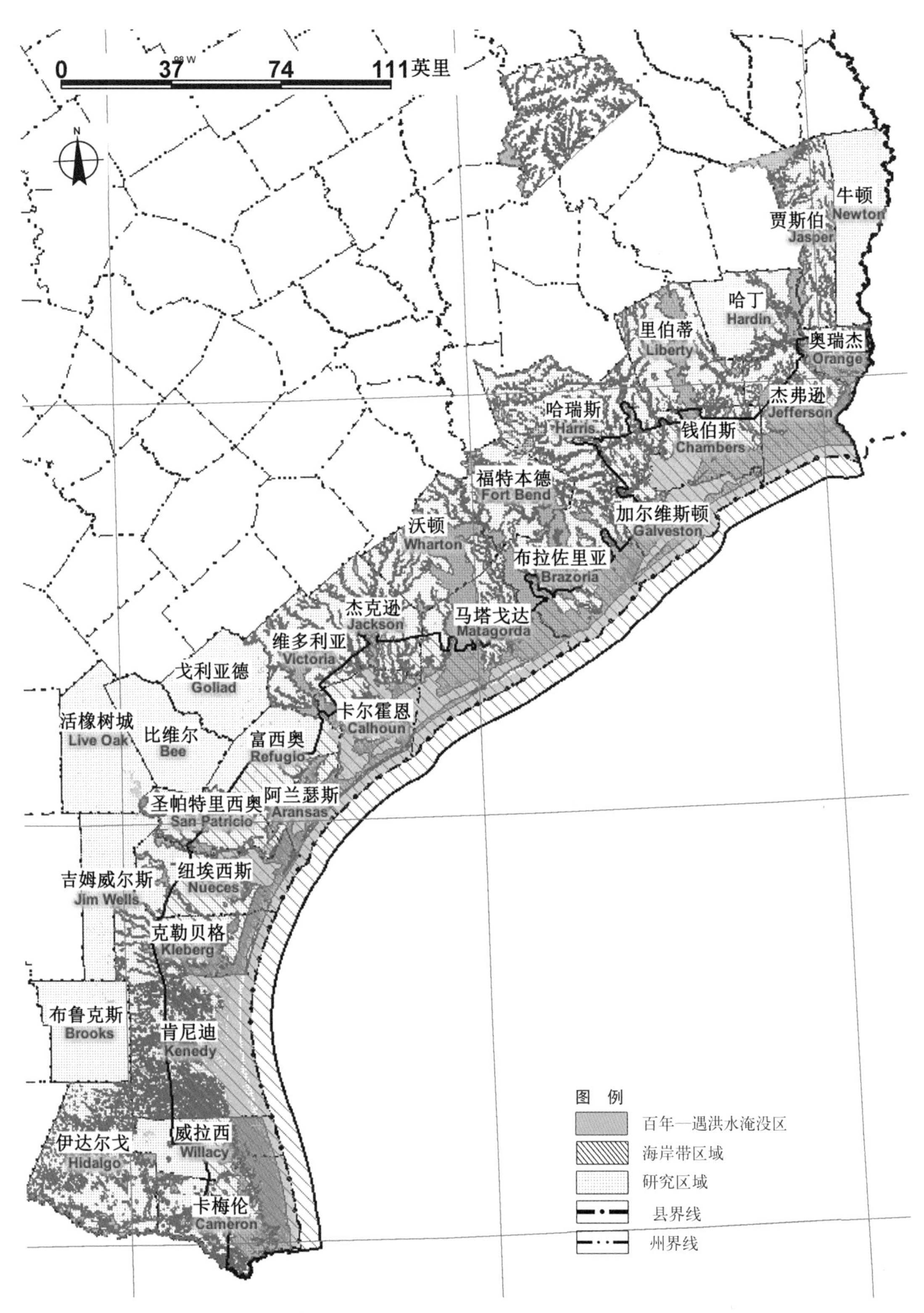

图 3-2-4 美国得克萨斯州海岸带百年一遇洪水淹没分析图

资料来源：http：//coastalatlas.tamug.edu/

（五）土壤

在岩石圈和大气圈中，土壤占据着一个独特的位置，是联系生物环境和非生物环境的一个过渡带。根据发生学理论，土壤是在地形、母质、气候、生物、时间等成土因子的综合作用下发生和发展的（张凤荣，2002）。与其他自然要素相比，土壤往往能解释一个地区更多的信息。

土壤调查是对某一地区的土壤类别及其成分因素进行实地勘察、描述、分类和制图的全过程。通过调查、了解土壤的一般形态、形成和演变过程，查明土壤类型及其分布规律，为区域内的土壤合理规划、利用、改良、保护和管理提供科学依据。

传统的土壤调查方法完全依靠人力挖坑打钻、以地形图为工作底图进行调查，它需要的人工多、周期长、耗费大。随着3S技术的飞速发展，以地理信息系统技术为核心的空间信息分布平台为开展土壤调查提供了条件。即以航片或卫片为工作底图，先建立解译标志，在室内进行判读勾图，再到野外实地进行核查，最后形成土壤调查图。下面将详细介绍基于遥感资料进行土壤调查和绘制土壤图的方法和步骤。

1. 资料准备

在进行规划区土壤调查之前，首先需要对相关资料进行收集和准备，包括遥感相片、地形图以及其他辅助分析材料，诸如自然、农业、土壤相关资料与图片等（表3-2-4）。新中国成立以来，先后进行了两次全国性土壤普查和大比例尺土壤制图。在全国土壤调查中绘制的土壤图、土壤改良利用分区图、土壤有机质、氮、磷、钾测定的土壤信息等，对规划区的土壤调查仍然具有重要参考价值。

土壤调查资料准备　　　　**表3-2-4**

序号	资料名称	资料来源
1	规划区现有土壤图	地方国土资源局、地质局
2	土地利用图	
3	土壤质地，土壤剖面，土壤酸碱性，土壤渗透率，土壤有机质、氮、磷、钾，土壤侵蚀潜力，土壤排水潜力等土壤信息及其他相关资料与图片	

2. 初步解译

根据已有土壤资料和遥感影像解译标志，建立每个土壤类型在相片上的相应的影像特征，初步判读它们所代表的土壤类型，取得直接经验，并进行勾图。同时，将地形图、土壤图、土地利用现状图与遥感影像叠加制作调查工作底图。

3. 野外调查

在工作底图上，与土壤专家协商布设采样点，并获取土壤样点的经纬度坐标，结合 GPS 定位查找采样点位置。定位采样点后，需对采样点的土壤样品进行采集，具体操作如下：

（1）依照技术规程要求，在规定的区域内挖掘具有代表性的土壤剖面，进行观察、描述、记载和比较，并采集供各种用途的土壤标本；

（2）根据土壤剖面形态特征，确定土壤变异的界线，并勾绘土壤草图。

4. 土样化验

对外业采集回来的土壤样品进行风干、去杂、磨细、过筛、物理性质测定、化学性质分析等一系列化验处理。

5. 制图

完成室内土壤化验后，进入土壤图的制图阶段，具体工作包括：

（1）将野外调查资料和室内化验分析资料进行整理、归纳和系统化；

（2）根据整理的资料制订土壤分类系统和制图单元系统；

（3）根据外业调查和内业分析，全面修正初步解译，并绘制土壤图。

（六）植被

植被图在编制海岸带规划中发挥着重要的作用，它可以告诉规划人员有关土地和景观的特征以及它们的承载能力，有助于规划人员了解现有植被的利用状况和潜力，作出相应的土地利用评价。从海岸带规划的角度来看，海岸带的保护、利用、管理和它所在地周围的植被是密切相关的，即便是居民点的建设、工业区的布局以及交通道路的规划也都涉及植被及其所处的生境条件。

传统的植被制图通常以适当比例的地形图作为底图，结合植被的野外调查，编制作图指南，然后进行植被图的清绘。计算机技术的发展为植被资源调查和植被制图提供了一种先进的手段，用它可以对航片和卫片直接进行判读，帮助确定植被类型并精确地画出它们的范围和界限，最后生成现状植被图（图 3-2-5）。下面将详细介绍基于遥感资料进行植被调查和植被制图的方法和步骤。

1. 资料准备

在进行规划区植被调查和制图之前，首先需要对相关资料进行收集和准备，包括作为底图的遥感相片、地形图以及其他辅助分析材料，如植被历史、现状植被类型与分布图等（表 3-2-5）。

（1）遥感影像

针对遥感对象的需要选择遥感图像的时相和波段，确定合成方案和比例尺。

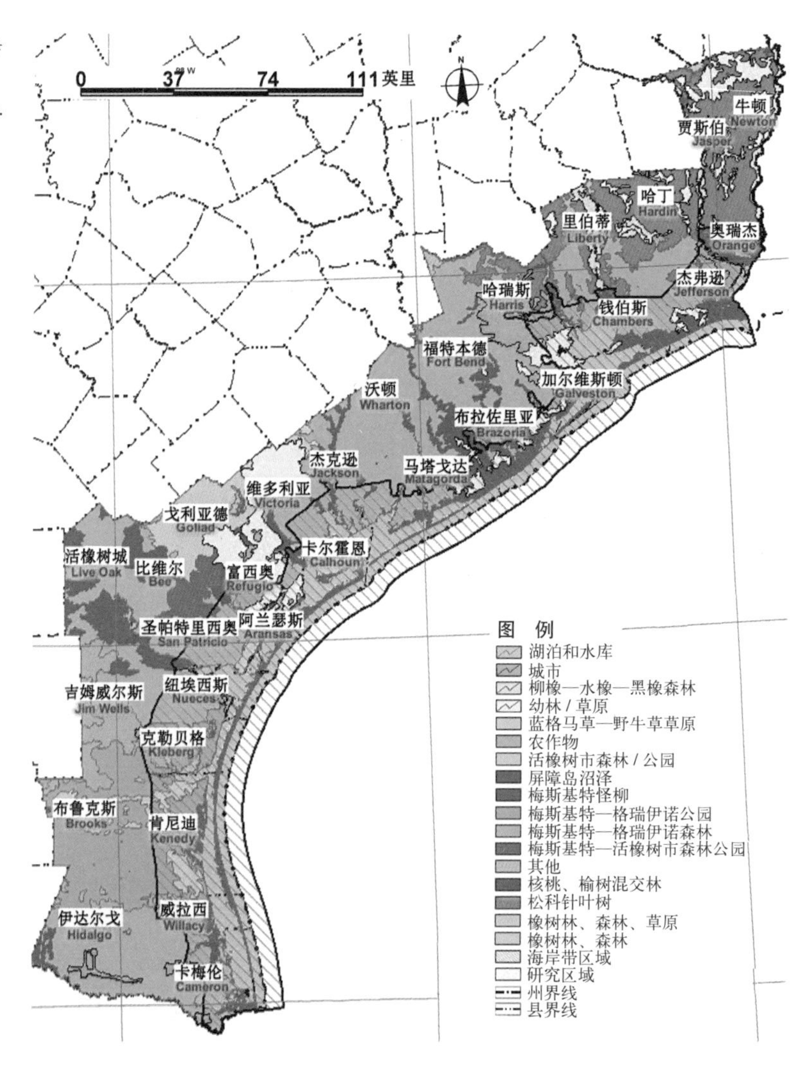

图 3-2-5　美国得克萨斯州海岸带现状植被分布图
资料来源：http：//coastalatlas.tamug.edu/

(2) 地形图

选择同比例尺的地形图，按地形图分幅或研究区范围镶嵌遥感图像，使其能与地形图配套。

(3) 其他植被资料

分析其他已知植被资料，研究地物原型与影像模型之间的关系。

植被调查资料准备　　表 3-2-5

序号	资料名称	资料来源
1	植被历史	地方林业局
2	地带性植被类型	地方植物志
3	现状植被类型与分布	地方林业局、国家林业局
4	植物物种清单	地方林业局
5	稀有、濒危及保护物种名录与分布	地方林业局

总的来说，当地相关资料越详尽、准确，植被资源调查工作将越省时省力。例如，在威海山地植被调查中，威海市林业局提供了全市林业资源的小班图，不仅详细划分了各类植被资源的分布区域，还记录了各植被类型的主要物种，大大降低了后期野外调查的工作量。

2. 初步解译

根据影像解译标志，即色调、性状、大小、阴影、纹理、图案、布局、位置等，建立起每个植被类型在相片上相应的影像特征，加以仔细对照研究，分析它们之间的相应关系，从而使之能够根据遥感相片上不同的影像，初步判读它们所代表的植被类型，取得直接经验。但是，有时单靠影像类型、色调、结构、形状、大小、阴影等特征，很难把它们所代表的植被类型确定下来，这就需要按照地形特点或地表其他状况等间接标志，将不同影像类型、色调、结构等，加以排列成某种序列，各种影像在序列中具有固定的位置，可借此判读植被类型。初步解译步骤应是从已知到未知，先易后难，先整体后局部，先宏观后微观，先图形后线形（宋永昌，2001）。

3. 野外调查

地面实况调查，包括航空目测、地面路线勘察、定点样地调查和野外地物波谱测定等。

（七）野生动物

野生动物是指生存于自然状态下，非人工驯养的各种动物，包括昆虫类、两栖类、爬行类、鱼类、鸟类、哺乳类等。近年来，生物多样性保护日益受到国际社会的高度重视，规划师们对野生动物也给予了越来越多的关注。

由于动物游移不定，因此，与其他自然资源环境相比，对野生动物的调查也就更为困难。对海岸带规划来说，野生动物资料的收集、整理和分析成为主要的工作之一，包括：规划区的野生动物名录与分布，濒危、珍稀及保护动物名录与分布，动物栖息地等相关信息。地方林业局、民间的野生动物保护组织以及相关的学术机构和科研院所等是获得这些资料的最佳来源（表3-2-6）。当然，如果能够获得动物学家们的帮助，则会使工作更加顺利地完成。

野生动物调查资料准备　　表3-2-6

序号	资料名称	资料来源
1	野生动物名录、数量与分布	地方林业局、海洋局、野生动物保护组织、学术机构等
2	稀有、濒危及保护物种名录、数量与分布	
3	各类动物习性、栖息地等相关资料	

在获得了上述资料之后，对动物的习性和栖息环境的相关分析显得更加重要。以鸟类为例，鸟类的分布广泛，生活在不同环境条件之中，形成了各个生态类群。根据其栖息环境，可以划分为：

(1) 林灌鸟类

这类鸟主要栖息在森林小灌丛中，包括针叶林鸟类（如松鸡、黄雀等）、阔叶林鸟类（如白头鹎、相思鸟、柳莺等）和灌木丛鸟类（如画眉、伯劳、山雀等）。

(2) 开阔区鸟类

这类鸟主要栖息在开阔区，包括草原类鸟（如草原雕、大鸨等）和平原鸟类（如乌鸦、喜鹊、麻雀等）。

(3) 水域鸟类

这类鸟主要栖息在水域环境中，以水中食物为生，包括海洋鸟类（如鸥形目中的一些鸟类）和内河湖泊鸟类（如翠鸟等）。

(4) 沼泽鸟类

这类鸟常在泥土、沙滩和沼泽中觅食（如苍鹭、白鹭等）。

美国的规划师们常采取矩阵的方式进行动物栖息地分析。表3-2-7是关于美国帕卢斯地区野生动物栖息规律的矩阵表，表中第1列是各种动物的名称；2至4列是适宜每一种动物繁殖、生活、觅食的各类生境，包括草地、灌丛、林地、农作物和河流等；5至9列给出了各类物种的出现频率，诸如常见、不常见或者是稀有物种，它们具有哪些季节性活动等；此外，还包括了对每一种动物的评价（弗雷德里克·斯坦纳，2004）。

美国华盛顿州东部和爱达荷州北部的帕卢斯地区的物种栖息地矩阵 表3-2-7

物种	动物栖息地			出现频率					评价
	繁殖	生活	觅食	常见	不常见	稀有	迁徙	留居	
美国知更鸟（*Turdus migratorius*）	W	W	G S	●			●	●	
仓鸮（*Tyto alba*）	W	W	W S	●				●	
哀鸽（*Zenaida macroura*）	G S	G S	G S C	●				●	
红尾鹰（*Buteo jamaicensis*）	W	W	G W S C R		●			●	
北美豪猪（*Erethizon dorsatum*）	W	W	W			●		●	
褐鼠（*Rattus norvegicus*）	G S	G S	G S C	●				●	
美洲河狸（*Castor canadensis*）	W R	R	W R		●			●	
白尾鹿（*Odocoileus virginianus*）	W	W S	W S G C	●					

注：G-草地、S-灌木、W-林地、C-农作物、R-河流

资料来源：弗雷德里克·斯坦纳，2004.

在对各类动物习性和栖息地环境有了充分的了解之后，便要对动物栖息地进行评价。这也是一项极其重要的工作，可以通过同野生动物学家的交流和咨询来完成，具体工作内容将在第五章中进行介绍。

（八）土地利用现状

土地利用现状是指人类对其所利用的空间的自然安排。土地是人类赖以生存的物质基础，也是人们从事一切社会和经济活动最基本的物质资料。人类对环境的影响是巨大的，地球上几乎所有的土地都由人类以某种方式加以利用。尤其是在人类活动最为密集的海岸带地区，土地利用现状直接反映了人类对海岸带资源和环境的影响程度。

1. 资料准备

一个地区的历史可以成为分析土地利用和土地使用者现状的开

端。有关土地利用的历史资料通常可以从当地图书馆、地方国土资源局获得。进一步的工作是判定土地利用的类型，航空照片和实地核查相结合将十分有利于土地利用图的绘制，因此，航空照片、地形图等的收集是必不可少的。

2. 野外调查与底图勾绘

土地利用现状调查的流程建立在城市土地利用现状图的数字化信息图层之上。具体而言，是在同等比例尺的道路、水系、绿地等多层叠加生成工作底图后，收集研究区的高分辨率航空遥感影像图，参照土地分类标准，采用人工判读解译，同时结合实地核对，勾绘出各类用地的分界线，最后生成各地块的图斑，划分出商业、服务业、工业、仓储等不同的土地利用类型，并建立城市土地利用现状数据库（图 3-2-6）。

图 3-2-6　京津冀海岸线土地利用现状
资料来源：中科院地理所利用 2005 卫星影像，通过 GIS 技术解析而成

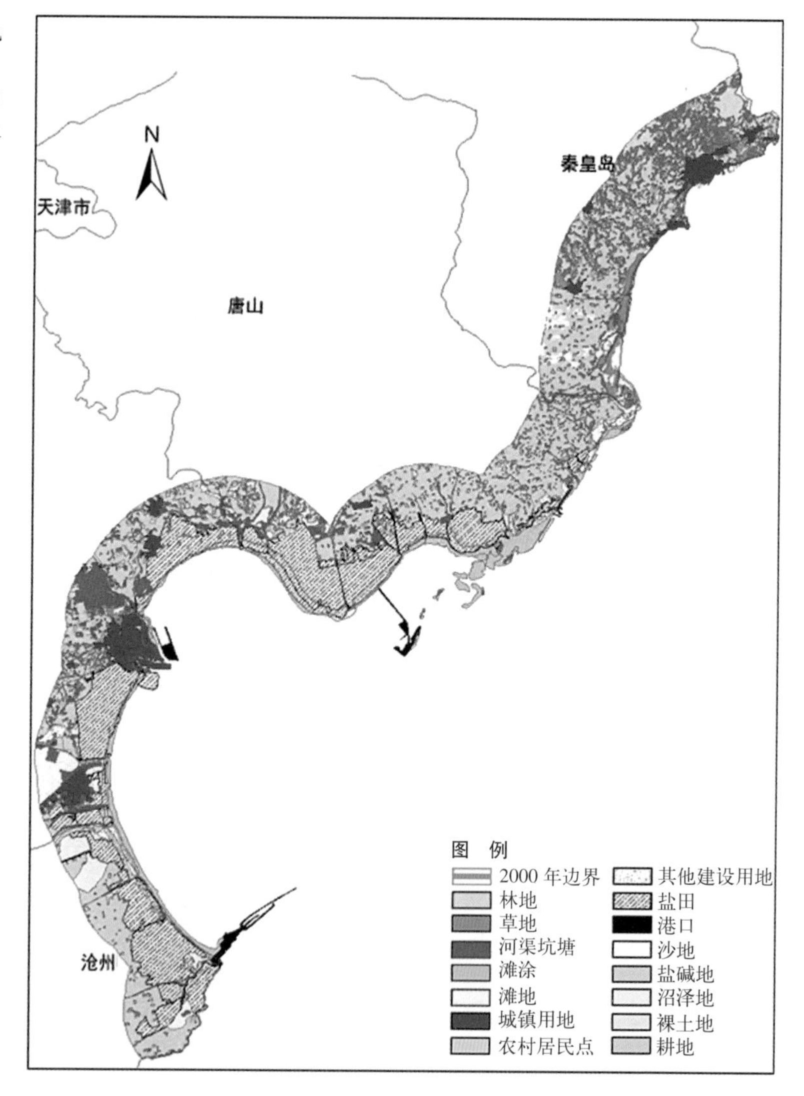

三、人文社会资源调查

（一）历史

地方历史对于研究规划区至关重要，不仅能够帮助规划者了解一个区域的过去，也能够分析、预测一个区域的未来，为区域的规划和建设提供科学依据。在对规划区历史环境条件的调查分析中，规划师和决策者需同时关注海岸带发展演变的自然条件和历史背景，以及在此基础上形成的城市空间格局和文化遗产。主要包括几个方面内容：

1. 对海岸带历史沿革的认识和分析

包括海岸带历史的发展、演进以及海岸带发展的脉络。

2. 分析海岸带城市格局的演变

包括海岸带的整体形态、功能布局、空间要素等。

3. 分析海岸带历史发展中的自然与社会条件

包括政治、经济、文化、交通、气候、景观等内容。其中，物质性的历史要素包括文物古迹、革命史迹、传统街区、名胜古迹、古井、古树名木等；非物质性的历史要素包括历史人物、历史事件、体现地方特色的岁时节庆、地方语言、传统风俗、文化艺术等。

历史资料可以通过查阅地方志、民俗志，整合相关研究史料，以及访谈、讨论历史状况等方式获得。

（二）人口

在城市规划中，对人口问题的调查研究一直是一项十分重要的基础性工作，因为城市用地和城市布局、公共生活设施和文化设施的内容与数量、交通运输和道路的相关指标、市政公用设施的配置、住宅建设的规模与速度等,无不与人口的数量和构成有密切关系（李德华，2001）。通俗地讲，规划中有许多指标都根据人口规模进行定量，根据人口的构成确定配置方式。由此，人口也常被列为海岸带规划的重要专题之一。

1. 人口数据

在美国，商业部下属的统计局是最好的有关人口资料的来源。每个年代的第一年将开展一次全国性的普查。这些普查资料包括年龄、性别、出生与死亡、民族成分、城乡分布、移民、常规人口特征、住房、就业与收入等经济特征。这些统计数据在公开出版的报告和因特网上都能找到（弗雷德里克• 斯坦纳，2004）。

在我国，常规的人口统计数据一般来自两个系统，一个是公安系统的户籍人口数据，一个是人口普查的统计数据。前者以户籍所在地为基准进行统计，与实际人口之间有一些偏差，但各地每年进行一次，时效性较好；后者是以居住地为基准进行统计，它能最真实地反映居住情况，各种属性调查得也尤为详细，是分析人口结构最好的数据，但两次普查间隔较长，时效性较差。由此，不同统计数据各有所长，把不同口径的人口数据利用好，既可发挥普查数据在分析人口构成方面的优势，又可以发挥户籍数据时效性较好的优势（冯健，2012）。

2. 人口结构

人口结构分析一般包括性别结构、年龄结构、素质结构、职业和行业结构等方面。

（1）人口性别结构

人口性别结构的分析，可以引入人口学的一些指标，重点研究规划内的总人口性别比、出生婴儿性别比、各年龄组人口性别比、流动人口和在业人口性别比的特征，分析这些指标对人口的婚姻、家庭和生育状况的影响，并研究与人口再生产、人口分布、人口迁移以及劳动就业结构的关系。

（2）人口年龄结构

人口年龄结构的分析可以结合人口普查数据和公安系统的数据，以此分析人口老龄化的指标，如老龄人口比重、高龄人口比重、少年儿童比重、老少比、年龄中位数、少儿抚养系数、老年赡养系数等，都可以进行计算，并用以判断老龄化社会发展的程度。

（3）人口素质结构

人口的素质结构分析主要用于揭示人口素质所存在的问题，可以结合空间特征进行分析，如文盲和小学学历人口比重在城区普遍较低，在郊区普遍较高。

（4）人口行业结构

人口的行业和职业结构分析最好用人口普查数据，一般需要做的分析工作如：分析城市就业人口发展特点及其空间演变的规律性；从人口的角度反映规划区的产业发展问题等。

3. 人口迁移

人口迁移是指人的居住位置在空间上的移动。人口迁移规模和迁移方向与海岸带发展和规划密切相关，也将影响能源的使用、海岸带管理和环境敏感区的保护。

人口迁移规模在一定程度上能够反映一个区域的地位，迁移人口的素质构成代表了迁移人口的质量，对迁入地区未来产业的发展起到决定性作用。其中，在迁移人口中，高素质的迁移人口对一个地区未来的发展至关重要。高学历人口往往成为一个地区发展最具决定性的“劳动力”。

人口迁移的另一个重要指标是“迁移方向”，可以在一定程度上反映一个区域的辐射范围。一方面，迁移人口的分布特点和发展趋势可以在一定程度上反映一个区域的影响力度和相应格局的变化，从而对被研究区域的发展趋势有更好的把握；另一方面，人口迁移方向还可以反映出区域之间的社会文化背景，而理清这种社会文化背景对于规划研究也十分重要。

4. 人口分布

人口分布是指一定时间内人口在一定区域内的空间分布状况，包括地区总人口的分布、人口密度的分布、人口年龄和性别的分布、城市和农村人口的分布以及民族的分布等。

目前，地理学的空间分析视角和 GIS 技术在人口数据的处理上得到广泛应用。利用 GIS 技术可以把人口空间分布和增长的特征表达出来。如图 3-2-7 展示了 1995 年地中海国家的地区人口密度分布，图 3-2-8 则是依据美国人口普查数据绘制的 1990 ～ 2000 年美国特拉华州人口变化分布图。

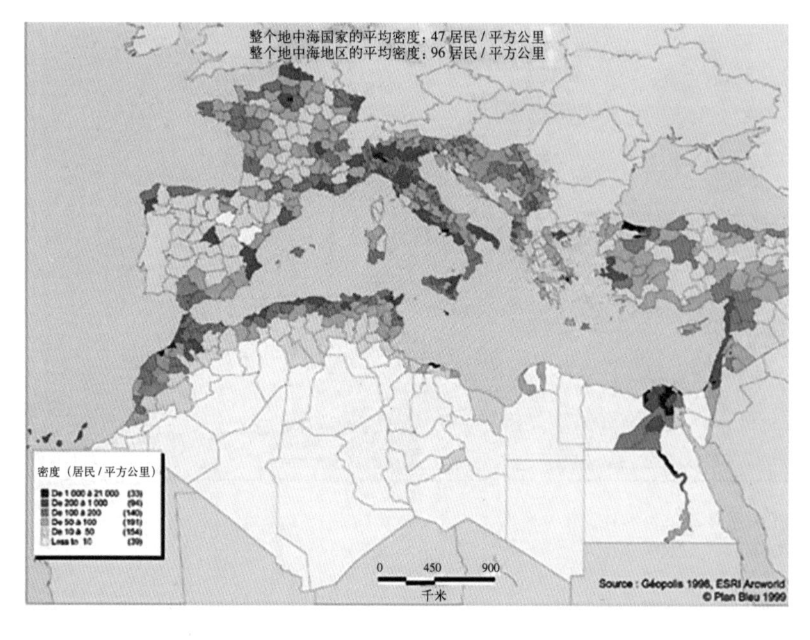

图 3-2-7　1995 年地中海国家的地区人口密度分布图
资料来源：Claude CHALINE，2001

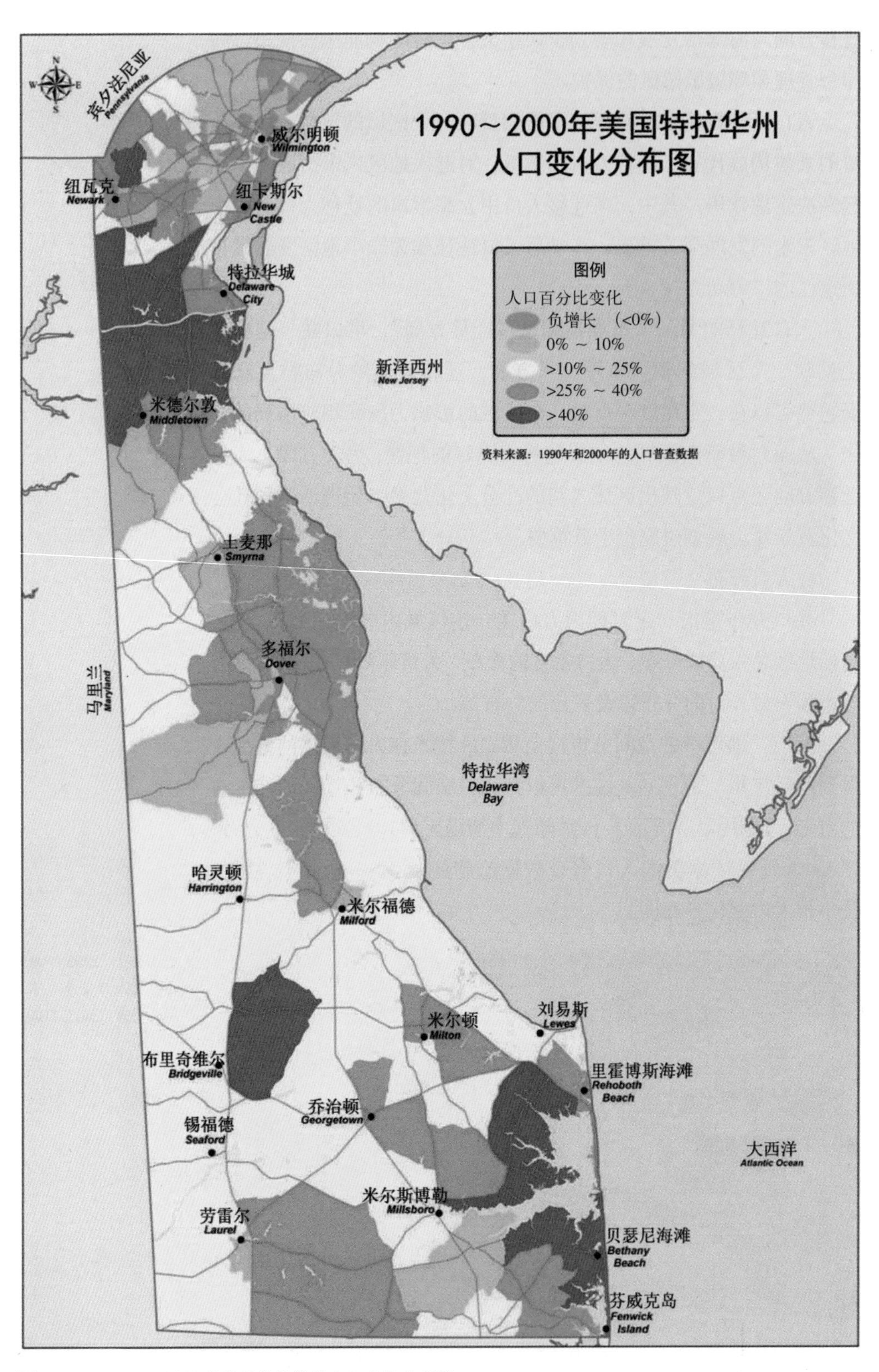

图 3-2-8　1990 ～ 2000 年美国特拉华州人口变化分布图

资料来源：Park Resource Office 等，2003

人口分布特征分析可以为海岸带规划提供重要参考。例如，依据不同年龄段人口的空间分布特点，可以探讨各种相关设施的空间布局重点；不同人口素质的空间分布特征对于产业布局具有参考价值。

5. 人口预测

根据规划方案，规划组还需要进行人口预测。人口预测有很多方法可供选择，包括世代生存法、多元回归模型和模拟模型等。在运用世代生存法时，需要考虑三个要素：(1) 人口生产力；(2) 死亡率；(3) 净迁移。通过计算育龄妇女的出生率来推测出生人数，就是世代生存法的自然增长部分。每一代人都是作为“生存者”的，即符合每五年的死亡率。如果排除人口的迁入和迁出，经过这些步骤就能预测出纯自然增长下的人口数量。净迁移量往往根据历史数据进行外推。多元回归模型常用于补充世代生存法，统计模拟模型则可以进行小样本的检验（弗雷德里克·斯坦纳，2004）。

人口预测可以为海岸带用地布局、设施配给等提供参考。例如，人口年龄结构的预测可以帮助规划者和决策者进行娱乐需求分析，图 3-2-9 是特拉华州 2003 ～ 2008 年的人口年龄结构增长预测，可以看出，在规划期限内，老年人是主要的增长人群。

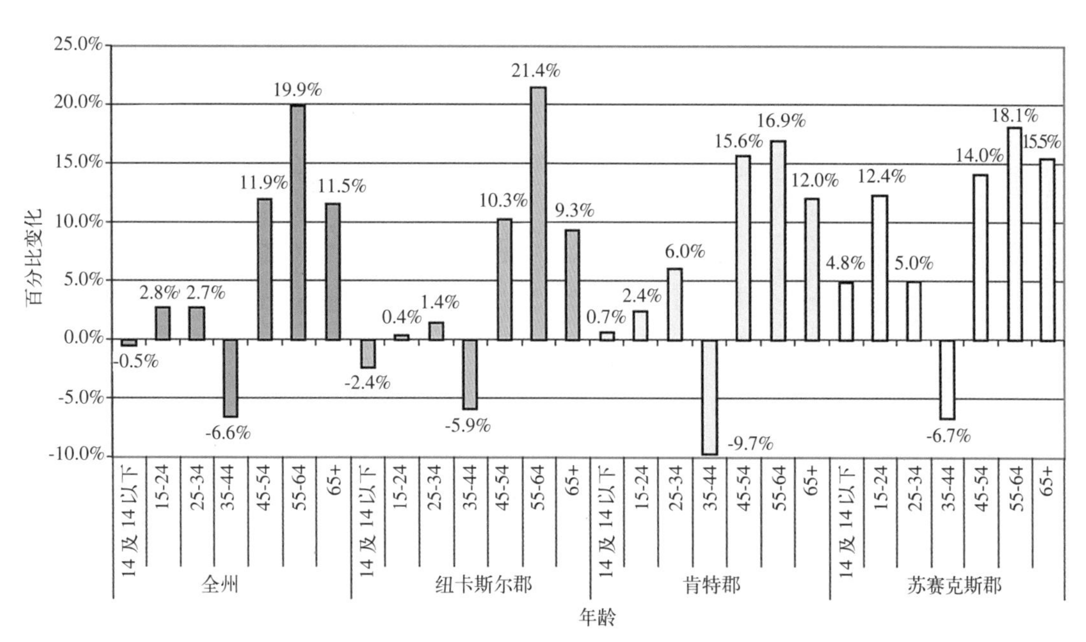

图 3-2-9 特拉华州 2003 ～ 2008 年人口年龄结构增长预测

资料来源：Park Resource Office 等，2003

（三）经济

经济分析的第一步是要确定规划区域的经济基础，进行相关经济资料的收集；其次就是将地方经济划分成不同的产业类型。出于统计需要，《国民经济行业分类（GB/T 4754-2002）》对产业进行了分类，即第一产业、第二产业和第三产业。其中，第一产业是指以利用自然力为主，生产不必经过深度加工就可消费的产品或工业原料的部门；第二产业是指对第一产业和本产业提供的产品（原料）进行加工的部门，包括采矿业、制造业、电力、燃气及水的生产和供应业等；第三产业是指不生产物质产品的行业，即服务业（表3-2-8）。相关的经济信息可以用表或图的形式进行归纳、统计和比较。

产业分类 **表 3-2-8**

<table>
<tr><th>领域</th><th colspan="3">产业</th><th>行业</th></tr>
<tr><td rowspan="3">物质生产领域</td><td colspan="3">第一产业</td><td>农业（林业、畜牧业、渔业），农、林、牧、渔服务业</td></tr>
<tr><td colspan="3">第二产业</td><td>工业（采矿业，制造业，电力、燃气及水的生产和供应业），建筑业</td></tr>
<tr><td rowspan="4">第三产业</td><td colspan="2">流通部门</td><td>交通运输、仓储和邮政业，批发和零售业，餐饮业</td></tr>
<tr><td rowspan="3">非物质生产领域</td><td rowspan="3">服务部门</td><td>为生产和生活服务部门</td><td>信息传输、计算机服务和软件业，金融业，科学研究、技术服务和地质勘查业，水利、环境管理业，房地产业，租赁和商务服务业，居民服务和其他服务业</td></tr>
<tr><td>为提高科学文化水平和居民素质服务部门</td><td>教育业，卫生、社会保障和社会福利业，文化、体育和娱乐业</td></tr>
<tr><td>为公共需要服务部门</td><td>公共设施管理业，公共管理和社会组织，国际组织</td></tr>
</table>

资料来源：国民经济行业分类（GB/T 4754-2002）

接下来，需要测度新的经济增长对规划区域的影响。在城市经济中，把以区外经济为中心进行生产活动的输出产业，称为“基础产业”；与此相对，把以区内市场为中心而进行生产的地方性产业，称为“非基础产业”。基础产业使得城市的持续成长成为可能，所以要从分析基础产业入手来理解规划区的成长。常用的分析方法有两种，包括经济基础分析和投入—产出分析。经济基础分析只是一般概念，它包括了区位熵法、平移份额分析和最小需要量分析等许多技术。每一项技术都建立在调查和统计数据的基础上。如表3-2-9是美国学者杰克·卡特（Jack Kartez）对这些技术进行的总结，包括用途、数据要求和结果精确度（弗雷德里克·斯坦纳，2004）。

经济基础分析和投入—产出分析技术的比较 **表 3-2-9**

技术	用途	数据要求	精度
区位熵法	确定本地与更大范围内具有比较优势的产业或经济活动	就业数据	仅为描述性工具，可以大致确定“基本”产业
平移份额分析	确定本地经济随着更大范围的产业而变化的幅度，有助于分析就业数据，判断就业变化与以下两个问题的相关性：(1) 本地产业相对于全国的朝阳产业或夕阳产业有更大的比重；(2) 本地经济相对更大范围来说有过高或过低增长的趋势	就业数据	仅为描述性，有助于对就业数据进行趋势分析，能够帮助确定“基本”经济活动
最小需要量分析	确定相对于类似区域的“基本”产业的就业比重；与区位熵法相比，这使对一特定规模的社区内的特定产业为什么成为“基本”部分就业的理由更加充分	就业数据	提供一种确定本地基本经济活动的综合乘数的方法，不能提供产业的详细数据
投入—产出分析	提供非常详细的各类产业或经济活动之间的联系数据，为详细计算产业的乘数提供基础，也能为跟踪由于某一产业的变化而引起的另一产业的就业和销量的变化提供依据	需要该地区每一企业的原始数据	提供有关就业变化引起其他产业变化的高精度信息

资料来源：弗雷德里克·斯坦纳，2004.

需要指出的是，也可以利用 GIS 技术把经过分析之后的经济空间分布特征表达出来（图 3-2-10）。

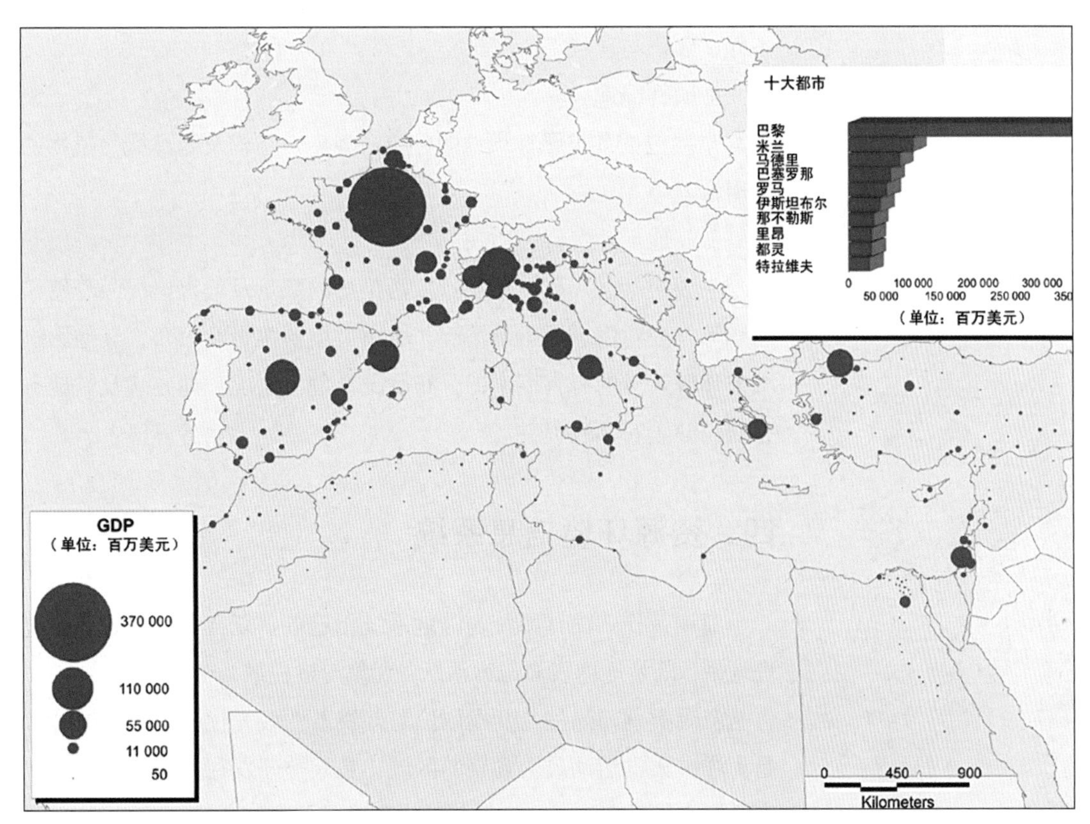

图 3-2-10　1995 年地中海大城市的国内生产总值
资料来源：Claude CHALINE，2001

（四）其他

根据海岸带规模和具体情况的不同，海岸带基础资料的收集和资源调查应有所侧重。一般来说，除了上述资源外，还需要对以下内容进行调查与分析：

1. 交通运输

主要包括对外交通运输和市内交通的现状和发展预测，具体涉及用地、客货运量、流向、对周围地区环境的影响、城市道路、交通设施等。

2. 工程设施

主要包括市政工程、公用设施的现状资料收集和调查。

3. 各类仓储

主要包括港口等各类仓储的用地、货物状况及使用要求的现状和发展预测。

4. 旅游资源

主要包括海滩、风景名胜区、文物古迹等的分布、范围、自然条件、面积与现状等。

5. 园林绿地

主要包括各类园林绿地的分布、规模、结构及园林绿化植物的应用情况等。

6. 其他环境资料

主要包括各厂矿、单位排放污染物的数量及危害情况，养殖和船舶等产业对海域污染的情况，城市垃圾的数量及分布，其他影响城市环境质量的有害因素的分布状况及危害情况，地方病及其他有害居民健康的环境资料。

四、资源环境信息系统

海岸带作为海洋系统与陆地系统相连接、复合、交叉融通的地理地带，既是地球表面最为活跃、现象与过程最为丰富的自然区域，也是资源类别、品种、开发区位与环境条件最为优越的区域，同时是海洋中人类活动最为频繁的区域，是人类开发利用海洋的矛盾冲突交汇点（于宜法，2004）。由于其环境系统的复杂性，在时间、空间、性质和数量上带有不确定性和随机的特点，它同时还是动态的、呈周期性变化的开放系统，因此，要建立起能全面、准确和动态地描述这样复杂系统的模型，需要多种技术支撑。二元关系分析和层饼图模型常用于归纳和整理规划师所收集的资料。

（一）二元关系

在对“多元综合体”的关系进行综合分析时，第一步就是要分析各要素之间的相互关系。例如，在山坡上，随着海拔的增高，降雨量随之发生变化，降雨的形式也由降雨变成降雪，植物群落也发生了变化。二元关系分析就是确定各景观要素之间一切可能的两两相互关系。

（二）层饼关系

在表示规划区内的各种要素如何相互作用时，另一种有效的工具就是制作层饼图。麦克哈格（Ian Lennox McHarg）与其合作者提出了千层饼模式，为场地的调查和地形图绘制提供了一组核心的元素。每一项要素都可以被看作是景观中的“一层”。通过运用相同的控制点,将这些要素相互叠加,就可以制作出“饼”图(图3-2-11)。层饼图不仅有助于表示二元关系，也有助于规划者对规划区内各要素之间的多重关系进行分析（弗雷德里克·斯坦纳，2004）。

（三）海岸带资源环境信息系统

将GIS与环境领域的模型相结合，可以使诸多复杂的问题变得相对简单容易，不仅可以管理大量的数据，还可以根据实际情况改变环境参数，以达到最好的模拟效果。海岸带环境资源信息系统可以综合海岸带资源、环境、区域社会经济信息等全部信息、数据，这些信息、数据应当包括所有的自然资源环境调查资料和人文社会资源调查资料。例如，日照海岸带资源环境信息系统主要涵盖几个方面：

1. 地貌数据：海岸线、高程、流域范围、水深、沉积物和泥沙、沿海土壤、海洋与海岸地质、含水层资料、等深线分布、海底坡度、海底地质及地貌类型。

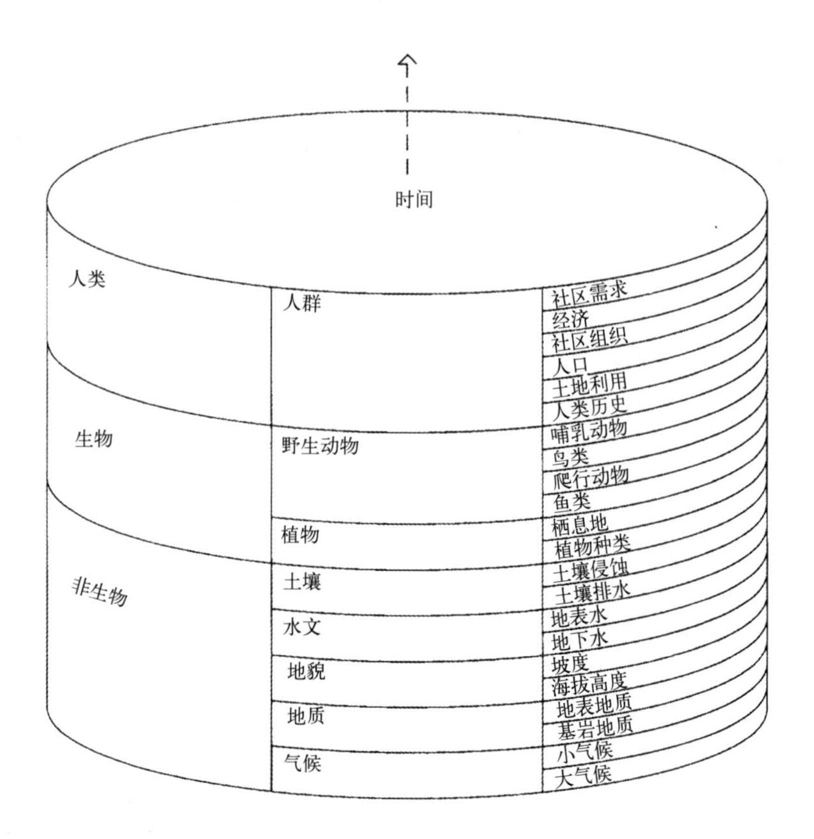

图 3-2-11　千层饼模型
资料来源：弗雷德里克·斯坦纳，2004.

2. 动力信息：潮汐、水流、波浪能、海水温度与盐度、气象、季节性影响。

3. 生物地理：潮间带生境、渔业（鱼类的洄游路线及海流流向）、鸟类（包括候鸟迁移路线、繁殖场、海岸鸟类）、哺乳动物（海洋哺乳动物、海岸哺乳动物）、海洋无脊椎动物和植被、近岸生物资源、植被资源、沿海捕捞及养殖区的分布。

4. 经济地理：海岸带的土地开发利用（包括商业捕捞、水产养殖、渔业加工）、产业结构、废物排放及废物处理设施、海滨旅游资源、海港及小型游艇码头、滩涂资源、港口资源、矿产资源、海洋能源等。

5. 运输系统：海洋运输业、道路网、通航河道、沿海航线的分布。

6. 专用区域：考古遗址、野生动物保护区、生态保护区、国家级、省级及地方公园、渔业状况及海洋环境要素信息、沿岸工程管线的登岸点位置、城市排污口及海洋环境保护状况。

7. 陆地与潮滩 1：10000 数字化地图与遥感影像复合图：土地类型及土地利用、海岸线长度与变化速率、滩涂面积、海岸工程类型及结构。

8. 海洋环境与灾害信息：海水温度、盐度、水色、透明度、海流及沿岸流系分布、潮汐与潮流、叶绿素、污染物、悬浮泥沙浓度、海面风场、台风及其运行路径、海浪、气温、气压、风暴潮、赤潮以及近岸流场、风场、波浪场、温度场、密度场等时空分布资料。

9. 社会经济概况：人口、综合经济指标、各海洋产业产量、产值等海洋经济统计信息。

第三节　适宜性分析

当场地诸要素调查分析工作完成后，下一步是对数据信息进行更加深入的研究，以便为未来的土地利用方式提出建议。土地适宜性分析是常采用的一种分析方法，可被定义为某一特定地块的土地对于某一特定使用方式的适宜程度，其分析的目的在于寻求土地的最佳利用方式，使其符合生态要求，合理地利用土地容量，以创造一个清洁、舒适、安静、优美的环境。

一、适宜性分析的思路与方法

（一）适宜性分析的起源

在19世纪晚期，景观设计师们开始使用手绘的、半透明的图纸对收集的数据信息进行叠加分析。查尔斯•艾略特（Charles William Eliot）被称为叠加分析的先驱，他最早在规划和设计中广泛与各方面专家合作，系统地收集信息并绘制地图。随后在1916年，沃伦•H•曼宁（Warren H. Manning）将叠加分析应用于城市土地选址工作中，其基本步骤是利用一些规划上的限制性因素作为“筛子”，过滤掉不符合规划要求的区域，则剩下的区域即符合规划要求，因此，他的方法被称为筛网法或曼宁叠图法。随后，又有许多的规划工作运用了叠加分析技术，但是对如何将这种技术用作系统的规划方法，始终缺乏对其基本原理的理论性阐述。

（二）麦克哈格适宜性分析方法

20世纪60年代，现代生态规划的奠基人——麦克哈格在前人的基础上，有效地改进了叠加分析技术，提出了现代生态适宜性分析的方法，为信息叠加分析提供了理论基础。由于麦克哈格最早利用叠加法实现了适宜性分析对于社会、自然和经济的综合考量，因此，该方法被称为“麦克哈格适宜性分析法”或“宾夕法尼亚大学适宜性分析法”。

该方法将研究区域内包括自然和人文属性的各种信息全部绘制成图，并分别影印在透明纸上。这些透明的影印图以深浅代表不同的等级，分别相叠加就可以制成针对不同土地利用方式的适宜性分析图。这些像X射线透视图似的复合地图显示了土地对不同利用方式的内在适宜性，如保护区、城市化区域、游憩地等。将所有这些地图叠加在一起就形成一张总的综合适宜性分析图。

在《设计结合自然》一书中，麦克哈格这样解释了适宜性分析：“从基本上说，这种方法首先要把场地看作是一系列特定过程的集合体，包括土地、水和空气，各自包含着不同的等级和价值。它们可以进行排序，从最有价值的土地到最无价值的土地，从最有价值的水资源到最无价值的水资源，从最高生产力的农田到最低生产力的农田，从物种最丰富的野生动物栖息地到没有什么价值的地区，从风景优美的地区到毫无景观的地区，从历史丰富地区到众多没什么古迹的地区，等等。”

乔•伯杰（Joe Berger）与其同事于1977年归纳了一个适宜性分析方法的纲要（表3-3-1），共包括七个步骤，需要以详细的调查和分析为基础。第一步是确定潜在的土地利用方式，以及每一利用方式对环境的需求，可以在这一步及其他步骤中使用矩阵表格进行分析。第二步是找出与这些土地利用需求相对应的自然要素。然后，在第三步，再找出与这些土地利用需求相对应的，已绘制成图的自然因子。第四步是将前一步确定的自然因子叠加成图，并确定合并原则，以序列来表征这些自然因子的相对重要性，使之能够表示适宜性的梯度变化。另外，合并原则还要求将适宜性表达为一系列评判原则而不是单一准则，以口语逻辑表达而尽量不以数字和数学方法表达。这一步骤的成果应是一系列显示对不同土地利用方式之机遇的图纸。第五步是确定潜在的土地利用方式与生物物理过程之间的相互制约。制约包括地质原因（如易发生地震）、生态原因（威胁物种生存）或文化原因（威胁历史遗迹），应避开开发建设活动的环境敏感区或关键区。这样的区域可能存在威胁人类健康、安全和幸福生活的因子，或具有独特、珍贵的自身品质。在第六步中，将这些制约因素绘制在图上，与已经完成的一系列土地利用机遇分析图叠加。最后，在第七步中，就得到一张综合分析图，显示对各种土地利用方式具有高度适宜性的用地的空间分布（弗雷德里克•斯坦纳，2004）。

适宜性分析步骤 **表 3-3-1**

步骤	分析内容
1	确定土地的利用方式和每一利用方式的需求
2	找到与每一土地利用需求相对应的自然要素
3	把生物物理环境与土地利用需求相联系，确定与需求相对应的具体自然因子
4	把所需要的自然因子叠加绘制成图，确定合并规则以表达适宜性的梯度变化。这一步中应完成一系列土地利用机遇分析图
5	确定潜在土地利用与生物物理过程的相互制约
6	将制约和机遇的底图相叠加，在特定的结合规则下，制成能描述土地对多种利用方式内在适宜度的地图
7	绘制综合地图，展示对各种土地利用方式具有高度适宜性的用地的空间分布

资料来源：弗雷德里克・斯坦纳，2004.

（三）适宜性分析的发展

半个世纪以来，生态规划师们的诸多适宜性分析方法大多是基于麦克哈格法演变而来，并在此基础上不断完善。

然而，针对麦克哈格法，有学者指出，叠加时将各个因子的作用同等对待，与实际情况有所差异。同时，因子之间可能存在明显的相关性，将其叠加可能会出现重复计算的问题。而从数学原理上讲，不同量纲的因子也是不能够直接叠加的。由此，针对上述缺陷，规划师们相继提出了改良方案。

赛德尔・皮尔斯（Sidle Pearce）和欧•隆林（O'Longlin）提出了以权重和评分代替等权叠加和颜色符号的线性组合法。但环境资源因素与适宜性的关系并不一定是线性的，因此，线性组合法也存在准确性和合理性上的缺陷。有学者提出了应用数学模型表达环境因素之间的明确关系，并借由模型所表述的关系进行适宜性分析，由于这些模型通常为非线性模型，故而该方法被称为非线性组合法。但无论线性组合法或非线性组合法，其权重的给定并无客观标准，主要依据使用者或专家的主观判断，容易因主观性而产生分析评价结果的偏差。此后，随着多层次分析法（Multi-lovel Comprehensive Analysis，MCA）与生态规划的融合，相对重要性取代了直接赋权方法。但是使用者或专家对于相对重要性的主观判断，并不能彻底修正由专家学者的主观性产生的权值误差，而规划师们也意识到在生态适宜性分析中使用的常用数学方法对于适宜性分析是比较困难的，而模糊数学则可以很好地解决这一问题。由此，基于模糊评价进行土地适宜性分析的方法开始得到人们的重视。

综合来看，无论采用何种评价方法，现代土地适宜性分析的一般步骤应包括以下几个方面：

1. 确定土地利用类型

用地性质不同，土地适宜性评价指标与评价方法有所不同。

2. 建立适宜性评价指标体系

针对用地性质，选择适宜性评价方法和影响因子。

3. 确定适宜性评价分级标准及权重

应用直接叠加法或加权叠加法等计算方法，得出规划区不同土地利用类型的适宜性分析图。

二、适宜性分析的技术手段

麦克哈格使叠加分析方法得到了普及，这种方法将具有各种景观元素信息的透明图层进行叠加，以确定机遇和风险区域。然而，传统的手工叠加图层技术在实践中存在很多困难，例如，难以绘制大量地图；超过三个叠加图层，图纸就变得不透明，图层单元所表达的各种元素的权重衡量会因此受到限制等。如今，GIS 技术的发展，有效地解决了上述问题，它是一种存储、分析、显示空间与非空间数据的计算机系统，能够通过自动图层叠加或查询分析产生新的数据信息，使生态规划考虑多重性、复合性因素成为可能，把适宜性分析从手工方式中解脱出来，目前已经成为城市规划、区域规划、资源保护和景观规划等领域中极为重要的分析工具，也是本书在介绍各种分析和规划方法时常常引用的技术手段。

第四章 海岸带资源保护

【摘要】

在第一章中，本书已介绍了海岸带规划产生的主要原因：为保护脆弱的海岸带资源环境，平衡保护与开发的关系。因此，资源保护无疑是海岸带规划的关键环节和根本内容。本书将海岸带资源保护编排在实际指导海岸带规划编制的五个章节之首，希望能开宗明义，明确海岸带规划中“生态优先”、“保护为主”的核心理念。

本章以海岸带的七类重点资源作为保护对象，它们分别是：海滩及沙丘、湿地、沿海防护林、海岸线、生物资源、历史遗存、景观资源。在每一类资源的保护策略指导中，均以阐述其保护意义发端，进而针对各类资源的不同特点，提出不同的技术路线，指导其保护策略的编制。最后，本章叠合七类重点资源，汇总形成海岸带规划中的“生态红线”——禁止建设区，提出其划定原则。

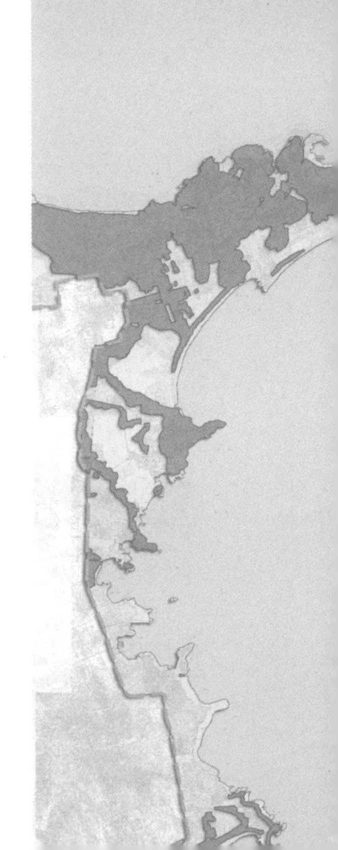

第一节 海滩及沙丘保护

一、海滩、沙丘系统及其保护的意义

海滩和沙丘作为海岸带动态系统不可或缺的重要组成部分，成为国际海岸带规划管制普遍关注的热点问题。海滩不仅是重要的海滨旅游资源，能够满足人类的海滨休闲需要，而且还在维护海岸带的自然水动力平衡，阻止海岸蚀退方面起着非常重要的作用。沙丘是抵御风暴潮和海滩蚀退花费最少，但却最为有效的自然弹性防护屏障（图 4-1-1）（王东宇等，2005）。

随着经济和社会的发展，人们对海滩及沙丘进行了各种各样的开发活动，而任何形式的工程，都可能改变海滩动力场的均衡态势，从而引起海滩侵蚀和堆积位置及强度的变化。例如，各种丁坝、码头，都将使沿岸漂沙受阻，造成海滩沙源减少；在海岸海滩上修筑的公路，阻隔了风力作用下海滩沙的向陆运移，造成公路向海一侧沙粒堆积，并逐渐发育沿岸堤，进而束窄了海滩（图 4-1-2）；沿海旅游区的各项工程对海滩直接侵占（图 4-1-3）；近海养殖业和近海采沙活动等也不同程度地造成了海滩和沙丘的蚀退（图 4-1-4）。海

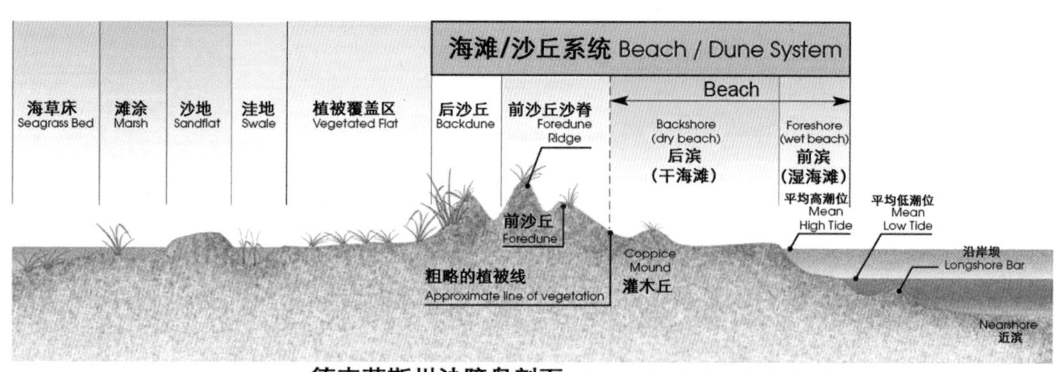

图 4-1-1 海滩与沙丘系统

资料来源：Dune Protection and Improveent Manual for the Texas Gulf Cast [M].Texas General Land Office .2004.

滩的退化，不仅将沿海的旅游价值化为乌有，更严重破坏着海滩与沙丘生态系统的平衡，使其不断退化。因此，保护海岸带海滩及沙丘资源，合理恢复海滩用地已经迫在眉睫。

图 4-1-2 修建中的某城市滨海大道（王东宇）

图 4-1-3 海滨旅游业发展对海滩和沙丘造成压力（王东宇）

图 4-1-4 养殖设施对海滩和沙丘造成破坏（王东宇）

二、海滩及沙丘保护规划一般程序

海滩及沙丘保护规划一般程序如下：

1. 现状调查与资料收集

对规划区海滩及沙丘进行现状调查，收集、整理和分析相关基础数据，包括海滩规模、海滩滩面宽度、海滩长度、海滩坡度、海滩弯曲度、海滩侵蚀状况、沙质、水质、空气质量、污染情况、植被情况等内容。为了真实、全面地掌握现状，数据资料要尽量详细。

2. 现状分析与评价

为了正确认识规划区海滩及沙丘的质量现状，需要在现状资料分析的基础上进行海滩质量评价。

3. 确定目标与指标

根据规划区海滩及沙丘分析评价的结果，确定海滩及沙丘保护规划的总目标与阶段性目标，选择能够反映海滩及沙丘质量的参数作为指标。

4. 用地规划

根据分析结果，进行海滩及沙丘用地规划，通过用地规划控制海滩及沙丘的规模，确保可利用的海滩及沙丘资源。其基本原则是将现有海滩及沙丘资源划定区域进行合理保护，恢复沿海地区被各类建设项目侵占的海滩与沙丘，限制即将侵占海滩及沙丘的规划建设项目。

5. 分级规划

根据评价结果和规划目标，将海滩及沙丘资源进行分级规划。

6. 管控措施

依据规划，确定管控措施。

三、海滩质量评价与分级

海滩质量分级体系是一种十分有效的管理工具，不仅能够为游客选择海滩提供更多的信息，也为科学保护海滩，进一步提高海滩质量提供了新的方法。海滩质量分级体系主要涉及因子的选择和评分方法的确定。

（一）因子的选择

因子的选择是海滩质量评价的关键一步，最终确定的因子必须能够较好地指示目标海滩的质量状况，并且能够监测海滩的各个质量指标随时间发生的变化，同时，还应考虑游客对海滩某些方面的需求和选择。

目前，国外已经建立了一系列较为成功和实用的评价体系和标准，他们多针对开发程度较高的海滩胜地，更多地从服务游客的角度出发，侧重于水质、海滩服务和管理的评价（表 4-1-1）。

国外主要海滩质量标准和评价体系　　　　**表 4-1-1**

海滩质量标准和评价体系	评价指标 / 因子
欧洲“蓝旗”（Blue Flag Campaign）	共 29 个指标：环境教育和信息 5 个，水质 5 个（强制指标，必须达到 G 级），环境管理 10 个，安全和服务 9 个
海岸整洁奖评制度（Seaside Award）（英国）	海滩胜地：评价指标与“蓝旗”类似 乡村海滩：海滩、潮间带、水质、安全、管理、清洁度、信息和教育等
优良海滩标准（Good Beach Guide）（英国）	主要指标：海滩水质，分为 5 级 次要指标：包括浴场安全、垃圾管理和清洁、基础设施、海滨活动、停车场、公共交通、旅游信息等
哥斯达黎加评价体系（Costa Rica's Rating System）	共 113 个因子，分 6 组（水体、海滩、沙子、岩石、海滩景观、周边地区），每组又分为有益和有害两类
Williams 评价体系（美国）	共 50 个因子，分自然、生物、人类利用三类。自然类因子包括：海滩宽度、物质组成、环境、柔软度、水温、气温、阳光天数、降雨量、浴场底质、风速、波浪强弱和数量、水下岸坡坡度、沿岸流、裂流、沙色、潮差、海滩形态
Stephen P.Leatherman 评价体系（美国）	与 Williams 评价体系蕾丝，共 50 个因子，每个因子分为 5 个等级，分为自然条件、生物、人类利用三类

资料来源：于帆等，2011.

对我国而言，海滩旅游正处于由观光变为度假的转型期，随着转型，海滩的自然环境和社会经济环境必然会发生改变，因此，从有利于海滩生态环境的保护与监测，促使我国海滩旅游业的进一步发展和服务于海滩开发管理与养护的角度出发，那些易受海滩环境影响的因子应当进行重点考虑。基于我国海滩的开发现状，于帆等学者选定 54 个因子，分为两类进行评价：①自然类（30 个），包括海滩地貌、水体特征、生态环境等；②社会经济类（24个），为人类利用和活动（2011）。

（二）评分方法

海滩的影响因子繁多，需采用一种简单的形式来概括所有的定量和定性信息，以此来指示海滩质量是上升还是下降，避免海滩的无序发展。通常，简单的评分形式更容易提升人们对海滩质量的科学认识。其基本的工作内容涉及权重的设定、评分标准、分值计算以及等级划分。下面以于帆等学者的评价体系为例，对海滩质量评分方法进行介绍。

1. 权重设定与评分标准

自然因子采用定量分析，1～3分标准；社会经济类因子采用定性分析，因子的得分采用“+”（1分）或“-”（0分）来表示。两类因子的权重采用1（不重要）到3（非常重要）表示，反映其在整个评价体系中的重要性（表4-1-2、表4-1-3）。

自然类因子评分及其权重　　表4-1-2

	因子	权重	得分		
			1	2	3
1	平均低潮位时滩面宽度/米	3	< 50	50300	> 300
2	平均高潮位时滩面宽度/米	3	< 20	20～200	> 200
3	海滩长度/米	3	< 500	500～2000	> 2000
4	高潮线以上的平均坡度/°	2	> 20	5～20	< 5
5	平均高潮线以上物质	2	沙砾—粗沙	中沙	细沙
6	平均高潮线以下物质	2	沙砾—粗沙	中沙	细沙
7	海滩的弯曲度	1	平直	较弯	螺线型
8	向海的开阔度	1	小	较大	很大
9	中潮线到水深1米处的距离/米	2	< 80	80～200	> 200

续表

	因子	权重	得分		
			1	2	3
10	海滩侵蚀状况	3	严重	轻微	平衡
11	沙的柔软性	3	较硬	较柔软	柔软
12	沙色	2	暗灰、黑	浅灰、土黄	白、金黄
13	海水透明度	3	< 1 米	2 ～ 3 米	> 4 米
14	裂流	2	频繁出现	偶尔出现	不出现
15	水色	1	黑 / 褐色	浅灰 / 蓝色	浅绿 / 蔚蓝
16	水质	3	污染	尚清洁	很清洁
17	水下危险地形、地物	2	较多	很少	无
18	空气异味	2	很强烈	可察觉	无
19	海滨植被情况	2	缺少植被	分散的植被	被植被覆盖
20	海滩区位	1	很差	一般	优越
21	海岸的城市化进程	1	高度城市化	城市化适中	不城市化
22	生态条件	3	恶劣	中等	良好
23	存在海堤等硬结构护岸	3	许多	少量	无
24	沙滩或海水中的油污	3	形迹明显	有一些形迹	无
25	海滩上海洋废弃物的堆积（沿海岸线每米的数目）	3	> 10	5 ～ 10	0 ～ 4
26	漂浮垃圾	3	频繁出现	偶尔出现	无
27	赤潮	2	频繁发生	偶尔发生	无
28	污水排放形迹	3	行迹明显	有一些形迹	无
29	鲨鱼	2	频繁	偶尔	无
30	水母	1	频繁	偶尔	无

资料来源：于帆等，2011.

社会经济类因子评分及其权重 表 4-1-3

	因子	权重	+	-
1	卫生间和淋浴室	3	方便	不方便
2	餐馆	2	方便	不方便
3	旅店条件	1	良好	差
4	垃圾箱和回收站	3	充足	无或较少
5	停车场	2	充足	无或较少
6	服务水平及质量	2	良好	差
7	公共娱乐设施	1	充足	无或较少
8	供残疾人使用的设施	2	多	无或较少
9	附近的公共交通	1	方便	不方便
10	铺设的海滩入口	1	有	较少或无
11	进入海滩过程中的安全性	1	良好	差
12	自行车专用道	1	有	无
13	沙丘木栈道	2	有	无
14	噪声	3	无或较少	较大
15	占滩建筑	3	无或极少	较多
16	环境保护区	2	是	否
17	安全标志	3	健全	无或不健全
18	植被的危害性	1	轻微或无	较大
19	急救设施和救生员	3	充足	无或较少
20	明显的信息展示（天气、水温等）	3	有	无
21	公共警报系统	2	有	无
22	是否允许车辆、动物进入海滩	3	不允许	允许
23	社会治安	2	良好	差
24	卫生清洁人员	2	有	无

资料来源：于帆等，2011.

2. 分值计算

计算两大类因子的最终得分为：因子得分 × 各自权重，最高总得分为：因子最高分 × 各自权重，两者相除为百分比得分（公式 4-1-1）。对于自然类因子，得分在 67 ～ 201 之间。对于社会经济类因子，只计算指定为“+”的因子以及它们各自的权重，所以得分在 0 ~ 49 之间。两类因子的总得分以百分比来计，自然类因子的范围从 33%（67 分）到 100%（201 分），社会经济类为 0%（0）到 100%（49 分）。

$$\frac{\sum 因子得分 \times 各自权重}{\sum 因子最高得分 \times 各自权重} = 百分比得分 \qquad （公式 4-1-1）$$

3. 等级划分

采用 4 个分级指标分别对自然属性和社会属性进行分级：A—优秀，B—良好，C—合格，D—差（表 4-1-4）。

海滩两分体系百分比得分及分级　　表 4-1-4

指标	城市海滩 / 度假胜地（开发成熟）		乡村海滩（低度开发或未开发）	
	自然类	社会经济类	自然类	社会经济类
A（优秀）	90 ~ 100	71 ~ 100	90 ~ 100	51 ~ 100
B（良好）	70 ~ 89	51 ~ 70	70 ~ 89	31 ~ 50
C（合格）	50 ~ 69	21 ~ 50	50 ~ 69	11 ~ 30
D（差）	33 ~ 49	≤ 20	33 ~ 49	≤ 10

资料来源：于帆等，2011.

综合自然与社会指标，计算海滩总得分为：N×50%+SE×50%（N，SE 分别表示自然与社会经济类因子百分比得分），采用 5 级分级体系对总得分进行分级：钻石、金、银、铜、不及格（表 4-1-5）。

海滩总得分与最终等级评定　　表 4-1-5

海滩等级	钻石级	金级	银级	铜级	不合格
最终得分	> 85%	70% ~ 85%	55% ~ 69%	40% ~ 54%	≤ 39%

资料来源：于帆等，2011.

需要说明的是，之所以用百分比来确定海滩最后的分级，是因为当某一海滩的资料不够齐全，某些因子很难量化或获得的时候，仍然可以用百分比得分的灵活性来进行评价。

至今，从指标选取、评分标准到等级判定方法，我国学者都做了一些初步的研究和实践，但总体来说并未形成完整的评价体系和标准（于帆等，2011）。因此，在进行海岸带海滩及沙丘资源的保护规划时，可以采取的方法是根据现状的实际情况和所掌握的具体资料，参考国内外的成功案例，咨询有关专家意见，制定适合规划区的海滩质量评价方法。

四、海滩及沙丘保护政策

海滩及沙丘的保护政策一般包括：禁止在海滩及沙丘上进行开发，增加公众接近海滩的机会，保护、恢复和建造沙丘，修建跨越沙丘的栈道，海滩培育等。

（一）禁止开发

海岸带不断增强的水产养殖、海滨旅游开发威胁到海滩—沙丘系统的稳定。海滩及沙丘上的养殖设施、居住建筑、旅游设施、海岸蚀退控制设施以及其他人工构筑物等，无论在当前还是将来，都会对脆弱的海滩—沙丘系统造成负面影响，这些构筑物会干扰自然系统，并影响到对海滩—沙丘系统的最佳利用。

为最优地利用海滩及沙丘资源，应当禁止在海滩及沙丘上进行开发，除非证明该开发项目不能在海滩及沙丘以外的地方选址建设。如果必须进行开发，则应确保开发项目不会给海滩—沙丘系统的自然功能带来长期的不良影响，同时开发不能改变或影响现状的沙丘和沙丘植被，必须维持海滩—沙丘横断面的自然特征不受人为活动的影响和破坏。

需要说明的是，下述活动不在禁止之列：

1. 移除现状海滩—沙丘上的硬质铺装和构筑物；

2. 通过人造沙丘、种植植物稳固沙丘植物的活动；

3. 现状旅游码头、渔业码头及木板路等的翻建；

4. 为旅游、休闲的公众安全设置的临时构筑物，如救助站等；

5. 必要的海岸线防护构筑物；

6. 不影响海滩—沙丘系统自然功能的海滩养护行动，包括日常对海滩的清洁、残骸碎片的清理、机械筛滤，以及连接海滩道路的维护等；

7. 风暴后海滩的恢复行动，包括向海滩补充清洁的沙子，以及沿海滩剖面轮廓自海滩低点到高点重新分布沙的行动；

8. 设置标识，限制或指示步行者通道，以减少机动车对海滩—沙丘系统影响的活动。

（二）增加公众接近海滩机会

增加公众无障碍接近海滩和水边的机会，禁止有损于公众接近海岸的开发行为。

（三）保护、恢复和建造沙丘

1. 禁止任何毁坏沙丘植被、挖掘、推平或改变沙丘的行为；

2. 为促进新沙丘的生长，除了指定的区域，应当采取有效措施，限制或禁止人和车辆横越沙丘；

3. 在步行交通对自然植被造成损毁的地方，可以使用临时的沙丘篱笆或类似的东西进行防护；

4. 鼓励运用自然植被防风固沙。除非沙丘的状况可以得到改善，否则不得干扰沙丘乡土植物的生长。任何对沙丘和沙丘植被的干扰都必须恢复到工程建设之前的状态。

5. 只有在沙丘遭受飓风等非正常损毁后方可用沙和机械设备建造沙丘，并允许沿海滩后部建设一条稳定的人工沙丘。

（四）修建跨越沙丘的栈道

如有必要跨越沙丘、接近海滩，则应修建步行栈道跨越沙丘（图4-1-5），栈道的修建必须符合下述要求：

1. 所有部分均尽量采用木材建造，并将环境影响降至最低；

2. 栈道应当架空，并设置在靠近连接海滩的道路、停车区和公共设施的附近，以减少步行者踩踏沙丘的可能性，提高步行者对沙丘环境敏感性的认识；

3. 栈道的方向应与盛行风向有一定角度，避免与盛行风向平行布置。

图 4-1-5 美国得克萨斯州海岸带沙丘栈道的修建

资料来源：Coastal Dunes，Dune Protection and Improvement Manual for the Texas Gulf Coast，Fourth Edition，Texas General Land Office，Jerry Patterson，Commissioner

（五）海滩培育

海滩培育（Beach Nourishment）是考虑到游憩型海滩对社会和经济的重要性，当社会改变环境而对沿岸沉积物收支造成不良影响时，借由人工补充的方式来归还等量的沙体，以减缓海滩蚀退的方法（图 4-1-6，图 4-1-7）。海滩培育方法在国外已经得到比较普遍的应用。

图 4-1-6 美国得克萨斯州海岸线保护与海滩培育工程——海滩培育前

图 4-1-7 美国得克萨斯州海岸线保护与海滩培育工程——培育后

资料来源：Coastal Erosion Planning & Response Act（CEPRA），Report to the 78th Texas Legislature，March 2003，Texas General Land Office，Jerry Patterson，Commissioner

若所列公众可接近的海滩蚀退严重时，可综合考虑海滨旅游业发展的需要，在必要时通过海滩培育，减缓海岸带海滩蚀退，加强海滨旅游业的发展。

五、海滩及沙丘的修复与重建

植被修复、构筑物修复以及沙丘重建是海滩及沙丘修复常用的三种方法。其中，利用乡土植物进行植被修复通常是最主要的方法。障碍物有利于沙子沉积，植物栽植或构筑物建设对自然沙丘的形成具有良好的推动作用。因此，构筑物建设常作为临时措施帮助沙子聚集和沙丘稳定，一旦植被形成，则及时移除。此外，也可以采用引进客沙的方法对沙丘进行重建。

下面，将通过案例对海滩及沙丘的修复与重建进行介绍。

（一）美国得克萨斯州海滩及沙丘的修复与建造

得克萨斯州海岸线由障壁岛、古三角洲海岬、半岛、海湾、河口以及自然与人工的通道所组成。作为动态的生态环境，海岸线不断受到侵蚀和堆积的影响，沙丘也随着海滩沉积物的供给而发生改变，并由被海浪和海风运送到海岸上的内陆硼砂的数量所决定。与此同时，沙丘的形成也受到了河流冲刷、降雨、飓风等自然因素和沿岸码头、丁坝建设等人为活动的限制或破坏。为了保护海滩—沙丘系统，得克萨斯州采用了多种方法用以增加现存沙丘的高度和稳定性，修复受损沙丘，促进海滩沙子积累，以及在沙子供应减少或沙丘破坏的区域重建沙丘。

1. 植被修复

经过筛选，苦黍（*Panicum amarum*）、海滨燕麦草（*Uniola paniculata*）和狐米草（*Spartina patens*）成为得克萨斯州海岸沙丘植被修复工程的主要植物。此外，马鞍藤（*Ipomoea pes-caprae*）、海葡萄（*Coccoloba uvifera*）、须芒草属（*Andropogon*）、美丽鹧鸪豆（*Chamaecrista fasciculata*）、仙人镜（*Opuntia phaeacantha*）以及马樱丹属（*Lantana*）等的固沙能力虽不及前三种植物，但也可以作为沙丘恢复的良好补充材料。表 4-1-6 中对苦黍（图 4-1-8，图 4-1-9）、海滨燕麦草(图 4-1-10)和狐米草(图 4-1-11)的种植要点进行了介绍。

得克萨斯州海岸沙丘植被修复主要植物材料及种植要点　　　　**表 4-1-6**

序号	名称	植物特性	种植时间	种植要点		备注
1	苦黍	得克萨斯州海岸稳定沙丘最好的植物，抗性强，具有极高的耐盐性，叶片光滑，蓝绿色，通常采用分株繁殖	冬初至夏初	植株选择要求	植株高 2 ~ 3 英尺[1]	稳定沙丘时间为 1 年
				保湿措施	(1) 剪掉植株顶部，保留根系以上 1 英尺的部分以防止水分蒸发（图 4-1-8） (2) 根系如果用湿布、湿纸包被或浸泡于淡水中，可以保鲜四周（足够的湿度是植物成活的关键）	
				种植规格	种植深度为 6 英寸[2]，间距为 2 英尺，在沙丘顶部和陡坡区域减小种植间距	
				种植位置	朝向海面的前沙丘	
2	海滨燕麦草	乡土植物，叶片浅绿色，冬季地上部枯萎，耐盐性不及苦黍	当年 10 月至次年 4 月	植株选择要求	选择健康、生命力强的植株，舍弃带有籽穗的植株	与苦黍混植可减少病虫害的侵袭，稳定沙丘时间为 2 年
				保湿措施	(1) 与苦黍混植时，剪掉植株顶部 (2) 根系如果用湿布、湿纸包被或浸泡于淡水中，可以保鲜四天	
				种植规格	种植深度为 8 ~ 0 英寸，间距为 18 英寸，分层次种植，并扩展至边缘的 4 英尺处 与苦黍混植比例 1 : 1	
				种植位置	朝向海面的前沙丘	
3	狐米草	多年生草本植物，采用根状茎进行营养繁殖	6 ~ 11 月	种植规格	种植深度为 6 ~ 10 英寸，间距为 12 ~ 36 英尺	与苦黍混植效果最佳
				种植位置	(1) 近陆面（若植于向海面则易被流沙掩埋或破坏） (2) 宜用于修复现存沙丘或新建沙丘中相对稳定的区域	

资料来源：Coastal Dunes，Dune Protection and Improvement Manual for the Texas Gulf Coast，Fourth Edition，Texas General Land Office，Jerry Patterson，Commissioner

植物材料多是从自然的岛屿上移植过来，因为与外来植物相比，就近移植的乡土植物更加容易成活。科珀斯克里斯蒂南部移植植物的最佳时间是每年的 1 月或 2 月份，而北部则是 2 月、3 月或者 4 月。在移植过程中，植物多从植被密集不易被侵蚀的地方进行移植，易受侵蚀的灌木丘和前沙丘通常不作为选择对象。同时，应当以零散的形式进行单株移植，移植间距不要小于 2 英尺。用尖铲进行幼苗

① 1 英尺 =0.3048 米

② 1 英寸 =0.0254 米

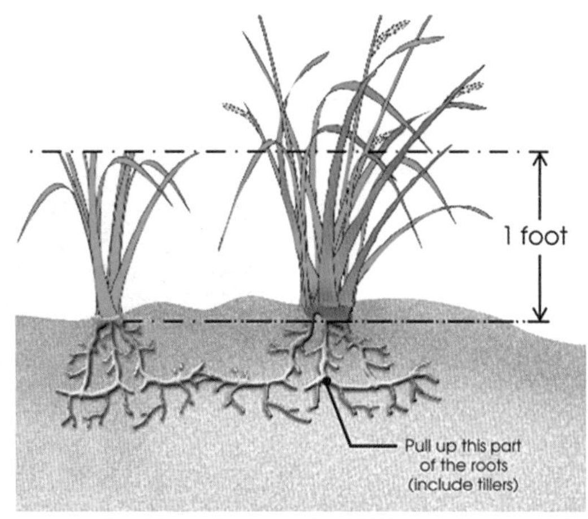

图 4-1-8　苦黍　　图 4-1-9　苦黍的修剪

资料来源：Coastal Dunes，Dune Protection and Improvement Manual for the Texas Gulf Coast，Fourth Edition，Texas General Land Office，Jerry Patterson，Commissioner

图 4-1-10　海滨燕麦草　　图 4-1-11　狐米草

资料来源：Coastal Dunes，Dune Protection and Improvement Manual for the Texas Gulf Coast，Fourth Edition，Texas General Land Office，Jerry Patterson，Commissioner

的挖掘，并对受损须根进行必要的恢复，以保证根系活力，提高植株成活率。

在工程中，面积较小的区域或者陡峭的斜坡通常采用人工种植的方式进行绿化，将单株植物散点种植在挖好的坑内。在面积较大且平坦的区域，则采用机械种植。在一年内，1000 株植物可以固定 50 英尺 ×100 英尺的带状区域（图 4-1-12）。

图 4-1-12 得克萨斯州海岸带恢复的沙丘植被
资料来源：Coastal Dunes, Dune Protection and Improvement Manual for the Texas Gulf Coast, Fourth Edition, Texas General Land Office, Jerry Patterson, Commissioner

植物移植后并不需要立即浇水，但如果能够在雨后移植或者在移植前对沙丘进行喷水，则能够大大提高植物的成活率。同时，在种植前或种植后对表层进行必要的覆盖，具有降低海风侵蚀、平衡土壤温度和保持土壤湿度的作用。覆盖物的材料包括干草、麻袋以及由自然纤维制成的筛网，以上所有材料都是可以降解的。其中，干草最经济实用，每英亩①土地大约用掉 3000 磅干草。具体做法是，将干草压到土壤内，以防止被风刮走。而在大风比较盛行的地方，则选择麻袋或筛网，并用木桩对其进行固定。

移植后的植物基本不需要日常养护，仅需要对新种植或者处于干旱条件下的植物进行浇水。肥料可以在移植后的第一年内使用，以后则基本不需要。另外，因为收割沙丘上的牧草会破坏植物的固沙能力并有可能造成植物死亡，因此，植物种植区常采用临时的围栏进行围护，并设置标识牌进行警示，以防止车辆、行人以及放牧动物的破坏活动。

按照上述方法进行的植被恢复，植物成活率通常为 50% ～ 80%，并在 1 ～ 2 年内达到相对密实的程度。

① 1 英亩 =4046.8564 平方米

图 4-1-13 迈阿密海滩沙丘植被的保育（王东宇）

2. 构筑物修复

采用构筑物进行固沙也是常用的方法之一。与植物有所不同的是，出于美学、安全以及可能阻碍公众接近等方面的考虑，固沙的目的一旦达到，沙丘构筑物就要尽快移除。

基于经济、易得、处理简单以及能够快速成型等优点，标准的条形木质栅栏成为理想的沙丘构筑物结构。与之相比，塑料栅栏具有牢固、不降解和可重复利用的优点，同时，也不会被拿走用作篝火燃料，但其加工成本是木质栅栏的 3 倍。而采用黄麻纤维筛网作为沙丘栅栏和地面覆盖物进行沙丘稳定和沙丘绿化在帕德雷岛国家海滨也已经有成功的经验。

乔木（例如，丢弃的圣诞树）、灌木和海草也可用作固沙材料（图 4-1-13），但要确保木桩密度不能过大，空气可以流动。与此相反，很多人造垃圾，包括汽车残体、混凝土、电线以及轮胎等则不能用于沙丘建设，因为这些材料不仅不能降解，而且存在安全隐患。

栅栏的安装高度通常为 4 英尺，在沙地条件不好的情况下，也可以适当降低至 2 英尺。栅栏的支撑可以选择木桩或者金属棍，间距设置为 10 英尺。如果是木桩，通常选择刺槐、铅笔柏、经过处理的松木或者其他具有相似寿命和强度的木材。每根木桩的长度通常为 7 ～ 8 英尺，最短不能小于 6.5 英尺，直径不大于 3 英寸。用 4 排（不小于 12 号）铁丝将每根栅栏条绑住，并在其间穿引，使栅栏条彼此相连。乔木、灌木和海藻等可以用电线固定在栅栏条之间，也可以固定在钉入地面的木桩上（图 4-1-14，图 4-1-15）。

图 4-1-14 用于沙丘保护的沙丘栅栏
资料来源：Coastal Dunes, Dune Protection and Improvement Manual for the Texas Gulf Coast, Fourth Edition, Texas General Land Office, Jerry Patterson, Commissioner

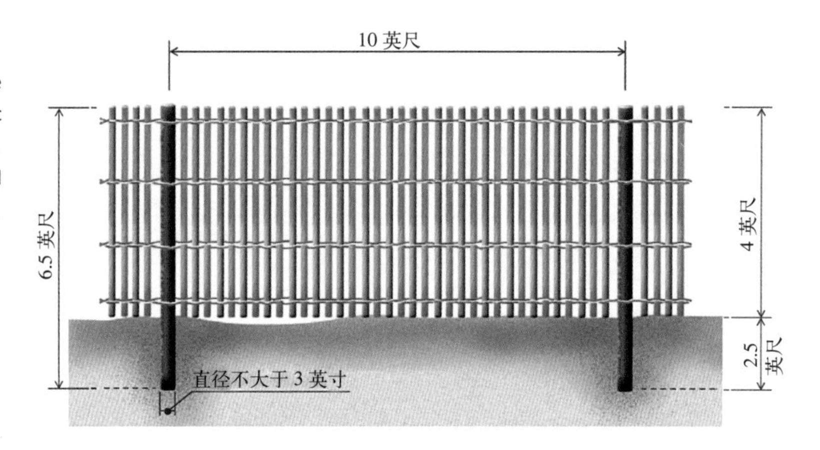

图 4-1-15 沙丘栅栏规格
资料来源：Coastal Dunes, Dune Protection and Improvement Manual for the Texas Gulf Coast, Fourth Edition, Texas General Land Office, Jerry Patterson, Commissioner

如果沙丘栅栏的基础安置在地平面，沙丘将建造上述结构。如果基础高过地面 4 ～ 6 英寸，沙丘将在顺风面建造该结构，一旦沙丘形成，栅栏就可以重复利用。在这种情况下，应在距离海湾破坏区域 5 ～ 10 英尺的地方建造该构筑物。

(1) 缺口区域的修复

在沙丘的缺口区域，可以采用多层次的沙丘构筑物来增加聚集的沙量和地面标高。首先，将第一层构筑物安置在内陆方向的最后部分，当沙子聚集之后，在距离第一层构筑物 20 英尺处的临海位置，树立起第二层。当沙子再次聚集时，在第一和第二层之间再安置第三层，这样可以减缓层次的间断，进一步提高聚沙能力。需要注意的是，沙丘构筑物不能延伸至沙丘线断裂的缺口区域，这些区域应进行植物种植以达到自然稳定（图 4-1-16）。

（2）前沙丘修复

在进行前沙丘修复的工作中，安置沙丘栅栏或者垂直于海面主导风向的其他适宜结构。这些构筑物通常是与海滩平行的。在每段最多 100 英尺长的构筑物之间设置一个 35 英尺长的缺口，这样可以避免海水或者雨水在现存沙丘和新沙丘之间汇聚。首先，在距离现存沙丘不多于 20 英尺的临海位置设置第一层沙丘构筑物。然后，在第一层构筑物形成的沙丘的后坡放置第二层构筑物，这样就能够增加沙丘高度并能够填满现存沙丘和新形成沙丘之间的所有凹槽。最后，沿着沙丘线重复这项工作（图 4-1-17）。

（3）冲刷区域修复

沙丘构筑物不能直接在冲刷区域进行建设，因为这些区域通常是洪水、海潮的通道，容易造成沙丘的破坏。另外，在暴风雨来临的时候，冲刷区有时能够为有鳍鱼和贝壳类动物提供迁移的路线，也为海湾提供有机物。

对于仅有小部分破坏的冲刷区域可采取与缺口区域相同的修复方法。如果冲刷区域已经被水浸透或者区域内仍有存水，那就要采用引进的沙子进行重建。前面提到的前沙丘的修复方法可以应用于冲刷区域的任意一面。在沙丘边缘底部安装沙丘构筑物，其方向迎着主导风向，并与冲刷区域成 30°～ 45°角（图 4-1-18）。

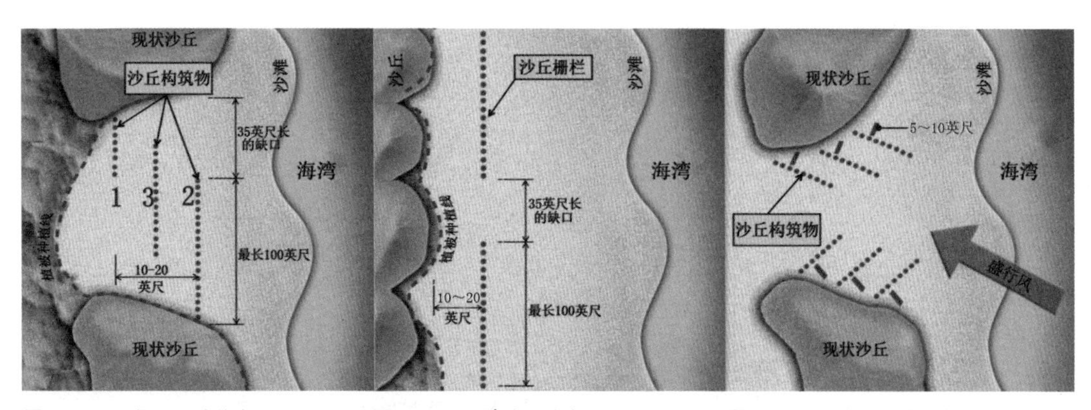

图 4-1-16　缺口区域修复　　图 4-1-17　前沙丘修复　　图 4-1-18　冲刷区域修复

资料来源：Coastal Dunes，Dune Protection and Improvement Manual for the Texas Gulf Coast，Fourth Edition，Texas General Land Office，Jerry Patterson，Commissioner

3. 沙丘重建

得克萨斯州的一些海滩，尤其是分布在较高海岸线上的部分，常缺乏沙子。自然沙子的积累速度很慢，形成一个 6 英尺高的沙丘可能需要长达 20 年之久的时间。即便采用沙丘构筑物，这个过程也依然很慢。在这些沙量有限、被水浸泡或者受风限制的区域，沙丘的建设就需要采用进口的沙子。

用于沙丘建设的沙子绝不能从海滩获取，因为这样做会剥夺供沙区域维持海滩和沙丘的必要材料，并可能会加剧侵蚀。用于沙丘建设的沙子可以从建筑材料供应商或者水泥公司获得。从障壁岛或半岛运走沙子及其他材料也是被当地法律所严格控制的。

用于建设沙丘的沙子的含盐量应该不超过千分之四。过高的含盐量会抑制植物的生长。因此，新的疏浚泥沙通常不能直接用作沙丘建造工程。如果要使用疏浚泥沙，就要经雨水过滤降低盐分之后再使用，这个过程可能需要六个月到三年的时间。

进口的沙子应该在颜色、颗粒大小和矿物质含量方面与沙丘建设位置的沙子相似。如果当地沙子的顶部是进口的细泥沙，那么细泥沙会很快丧失。

人造沙丘的大体高度、坡度、宽度和形状应当与邻近的自然沙丘相类似。一般来说，它们高度不应低于 4 英尺，坡度不应大于 45 度，18.5 度最适宜，沙丘基础的最初宽度最少 20 英尺，基础过窄的沙丘不足以建立提供风暴保护的高度（图 4-1-19）。

在沙子匮乏的地方，建设的沙丘可以稍微向内陆方向移动，因为前沙丘会自然形成并向临海位置扩张。相反，如果沙丘建设过于

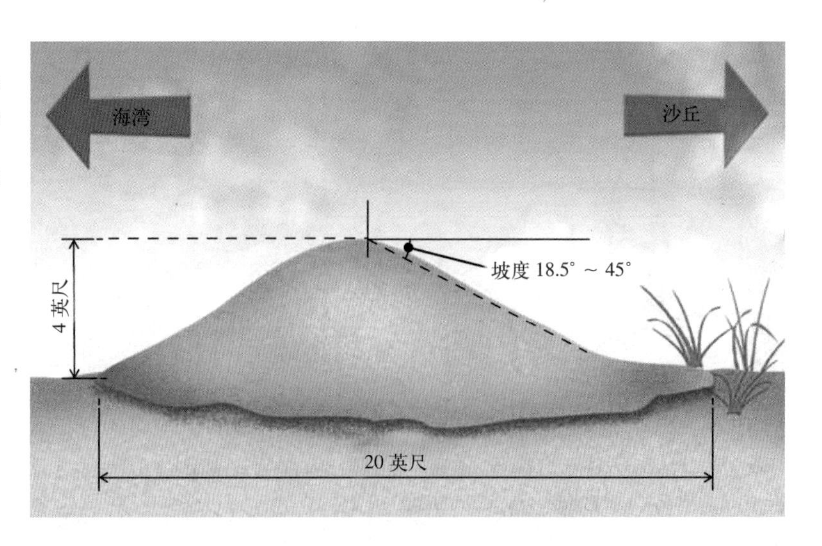

图 4-1-19　沙丘建造规格
资料来源：Coastal Dunes, Dune Protection and Improvement Manual for the Texas Gulf Coast, Fourth Edition, Texas General Land Office, Jerry Patterson, Commissioner

靠近海湾，可能在很小的风暴中都会被海浪破坏，也会妨碍海滩的公众接近。

（二）西澳大利亚沃尼波（Warnbro）城的沙丘修复

由于无节制的砍伐造成植被破坏，西澳大利亚佩思北部沃尼波（Warnbro）的沿海沙丘遭到严重破坏。

根据西澳大利亚立法，开发者必须制定和实施专门的区域管理规划，作为获得分配土地许可的重要条件之一。在该区域内，最为普遍的做法是进行“海滩管理规划”，它具体规定了环境修复、进入的管理方式以及停车场和娱乐设施的位置等内容。

佩思夏天炎热干旱，但是海风异常强烈，这就要求沙丘修复规划的制定必须考虑周全。这一特定地点的海滩管理规划具体规定了修复技术、阶段和成本。在 1991 ～ 1993 年间，专家对沃尼波沙丘进行了大量的修复工作，采用了多种沙丘修复技术，包括：1. 土方工程；2. 冲刷和覆盖措施，以获得沙丘暂时稳定；3. 防风带建设；4. 永久植被建设（护堤、沙丘的正面、后面均种植各种植被）。之后，该区域又进行了两年的维护工作，最终成功地建立了一个可以自我存续的植物群落。整个修复项目共耗资 60 万美元，最终的成果就是建立了防护带、海滩进出通道以及南北方向多功能的通道，并且不会重现无序性和破坏性的使用（罗伯特·凯等，2010）。

（三）美国特拉华州沙丘保护

特拉华州的海岸管理部门通过建设规程计划和沙丘保护规则来保护这里的海滩和沙丘。然而，想要取得成功，沙丘的保护工作不仅是相关部门的责任，更需要那些居住在海边、利用着海边的人付出努力。志愿者成为沙丘保护的主力。

多年来，特拉华州采用了很多方式进行沙丘保护，包括采取预防措施避免沙丘和植被的破坏，修复受损沙丘，修建跨越沙丘的木栈道，进行沙丘保护宣传以及通过组织一些成本不高的活动进行沙丘建设。其中，种植海滨草是稳定海岸线现存沙丘和新建沙丘的最有效方式。海滨草栽植容易，扩散迅速，它可以降低陆地周围的风速，把风吹起的沙子聚集在周围，当沉积的沙子不断积累，草又长到沙丘的表面，像一个保护罩保护着沙丘。

自 1990 年以来，特拉华州每年三月都会组织志愿者进行海滨草种植活动。活动的参与形式包括团体和个人，2 ～ 3 人一组，具体种植步骤和种植要点也会告诉大家，无论是大人和孩子都很容易操作，并能够在短时间内种植出成片的海滨草。截至 2004 年，海滨草的种植量超过了 464 万株。

六、案例：日照沙滩保护规划

（一）日照沙滩用地的现状与变化情况

在本案例中，沙滩用地主要指沿海滨内陆地区至平均高潮位线以上的海滨沙丘及沙质海岸用地，包括海滨已开发的海水浴场地区以及在沙丘上已建设的临时设施用地。

日照市海岸带拥有全山东省最好的优质沙滩，但由于城市的扩张和当地养殖经济的迅猛发展，沙滩资源的保护与合理利用面临巨大的压力。沿海优美迷人的沙滩被永久性的建筑所覆盖，海滨大道部分路段直接建在了沙滩上，加之海岸线的自然退缩，致使海滨沙滩面积急剧缩小，与 1975 年相比，减少了 3567.98 公顷（图 4-1-20）。

图 4-1-20 日照沙滩用地的现状与变化（王忠杰）

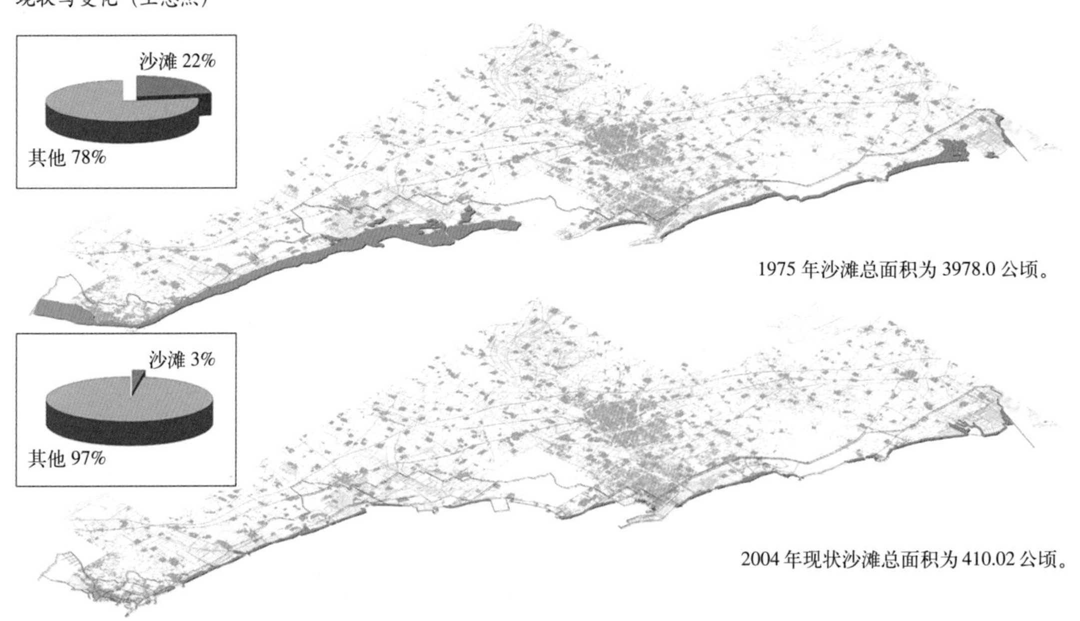

（二）日照沙滩用地规划

日照海岸带沙滩用地规划坚持保护为主、恢复为辅的原则，保护现有沙滩资源，恢复沿海滨地区被各类建设项目侵占的沙滩与沙坝，限制即将侵占沙滩的规划建设项目。规划海岸带沙滩面积461.8公顷，划分为以下类别：

1. 现状为海滨沙滩用地

总面积305.8公顷，规划不作调整，针对不同区段，分别提出管制要求，具体包括防范海潮对沙滩的侵蚀，避免大规模人群对沙滩的破坏，杜绝挖沙取沙行为，避免港口造成环境污染，保护生物多样性等（图4-1-21中沙①类用地）。

2. 现状为水产养殖用地

面积154.6公顷，停止养殖后，优先恢复为沙滩用地。该类养殖用地主要分布于现状海滨沙滩边缘，对具有养殖许可证的养殖地区，在养殖的期限内保留养殖功能，不用作养殖后，拆除养殖池，推平回填，恢复海滨沙滩用地。对私自挖沙养殖的地区，限期恢复原始沙滩（图4-1-21中沙②类用地）。

3. 现状为海滨村镇工业用地

面积1.4公顷，搬迁后，优先恢复为沙滩用地（图4-1-21中沙④类用地）。该类用地主要指龙王河河口南部的滨海侵占沙滩非法修建的海滨冷藏厂用地，规划要求拆除该建筑，粉碎硬质地面，恢复底栖湿地条件，推平回填，恢复海滨沙滩用地。

对回填恢复所需的沙源，在全市域内协调，严禁就近挖掘海岸带沙滩。

（三）沙滩分级规划

日照全市海岸带有大小沙滩14处，这些沙滩质量高低不一。依据沙滩的沙质、规模、坡度、受干扰情况等，采用打分法将海岸带沙滩资源分为四个级别：一级优质沙滩、二级优良沙滩、三级普通沙滩、四级受污染或严重景观干扰沙滩。

（四）沙滩分级管制

1. 对具有较高景观价值的一、二级沙滩岸线进行严格保护，禁

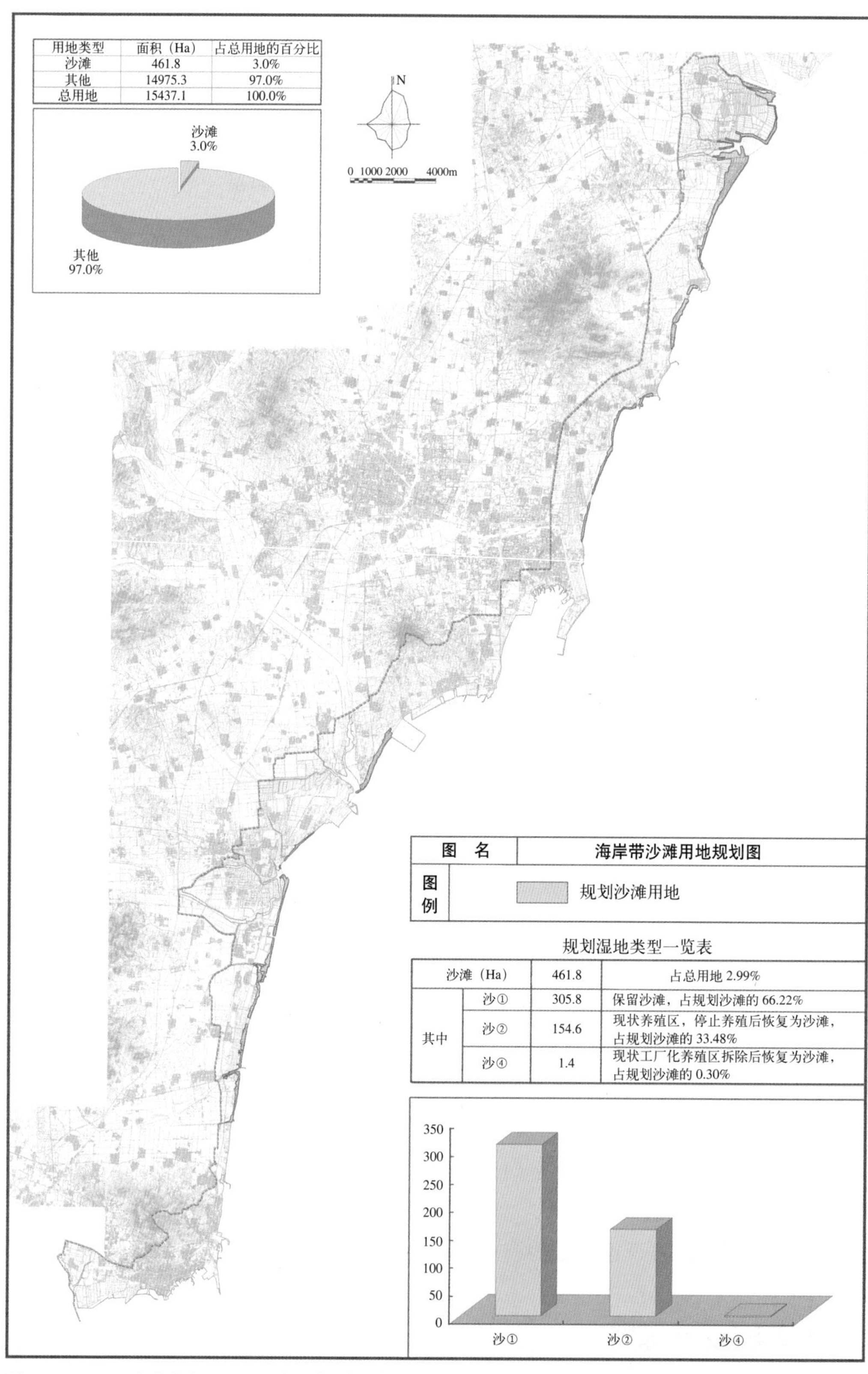

图 4-1-21 日照海岸带沙滩用地规划图（王忠杰）

止在这些沙滩岸线进行近岸养殖和工厂化养殖。

2. 在自然沙滩与旅游接待设施、村镇的养殖利用区、盐田设施等之间，应设有宽 200 ～ 500 米的缓冲隔离带，减少人工设施对沙滩景观的干扰。

3. 避免在沙丘和沙坝上进行人工建设，保护沙滩生态环境不受海岸侵蚀。

4. 开发项目应与沙滩保持适当距离，长度在 500 米以下的的沙滩只允许建设一个项目，其正面长度不得超过沙滩全长的三分之一；长度在 500 米至 1000 米之间的沙滩允许建设两个项目，两者间距在 500 米以上，建设项目的总长度不得超过沙滩全长的三分之一；长度在 1000 米至 2000 米之间的沙滩可允许建设三个项目，项目最小间距为 500 米，其正面总长度不得超过沙滩全长的三分之一；对于其他长度较大的沙滩，总体可分为若干段，项目建设参照上述原则。

5. 开发项目要从平均高潮位线向陆地一侧至少退 50 米，以保护沙滩。沙滩背后 100 米为沙滩保护地带，适当种植乔木、灌木及地被植物，用以加固表层土壤，防止沿海剥蚀风化。

第二节　湿地保护

一、湿地保护的意义

依据《拉姆萨尔条约》(即湿地公约)，湿地是指天然或人工、长久或暂时性的沼泽地、泥炭地、水域地带，静止或流动的淡水、半咸水、咸水体，包括低潮位时水深不超过6米的水域。

湿地与滨水地区的保护已经成为环境规划的重要议题。在美国，不少保护湿地和滨水地区的联邦、州级和地方法律已经相继出台。联邦《净水法》(CWA) 在第301和303条，为各州列出了水质标准，第401条是各州对联邦行为（项目、许可、证书）的确认，第404条，规定了开挖及填埋许可。此外，各州政府通过了大量保护政策，包括：发布定性或定量的标准并（或）使用反恶化标准来保护湿地及滨水地区；依法建立湿地和滨水地区保护委托机构；通过税收刺激、地役权，表彰相关的计划、技术支持和教育行为，为保护活动提供更多的机遇；依靠实地调查而开展保护等（弗雷德里克·斯坦纳，2004）。

海岸带的湿地主要涉及海滨沼泽、潟湖、河口、平均高潮位线以上的浅海滩涂（不包括沙滩）等地区。湿地作为海滨地区重要的生态环境体系，是海岸带地区大量生物生存与栖息的场所，海滨湿地同时又作为海滨滨水产业的重要载体，为海滨地区社会经济发展提供着重要的保障。步入新世纪，随着城市化快速发展，由于海滨地区过度开发与大量人口的涌入，海滨湿地正面临着被城市、产业、居住、旅游等开发建设侵占的危险，合理有效地保护海滨湿地、保护海滨特有的生态环境资源与保证海岸带地区的长期可持续发展是海岸带规划的重要目的之一。

二、湿地分类

目前湿地分类并没有统一的标准，因地区、学科不同而有明显的差异。随着《湿地公约》缔约国数目的增加，为了提高《湿地公约》的适应性机制，要求各缔约国采用较为一致的“湿地种类”分级制度，并于1990年6月在第四届缔约国大会上发展了新的分类系统。

我国相关部门和学者也对湿地类型进行了相关研究，结合我国湿地资源情况和《湿地公约》分类系统，在第一次全国湿地资源调查中初步确定了我国湿地分类框架，共分为5大类别，28个类型（表4-2-1）。

滨海湿地通常是海岸带地区最主要的湿地类别，在湿地分类系统中，它被划分为浅海水域、潮下水生层、珊瑚礁等12个类型：

1. 浅海水域

低潮时水深不超过6米的永久水域，植被盖度<30%，包括海湾、海峡。

2. 潮下水生层

海洋低潮线以下，植被盖度≥30%，包括海草层、海洋草地。

3. 珊瑚礁

由珊瑚聚集生长而成的湿地，包括珊瑚岛及其有珊瑚生长的海域。

4. 岩石性海岸

底部基质75%以上是岩石，盖度<30%的植被覆盖的硬质海岸，包括岩石性沿海岛屿、海岩峭壁。本次调查指低潮水线至高潮浪花所及地带。

5. 潮间沙石海滩

潮间植被盖度<30%，底质以沙、砾石为主。

6. 潮间淤泥海滩

植被盖度<30%，底质以淤泥为主。

7. 潮间盐水沼泽

植被盖度≥30%的盐沼。

8. 红树林沼泽

以红树植物群落为主的潮间沼泽。

9. 海岸性咸水湖

海岸带范围内的咸水湖泊。

10. 海岸性淡水湖

海岸带范围内的淡水湖泊。

11. 河口水域

从近口段的潮区界（潮差为零）至口外海滨段的淡水舌锋缘之间的永久性水域。

12. 三角洲湿地

河口区由沙岛、沙洲、沙嘴等发育而成的低冲积平原。

第一次全国湿地调查湿地分类 **表 4-2-1**

编号	湿地类型	编号	湿地类型	编号	湿地类型
Ⅰ	滨海湿地	Ⅱ	河流湿地	Ⅳ	沼泽湿地
Ⅰ 1	浅海水域	Ⅱ 1	永久性河流	Ⅳ 1	藓类沼泽
Ⅰ 2	潮下水生层	Ⅱ 2	季节性或间歇性河流	Ⅳ 2	草本沼泽
Ⅰ 3	珊瑚礁	Ⅱ 3	泛洪平原湿地	Ⅳ 3	沼泽化草甸
Ⅰ 4	岩石性海岸	Ⅲ	湖泊湿地	Ⅳ 4	灌丛沼泽
Ⅰ 5	潮间沙石海滩	Ⅲ 1	永久性淡水湖	Ⅳ 5	森林沼泽
Ⅰ 6	潮间淤泥海滩	Ⅲ 2	季节性淡水湖	Ⅳ 6	内陆盐沼
Ⅰ 7	潮间盐水沼泽	Ⅲ 3	永久性咸水湖	Ⅳ 7	地热湿地
Ⅰ 8	红树林沼泽	Ⅲ 4	季节性咸水湖	Ⅳ 8	淡水泉或绿洲湿地
Ⅰ 9	海岸性咸水湖			Ⅴ	人工湿地
Ⅰ 10	海岸性淡水湖			Ⅴ 1	库塘
Ⅰ 11	河口水域				
Ⅰ 12	三角洲湿地				

三、湿地保护规划程序

湿地与河口保护规划程序一般包括：

1. 现状调查与资料收集；

2. 现状分析；

3. 湿地重要性评价；

4. 湿地保护规划，保护海岸带原生的自然湿地，包括河口、潟湖、滩涂等，合理划定严格保护区域。对现有的人工湿地类型，根据海岸带产业发展需求，逐步恢复其自然面貌。分布于湿地区域内的各类产业与开发用地依据湿地保护与控制要求合理地调整用地类型；

5. 依据规划，制定管控措施。

四、湿地重要性评价

（一）评价方法的选择

近年来，随着人们对湿地认识的不断深入和湿地评价研究内容的不断丰富，湿地评价方法由过去仅局限于湿地特征描述的定性评价，发展到目前湿地价值评价、湿地生态系统健康评价、湿地环境影响评价以及湿地生态风险评价等方面，3S 技术和数学方法在湿地评价研究中也得到了较为广泛的应用。在海岸带规划中，如何根据规划目标和规划区现状选择适宜的评价方法是进行滨海湿地评价的第一步。表 4-2-2 列出了不同评价方法的适用范围及其优缺点。

常用湿地评价方法比较　　表 4-2-2

序号	评价方法	适用范围	优点	缺点
1	水文地貌评价法	适于评价受人类影响较小的湿地	能迅速评价湿地，且结果重现性好	不能在不同湿地类型之间进行功能比较，也不能很好地评价那些受人类高度影响的湿地，参照湿地的建立需耗费大量财力和时间
2	生物完整性指标法	在河流、湖泊、湿地生态系统健康评价中得到广泛应用	可用来确定胁迫反应的阈值，且评价的结果直观	强度较大，要求的人力物力较多，也存在如何对这些综合性指标进行合理解释等问题
3	湿地快速评价法	适用于宏观层次上的湿地功能评价以及评估那些广为人知的湿地功能	能在野外快速运用，适用于不同湿地类型，重复性好	只能说明湿地是否具有某项功能，不能定量表示功能的大小
4	专家意见法	在时间紧迫、资金有限、不需要准确结果的情况下特别适用	简单、快速和费用低	结果不能量化，精度不高
5	层次分析法	适用于多准则、多目标的复杂问题的决策分析	思路简单明了，便于计算，所需要定量化的数据较少	按层次权值的最大值进行分类，未考虑层次权值之间的关联性，导致分辨率降低，评价结果不合理
6	模糊综合评判法	适用于处理各种难以用精确数学方法描述的复杂系统问题	用模糊集合的理论解决模糊性对象并加以确切化、定量化，弥补了过去精确数学、随机数学描述的不足	通常采用取大取小算法，信息丢失很多，使评判结果易出现失真、失效、均化、跳跃等现象，且评价过程复杂、可操作性差

续表

序号	评价方法	适用范围	优点	缺点
7	综合指数法	适用于多指标多因素的综合评定	具有等价性，便于对比，计算简单	评价结果只是一个均值或简单的累加，使评价结果与实际不符，计算指数的方法不同，所得评价结果也不一定相同
8	景观生态法	适用于较大空间和时间尺度上的生态系统研究	具有综合整体性和宏观区域性特色，强调人类对景观的干扰作用	难以获得长时间尺度即生态系统退化前的景观资料，一些景观指标值虽有理论阈值，但也缺乏客观性
9	综合矩阵分析法	一般用于单层指标的评价	方法原理简单，计算步骤少，简便不复杂，现实操作性强，结果更直观可靠	参评因子均是依靠专家打分来确定等级和权重的，主观性太强，导致评价结果不客观，与实际有偏差

资料来源：李文艳等，2010.

（二）评价因子的选择

评价因子的选择及其权重的设定是湿地重要性评价的关键一步，如表 4-2-3 列出了美国北卡罗来纳州海岸带湿地重要性评价因子。

北卡罗来纳州海岸带湿地评价因子　　表 4-2-3

一级因子	二级因子	三级因子	四级因子
水质	非点源污染	临近水源	—
		临近水体	—
		分水岭（小流域）	—
		场地条件	湿地类型
			土壤特征
	洪水冲刷	水源地和临近水源地	—
		淹没时间	—
		场地条件	湿地类型
			土壤特征
		垂直水流的湿地宽度	—
水文	地表径流存储	分水岭（小流域）	—
		湿地面积	—
		场地条件	湿地类型
			土壤渗透容量

续表

一级因子	二级因子	三级因子	四级因子
水文	洪水存储	洪水持续时间	—
		湿地面积	—
		分水岭（小流域）	—
		遭受洪水的湿地宽度	—
	海岸带稳定性	临近水体	—
		接触开放水域的湿地边界长度	—
		流域土地利用	—
栖息地	陆生生物	内部栖息地	内部栖息地面积
			与地表水的关系（水源的可用性）
			栖息地的内部异质性
			湿地类型
		景观栖息地	湿地的毗邻
			周边生境
		循环系统（运转系统）	廊道
			孤岛湿地
	水生生物	溯河鱼类	—
		其他鱼类	—
		两栖动物和无脊椎动物	湿地类型
			周边生境

资料来源：North Carolina Department of Environment and Natural Resources. A Report of the Strategic Plan for Improving Coastal Management in North Carolina[M].1999

五、湿地保护管控措施

（一）水源地保护

依据《中华人民共和国水法》相关规定，在作为城市水源地的主要河流和水库周边划定饮用水水源保护区，并采取措施，防止水源枯竭和水体污染，保证城乡居民饮用水安全。例如，《威海市海岸带分区管制规划》对水源保护区的划定进行了如下规定：

1. 作为城市水源地（或备用水源地）的主要河流取水站上游、

下游 1000 米河道以及两岸堤坝向外延伸 500 米范围内，作为水源地一级保护区；取水站下游 1000 米河道以及两岸堤坝向外延伸 1000 米范围内，作为水源地二级保护区。

2. 作为城市水源地的水库，依据《中华人民共和国水法》，在其周边划分水源一级保护区和二级保护区：一级保护区包括水域范围和陆域范围，其中水域范围指保护区水域，水质保护目标为Ⅱ类；陆域范围指正常水位向陆域纵深 200 米左右的区域；除一级保护区以外的集雨区范围划为二级保护区，水质保护目标为Ⅲ类。

（二）河口保护

河口作为淡、咸水的交汇区域，是大气环流、生物流、能量流的重要聚散地，各种过程耦合多变，演变机制复杂，生态环境敏感脆弱，必须严格保护其生态系统，防止人为干扰。应对河口湿地的生物多样性特征和河道畅通情况进行调查，对生物多样性水平高、具有重要行洪要求的河口要进行严格控制，其开发利用必须建立在严格保护的基础上。

1. 禁止随意建设引水工程

从河流到海洋，河口区域始终存在一定的盐度梯度，它随着河口地形、潮汐和淡水量出现季节性变化。海湾含盐量的渐变是溯河产卵的鱼类生存的必需条件，而适当的淡水流入海湾，也是保证海湾含氧量、海湾冲刷和海湾维持现有野生动植物生存必要的前提条件。因此，河流引水工程必须慎重，要对河口地区进行充分的环境影响评价，只有在对生态环境不造成破坏或影响极小的前提下，才可实施此类工程。

2. 积极治理环境污染

河流是城市及村镇污水排放的主要受纳水体。由于人口的膨胀、工业的快速发展，城乡基础设施相对滞后，河流污染日趋严重，河口地区生物成为直接受害者，造成生物多样性锐减，进而导致海洋捕捞资源枯竭。因此，必须严格控制和积极治理环境污染，保护水质环境。

3. 其他

严格禁止河口挖沙等人为破坏行为，避免海潮沿河道上溯，防止海水侵蚀面积扩大；保持河口湿地涵养水分的能力，以有效抵御洪水和风暴潮；减少岸线退蚀，对岸线蚀退严重的地段可采用生物和工程结合的手段加以保护；对河口废弃的和利用价值不高的虾池、盐田应及早恢复其自然湿地景观状态。

（三）湿地自然保护区建设

湿地自然保护区是指对适宜野生动植物生存，具有调节周边生态环境功能的所有常年或者季节性天然积水地域，依法划出一定面积予以特殊保护和管理的区域。应依据海岸带野生生物分布特点和湿地重要性评价划定区域，进行湿地自然保护区建设和申报。对于已经成功申报和建立的保护区，依据《中华人民共和国自然保护区条例》和有关法律、法规进行管理和保护。另外，以下内容需要特别强调：

1. 湿地保护区内禁止一切与保护无关的开发建设和生产经营活动，特别是禁止城市开发项目继续侵占湿地、破坏湿地生态系统。对不可避免的建设项目实施前，要作如下分析：

（1）建设的科学需要；

（2）相对海平面上升的效应；

（3）对本地的沉积物侵蚀影响和增长情况；

（4）设施对海潮汐流的作用；

（5）入侵物种的进入、散播可能性和对它们的控制能力；

（6）只有在建设对该地区的鱼类、其他水生生物和野生动植物的影响最小的情况下，才可实施。

2. 湿地保护区内严禁建设穿越式的公路与铁路，任何穿越设施都应采取高架形式，保证湿地生物必要的生态廊道。所有穿越沼泽的管道都必须符合国家管道安全规则和其他安全设计标准，以免影响湿地生态环境，如热力管道应以确保其温度的防护控制不造成湿地的热污染为原则。

3. 湿地保护区周围有污染的项目，应限期整改或搬迁。

（四）其他

1. 严禁任何单位和个人在河口滩涂、盐场、海水浴场、重要渔业水域和其他需要特殊保护的区域内兴建排污口。

2. 严禁侵占湿地区的水域进行生产活动，包括围堰养殖、筑堤晒盐等。湿地周边的旅游与生产开发，应以保护水域资源与不干扰海流潮汐为原则。

3. 在湿地水域内（河口和泥沼），挖掘河床及管道电缆等安装时间的安排应避开主要鱼类迁徙时期和路线，以最大程度减少对湿地动植物的干扰。

在海岸带湿地的实际规划中，应根据湿地面临的具体情况，制订针对性的策略。以美国大沼泽地国家公园（Everglades National Park）为例（图 4-2-1，图 4-2-2），2010 年大沼泽地国家公园两度被列入世界濒危遗产名录。因为人类活动与气候变化的影响，沼泽地生态系统遭受破坏，环境日益恶劣。为此，佛罗里达州立法局在 1991 年和 1994 年陆续通过了“沼泽地保护法”（EPA）和“沼泽地永久法”（EFA）。EFA 是 EPA 的修订版，其内容有：要求恢复现有沼泽的大部分；要求水利管理局进行水质研究和实施检测计划，尽量除去营养物（主要是氮）；为美国佛罗里达州南部大沼泽地确定

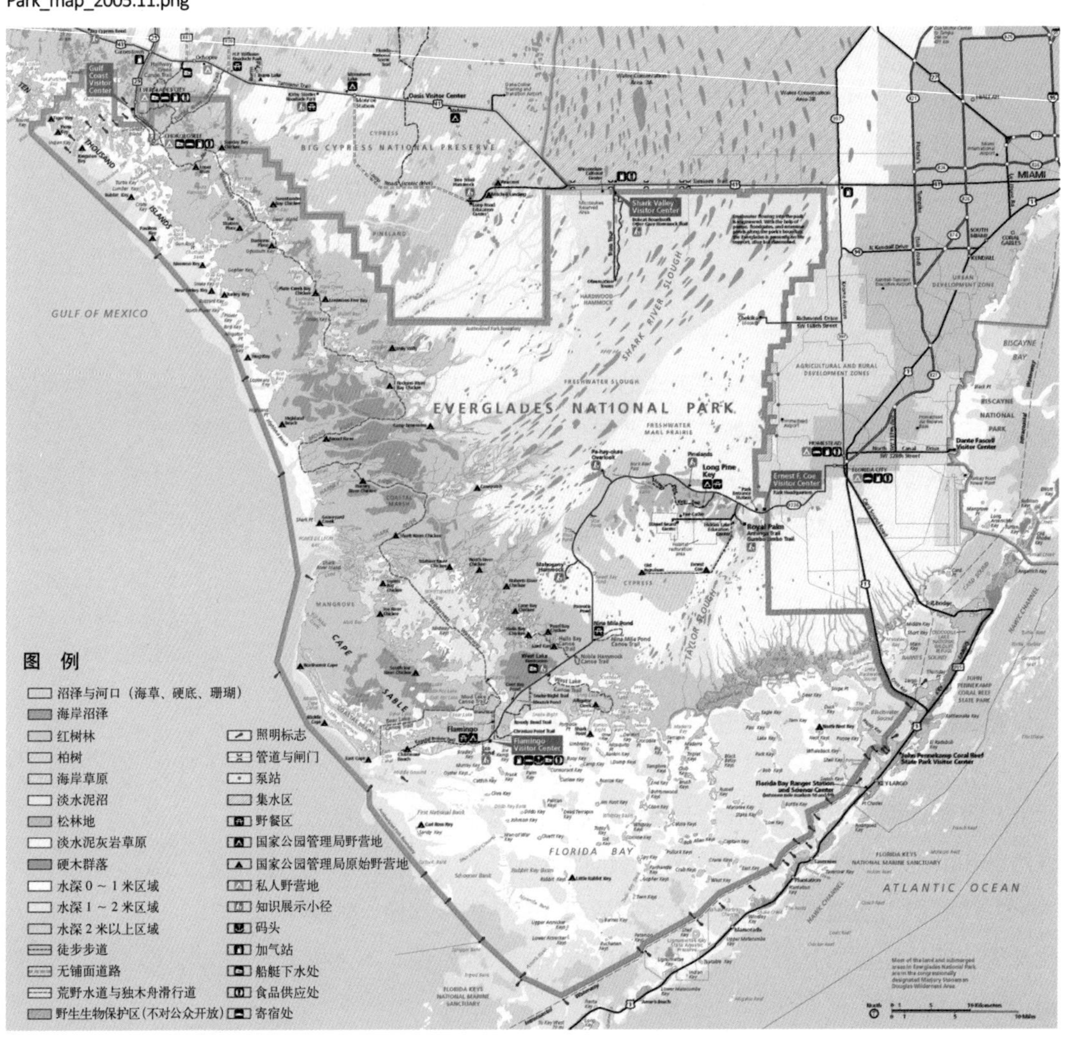

图 4-2-1 美国大沼泽国家公园（Everglades National Park）
资料来源：http：//upload.wikimedia.org/Wikipedia/commons/thumb/3/31/Everglades_National_Park_map_2005.11.png/1085px-Everglades_National_Park_map_2005.11.png

图 4-2-2　美国大沼泽国家公园（Everglades National Park）（王东宇）

中长期水质目标；为暴雨处理区的计划确立筹资机构和施工时间表等（M.J.Chimney，2002）。

六、案例：日照湿地保护规划

（一）湿地现状与变化情况

日照海岸带现状湿地总面积 4688.2 公顷，包括养殖用地 3488.8 公顷，盐田 320.4 公顷，河口滩涂 879.0 公顷。

湿地空间分布主要集中在河道两侧与河口地区，南部地区由于河流密布，湿地相对集中，规模较大，达到 2080.97 公顷；北部由于多山丘陵地势，仅有两城河口地区湿地 905.6 公顷。海岸带地区的湿地类型以养殖和盐田为主，占 92.4%，自然沼泽与滩涂湿地规模较少，占 7.6%。

据 1975 年的海滨现状图分析，海滨湿地由于养殖区的扩大而增加。海滨盐业用地由于产量下降，转产养殖，盐田规模逐年减小（图 4-2-3）。

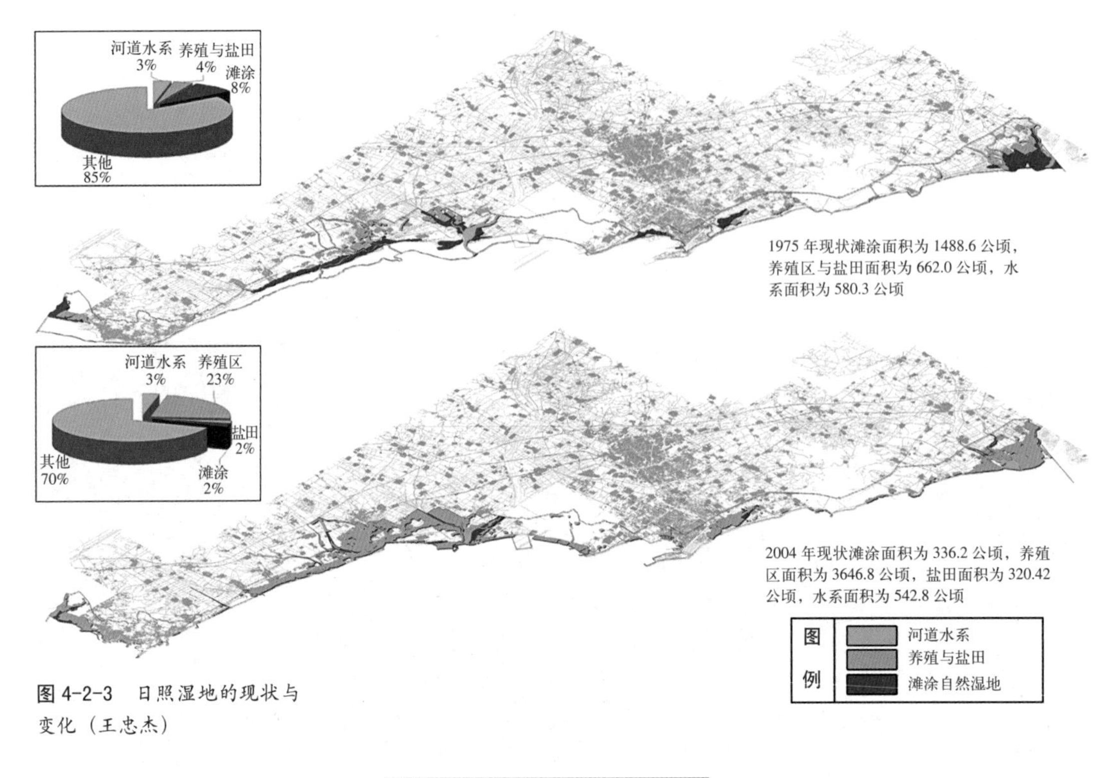

图 4-2-3　日照湿地的现状与变化（王忠杰）

（二）海岸带湿地保护规划

1. 划定海岸带湿地保护区

湿地保护区是对海岸带湿地生态系统、生物多样性、珍稀与濒危生物，以及典型海洋景观进行保护，因此，将潟湖、河口、水源保护地等 5 个需进行严格保护的区域划定为湿地保护区（表 4-2-4）。

日照市海岸带湿地保护区划定　　表 4-2-4

名称	所属	保护区面积（公顷）	主要保护对象
两城河口地区	两城镇	489.2	湿地生态系统、水源保护地
万平口潟湖地区	日照主城区	350.4	湿地生态系统、典型海洋景观（潟湖）
傅疃河口地区	涛雒镇	1165.6	湿地生态系统、水源保护地
巨峰河河口地区	涛雒镇	803.3	湿地生态系统、生物多样性、典型海洋景观（沙坝潟湖）
绣针河河口地区	岚山区	183.2	湿地生态系统

2. 海岸带湿地保护规划与管控措施

规划日照海岸带湿地面积 3398.5 公顷，包括 6 种类型：

(1) 现状为河口滩涂，规划不作调整，保留其仍作为自然滩涂湿地的属性（图 4-2-4 中湿①类用地）

该类用地面积 328.1 公顷，主要分布于海岸带河口与河道两侧的滩涂区域，以及海岸线潮间带的沼泽水域。为更好地保护此类用地，必须严格控制河流上游的污水排放，建设城市污水处理厂，确保城市污水与工业废水在海滨地区达标排放。具体管控措施包括严禁围堰养殖等破坏湿地生态环境的项目设置，对存在的贝类养殖区应采取许可证制度，严格控制养殖密度，在适当湿地滩涂地区可开展旅游休闲的赶海拾贝等活动。严禁在湿地上进行永久性的建设，如海滨游览道路等。进行海滨滩涂植被的培育，种植芦苇等乡土植物。

(2) 现状为农业用地（耕地与园地），不作农业用地（耕地与园地）时，规划调整恢复为湿地（图 4-2-4 中湿②类用地）

该类用地面积 382.4 公顷，多分布在重要的湿地保护区域内，现状的农业生产对环境造成影响。为保护湿地环境，整体恢复湿地，规划对此类农业用地进行调整。由于农业用地与村镇人口生活生产息息相关，因此必须与村镇的搬迁和整改结合进行，在确定其不作耕地使用后，采取工程措施恢复为湿地。

(3) 现状为村镇建设用地，村镇搬迁后，优先恢复为湿地。(图 4-2-4 中湿③类用地)

该类用地面积 49.3 公顷，占规划湿地的，主要分布在傅疃河与巨峰河特色湿地保护区范围内。规划调整此类的村镇建设用地搬迁后恢复为自然湿地。

(4) 现状为水产养殖用地，停止养殖后，优先恢复为自然湿地（图 4-2-4 中湿④类用地）

该类用地面积 2361.2 公顷。水产养殖用地作为湿地的一种类型，虽具有湿地的表象特征，却失去了原生湿地生物多样性的特点。为恢复海岸带地区丰富的生态种群，为海滨生物提供栖息场所，规划将海滨地区的养殖用地在不作为养殖区使用后优先调整为自然湿地。由渔业养殖主管部门协调地区产业发展的需求，核发养殖许可证；对海滨非法养殖区应限期拆除，恢复湿地；对河口地区的工厂化养殖应严格按照本规划的养殖产业管制政策限期拆除，逐步恢复

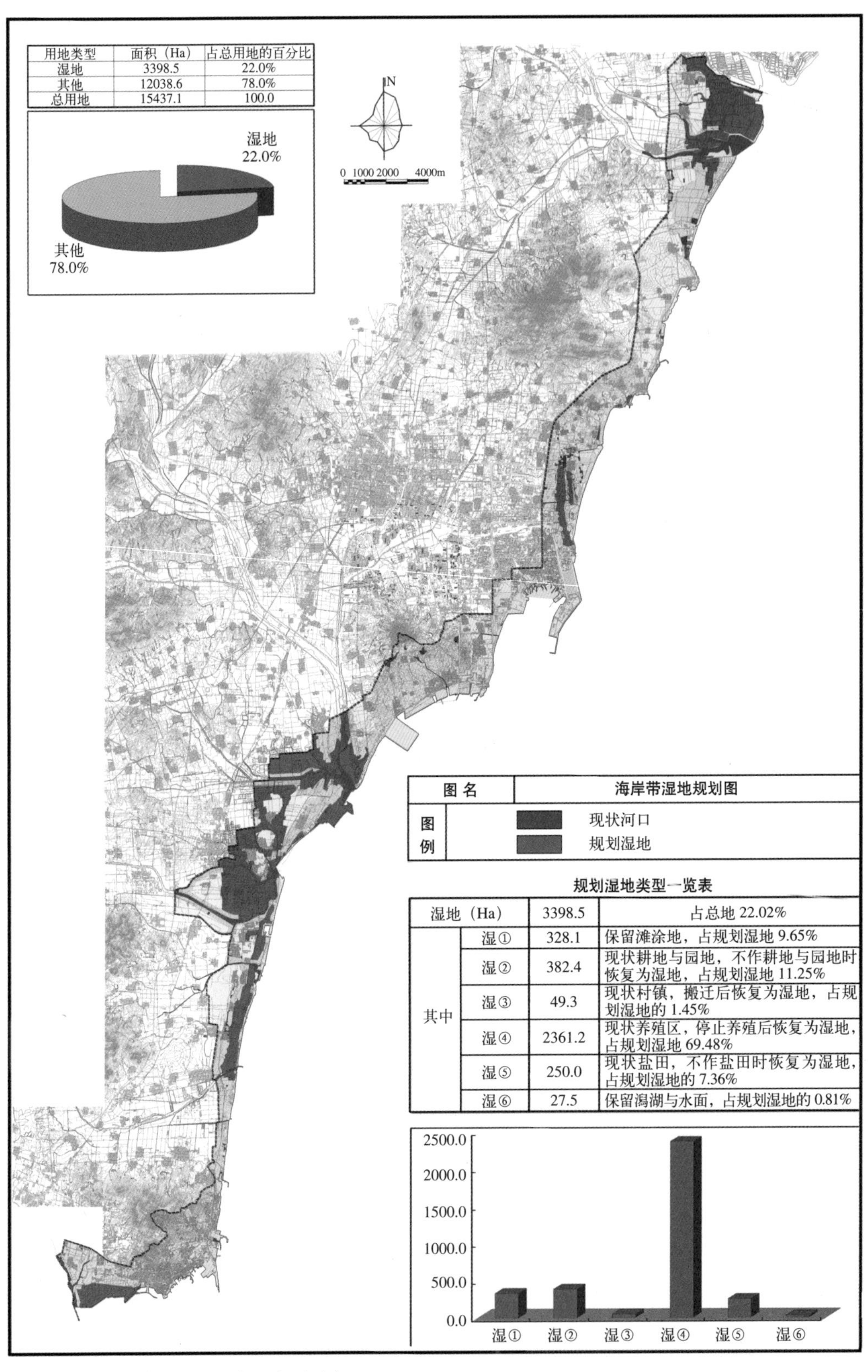

图 4-2-4　日照海岸带湿地规划图（王忠杰）

原有湿地生态环境；对重要的河口湿地保护区与特色湿地景观区内的养殖用地应在规定的养殖期满后，不再发放许可证，逐步恢复湿地特色景观。

(5) 现状为盐业生产用地，不作盐田后，优先恢复为自然湿地（图 4-2-4 中湿⑤类用地）

该类用地面积 250 公顷。由于海滨盐场的产盐量逐年下降、盐业用地的功能面临调整，规划要求海滨盐场应逐步恢复为自然湿地，严禁其他建设侵占盐业用地。

(6) 现状为自然潟湖，规划不作调整，保留其仍作为自然湿地的属性（图 4-2-4 中湿⑥类用地）

该类用地面积 27.5 公顷。规划要求划定湿地保护区，明确其用地边界，严格禁止其他建设随意侵占潟湖水面，按照保护区规定实施管制。对潟湖沿岸的养殖区域应限期拆除，恢复水面。

七、案例：旧金山湾湿地保护规划

（一）潮汐沼泽与潮间带保护

1. 现状与评价

(1) 生境多样

旧金山湾拥有丰富多样的湿地生境，包括潮间带、潮汐沼泽、潟湖、海滨森林等，这些生境由气候和海洋动力所形成和维持，同时也受到地形、地貌、潮涨潮落等的影响。多样的生境满足了不同动植物的生存需要。例如，胡瓜鱼的日常取食及其生命周期的不同阶段都要依赖潮汐沼泽地的泥沼和开放水域，而它也同时成为在潮汐沼泽和陆地生存的多种鸟类的食物。

(2) 动植物资源丰富

旧金山湾作为南北美洲太平洋海岸最大河口的重要组成部分，拥有丰富的动植物资源。河口由来自河流的淡水和海洋咸水的相交融合所形成，是河流与海洋的过渡地带，为水生和陆生动植物提供了丰富多样的生存环境，包括能够为候鸟迁徙途中休息和摄取食物提供理想场所，许多鱼类和甲壳类动物需要依靠河口来产卵等。

(3) 潮汐沼泽大面积减少

潮汐沼泽分为微咸沼和盐沼，是海湾食物网中不可或缺的重要组成部分。一方面，潮汐沼泽地带腐烂的动植物残体和植物种子被冲刷到附近潮间带和潮线下区域，为许多动物提供了食物；另一方面，潮汐沼泽是昆虫类、蟹类和小型鱼类的重要生境，这些生物又是斑海豹、蓝苍鹭等较大动物的食物。目前，海湾边缘区潮汐沼泽总面积为40000英亩，与筑堤和填海之前的190000英亩相比，消失了将近80%。

（4）潮间带大量缩减

潮间带是指潮汐从最低上升到大约平均海平面高度的地带，有泥滩、沙滩和壳滩等。潮间带的大部分区域是泥滩，生存着大量的植物、无脊椎水生生物、在此觅食的岸禽类以及高潮时充当食物的鱼类。目前海湾潮间带区域总面积约为29000英亩，与之前的50000英亩相比，缩减量超过了40%。

（5）外来物种入侵严重

外来物种经商船压载带入的水流进入海湾地带，通过捕食，与本地物种争夺食物、生境和其他生存要素，对生境进行干扰，取代本地物种以及与本地物种进行杂交等多种方式对海湾生态系统造成极大破坏和干扰，导致乡土动植物数量大量减少。据统计，从1850年起，约有170种生物入侵了海湾；至2001年，有超过1200英亩的潮汐沼泽被引进的大米草入侵；平均每十四周就有一种外来物种在海湾扎根。因此，控制和消灭外来物种是减少物种入侵的关键一步。

2. 保护政策

（1）最大程度地保护潮汐沼泽和潮间带。只有在极为有利于公众或没有其他可行替代方法的情况下，才可进行填海、筑堤、挖掘等建设活动。

（2）充分评估填海、筑堤和挖掘工程对潮汐沼泽和潮间带的影响，并且在可能的情况下尽量减少任何不利影响。

（3）在海岸线项目工程的选址和设计上，应尽量避免和减少对潮汐和陆地居住区间的过渡区的不利影响。在没有过渡区的情况下，如果工程和生态环境方面可行，应在潮汐和陆地居住区间设计和建立过渡区。

（4）恢复潮汐沼泽或潮间带，或在调控下发挥海湾生态环境的重要功能，例如为鱼类、其他水生物和野生动物提供休息、进食和繁殖场所。

（5）任何潮汐沼泽恢复项目应该包含长期和短期的生物及物理目标，以及相应的建设标准和监控项目。对该类项目的设计和评估应包括：①对相关海平面上升的影响，②对海湾沉积的影响，③固定沉积侵蚀和增长，④潮水的作用，⑤可能造成入侵的生物的引入和控制，⑥植物占领水域的速度，⑦鱼类、其他水生物和野生动植物对此区域使用的预期，⑧区域特点。

（6）在生境恢复项目中不应使用外来物种。任何委员会通过的生境恢复项目应包括定期监控此地外来物种的计划，以及控制和消除外来物种的计划。为了防止外来物种蔓延至海湾，其他水域、潮汐与陆地居住区的过渡区域中也应避免使用外来物种。

（7）支持和鼓励有关外来物种入侵相关信息的宣传工作，并在可行的情况下，努力消除入侵物种。

（8）在生态分析的基础上，通过咨询联邦及州相关的资源机构，如果委员会查明除了填海之外没有其他任何方法可以加强或恢复鱼类、其他水生生物和野生动植物生境，则委员会可以批准少量的填海工程。

（二）流入海湾的淡水流保护

1. 现状与评价

（1）海湾淡水流概况

流入海湾的淡水大部分源自三角洲，流经金门，稀释进入海湾的海洋咸水。淡水和咸水之间微妙的流转变化有助于提高海湾内及其周围区域维持多种水生生物和野生动植物生存的能力。源自萨克拉曼多河（Sacramento）和圣约金河（San Joaquin）的淡水流是海湾水维持海洋生物和减缓污染所需氧气的重要来源，同时它们汇入海湾急流，冲走海湾积水。苏辛（Suisun）沼泽是海湾周围现存最大的沼泽，也是全国重要的水禽生境，春冬两季流入海湾的淡水对维持苏辛沼泽的健康尤其重要。

（2）淡水流量下降

在过去，从萨克拉曼多河和圣约金河流入三角洲和海湾的淡水通过联邦、州、地方政府引流，被用作农业、工业和家庭用水，导致淡水流量下降。如果继续大量引水，将会改变海湾水含盐量，从而对海湾维持大量水生生物的能力产生不利影响。

（3）淡水流保护得到重视

目前，当地已经认识到淡水流保护的重要性，开始寻求新的引流形式，并定期审核管辖区内的现有引流形式。州水资源控制委员会在1978年发布了1485号决议并制定了《三角洲规划》。《决议》和《三角洲规划》规定了三角洲区和水生沼泽的水质标准，并规定州水资源控制委员会继续保留对盐度控制、鱼类和野生动植物资源利用的管辖权，同时也规定州水资源控制委员会要保持与联邦及州水利项目的协作，以便定期审核。《三角洲规划》规定必须把维持鱼类及野生动物资源的过去水平(1922～1967年)作为以后引水的标准。此外，《三角洲规划》首次认定，州水资源控制委员会具有为旧金山湾制定保护海湾合理使用标准的法定职责。虽然决议和三角洲规划存在不足，例如项目在没有统一标准的情形下实施、无力制止石斑鱼的数量下降等，但委员会已经意识到需要提出这些问题，并已经着手研究。

2. 保护政策

（1）淡水引流不能使流入海湾的淡水降低到损害海湾含氧量、海湾冲刷或海湾维持现有野生动植物的能力的程度。

（2）采取适当的手段优先保护苏辛沼泽，包括维护淡水流量。

（3）水资源控制委员会监督进入海湾的淡水引流的影响，制定标准以恢复鱼类及野生动植物资源，以期达到1922～1967年的水平。

（三）潮线下区域保护

1. 现状与评价

海湾潮线下区域囊括了平均低潮之下的陆地和水域，与潮间带和潮汐沼泽错综交织，还与盐田、湿地保育区、海湾农业用地和邻近陆地生境等海湾防浪堤的前部相连。潮线下区域既有浅海湾，也有深海湾，为鱼类、其他水生生物和野生动植物在海洋和三角洲及其他通向海湾的河流和溪水之间活动提供了通道。

目前，由于污染物增加、淡水流量减少、生境消失和入侵物种显著增多等原因，致使海湾许多本土淡水鱼、河口鱼、海洋哺乳动物、鸟类、浮游动物、浮游植物等的数量都已经下降。

2. 保护政策

（1）最大程度保护潮线下区域，只有满足以下两个条件，才能允许在这些区域展开填海、改变用途和建设挖掘项目：①没有其他可行的选择余地，②项目产生可观的公众利益。

(2) 必须对所有在潮线下区域拟建的填海或挖掘项目进行全面评估，确定项目对本地或整个海湾区域在以下方面的影响程度：①引入或散播入侵物种的可能性，②潮汐水文和沉积物转移，③鱼类、其他水生生物和野生动植物，④水生植物，⑤海湾等深线。此外，潮线下区域项目设计必须尽可能小型化，尽可能避免产生任何负面影响。

(3) 潮线下区域恢复项目的设计必须达到以下目的：①有助于鱼类、其他水生生物和野生动植物的繁衍和多样性的提高；②恢复稀有潮线下区域；③建立深水和浅水、潮汐和潮线下生境之间的连接，尽力使生境利于鱼类、其他水生生物和野生动植物的生存；④扩展开放水域，尽力使海湾面积增大。

(4) 任何潮线下区域恢复项目都应包括清晰、具体的长期及短期的生物和物理目标，以及完善的标准和监控计划，用以评定项目的承载力。设计和评估项目必须要作如下分析：①项目的科学需要，②相对海平面上升的效应，③对海湾沉积物的影响，④本地沉积物的侵蚀和增长，⑤潮汐流的作用，⑥入侵物种的进入、散播可能性和对它们的控制，⑦植被覆盖的速度，⑧鱼类、其他水生生物和野生动植物对场地的预期使用，⑨本地等深线特征。

(5) 委员会应继续支持并鼓励有关海湾潮线下区域的科学研究，包括：①海湾潮线下区域的详细目录和说明；②海湾自然环境和生物群体之间的关系；③沉积物动力学，包括沙迁移、风、波浪对沉积物移动的作用等；④海湾供鱼类、其他水生生物和野生动植物开展产卵、繁殖、筑巢、休息、摄食、迁徙及其他活动的区域；⑤实施恢复工程的区域和方式。

(6) 在生态分析的基础上，通过咨询联邦及州相关的资源机构，如果委员会查明除了填海之外没有其他任何方法可以加强或恢复鱼类、其他水生生物和野生动植物生境，则委员会可以批准少量的填海工程。

（四）盐田和其他可控制湿地

1. 现状与评价

(1) 盐田

盐田能够为沿海产业带来较高的商业价值。在旧金山湾，南海湾有盐田约 36000 英亩，北海湾约 10000 英亩。其中，4200 英亩的盐田不再生产食盐，改为海滨居住区。

（2）其他可控制湿地

池塘为海湾提供了露天场所，其面积占了整个海湾和池塘水表面的 15%。池塘巨大的表面积弥补了海湾水表面的不足，帮助改善海湾地区的气候，防止烟雾的形成。池塘也被滨鸟用作栖息地。

对野生动物来说，筑堤沼泽地和潮汐沼泽地一样重要。毗连海湾，50000 多英亩的筑堤沼泽地被保留作为禁捕区，偶尔可以打开潮水闸门向其中引入海湾海水。

2. 盐田和其他可控制湿地保护政策

（1）只要经济上是可行的，盐田就应该继续用来生产食盐，并且应该尊重食盐生产系统的完整性。

（2）如果盐田或者可控制湿地的拥有者不想再用池塘或者沼泽地了，那么政府应该尽一切努力去买下这些土地，推倒现有的堤防，让这些区域重新向海湾敞开。

（3）如果公共资金不允许购买不用的盐田或者沼泽地，这些池塘或者沼泽地因此被建议开发，那么相关开发应该符合以下标准：

①任何开发都要把一些池塘或者沼泽地地区用作开敞水面。其选择标准是：a. 如果对海湾敞开，会明显地改善水环境；b. 有特别高的野生动植物价值；c. 在水上娱乐方面有很大的潜力。

②政府可能想购买其他地区，取决于用作开敞水面的池塘或者沼泽地的数量。

③池塘或者沼泽地的开发应该保留足够的开敞水面，应该提供足够的进入海湾的公共通道，并和有关的海湾计划政策相一致。

④鼓励在废弃的盐田里养殖海洋生物。

（4）散步道、小停车场之类的娱乐开发应该在现有盐田或者泥沼外的合适地方尽可能快地修建，但这些开发决不应该危害生产系统，或者妨碍未来池塘向海湾敞开。

（5）委员会应该研究政府对于池塘“开发权”购买的可能性。如果这些权利被政府购买了，那么池塘拥有者将完全可能继续用它们来生产食盐。同样应该研究对海洋养殖和其他湿地培育区“开发权”的获得，来继续它们现在的用途。

（五）湿地重点地区和项目的发展指引

除了总体上的系统控制外，考虑到湿地内部存在一定的人类活动，规划对旧金山湾湿地中一些重要节点地区的人类活动进行了深入引导。以苏辛沼泽为例，共针对 8 个重要的地区和项目提出了具体的引导措施（图 4-2-5）。

1. 蒙特苏马与苏辛泥沼——疏通以便于小型船只使用。

2. 苏辛湾区域修复目标——修复苏辛湾、灰熊湾和红克湾南北两侧的潮沼；加强对沼泽的管理，提高其供水鸟栖息的能力。为实现修复海岸带生态栖息地的目标寻找更多相关信息。

3. 苏辛市——维护船艇下水坡道、临时码头和小型船只下水坡道。

4. 旧金山湾国家河口研究储备地及大牧场开放空间保护区——继续进行联邦和州政府合作的隶属于国家河口研究储备系统的科研教育计划。提供可与野生生物共存的人类游憩活动，包括展示教育(自然、历史和文化方面)、徒步、观赏野生动物和野餐。

5. 百通（Beldon）登陆处——保持船只下水与停靠（包括非机动小型船的进入）便利，为垂钓者提供咨询鱼类消费方面的告示。

6. 科林斯威尔（Collinsville）——工业区应共享山前临海地区有限的深层水源。为需要保护或改进的围垦湿地地区提供保护或强化项目包括：不排除占用临近深层水源地区或山地区域的涉水工业项目；保护邻近产业不受潜在的洪水危害；引入可确保妥善管理湿地的远程管理项目。湿地保护与强化项目可使用挖自就近海湾的材料，其项目设计不应限制深水岸线的海运码头的开发和运营，也不得阻碍水运的货物、材料与产品从码头（Shoreline Terminal）运到山地地区之间的过程。其中，部分山地可作为海湾区域项目中进行疏浚淤泥再处理的设施用地。

7. 湾角（Bay Point）湿地——修复潮汐湿地，允许海岸带步道与非机动小型船艇的进入，并提供观察野生动物的机会。

8. 协和海军武器站（Concord Naval Weapons Station）——当该处不再归联邦政府拥有或控制时，应优先考虑进行港口或与水有关的工业的限制性开发建设，不得对沼泽产生不利影响；其次，可考虑用于建设海滨公园。

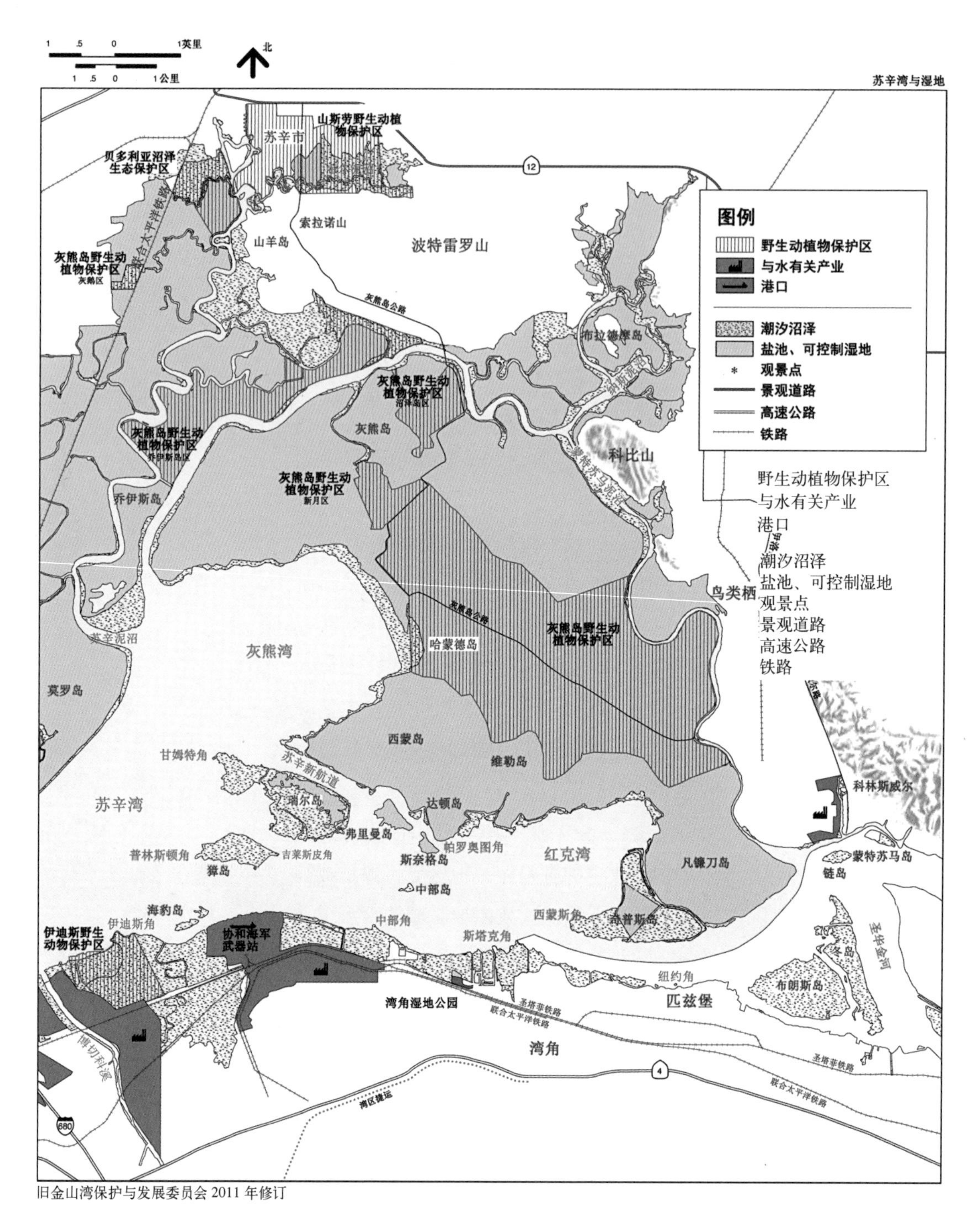

旧金山湾保护与发展委员会 2011 年修订

图 4-2-5　苏辛湿地规划图

资料来源：San Francisco Bay Plan，San Francisco Bay Conservation and Development Commission http：//www.bcdc.ca.gov/laws_plans/plans/sfbay_plan.shtml

第三节　沿海防护林建设与保护

一、沿海防护林的功能

沿海防护林是以海岸带为主线，以人工植被为主体的森林体系，是森林生态网络系统的重要组成部分，在防风固沙、护岸护堤、防御自然灾害中具有十分重要的生态功能，同时也兼具经济和景观功能。

（一）生态功能

1. 降低区域性风速

防护林具有防止有害风直入，减弱有害风能量，使风速降低的功能。气象观测表明，防护林可明显降低区域内的风速，林内风速比无林区小 1/2-1/7；在有效防风距离范围内（一般为 15 ～ 20 倍林带平均高度），林网内平均风速降低 30% ～ 55%。

2. 减弱沙害

防护林对沙尘有明显的阻挡、过滤和吸附作用。一方面，茂盛的植物枝叶降低了风速，致使一些大粒尘埃降落；另一方面，植物叶片的表面长有茸毛，有些还分泌黏性的汁浆和油脂，致使空气中的尘埃经过防护林时附着在叶子上，起到滞尘的作用。

3. 调节区域性气候

在炎热的夏天，有林绿地气温比无绿地低 3 ～ 5℃，大面积的防护林能够起到调节小气候的作用。

4. 保持水土和涵养水源

防护林不仅能阻挡暴风雨对地表的冲击，而且使大部分的雨水渗入土壤，使林地的土壤水分含量大大高于无林地。

5. 改善土壤环境

防护林能有效改善土壤物理、化学性质和提高土壤肥力。研究表明，塞内加尔沿海木麻黄林土壤 pH 值由原来的 7.3 降至 6.5，调落物厚度由原来的4.2厘米增加到8.0厘米，铁、镁、钾、铝、磷的含量也有所增加。

6. 增加物种多样性

沿海防护林体系的形成，使生物的生存空间变大，增加了生物的种类和数量。

（二）经济功能

营建防护林体系，具有明显的保护农作物丰产稳收的效益。沿海防护林抗御台风、风暴潮等自然灾害的效果十分显著，能保护人民生命财产安全和农作物稳产高产。1970年，20号台风袭击海南岛，无林带处房屋受损率为91%，水稻减产63%。沿海防护林可使谷类作物增产至2倍，棉花增产2倍，柑橘增产1～3倍。此外，在防护林带中，有些植物本身就能够带来经济效益，如福建的龙眼林、柑橘林、荔枝林等。

（三）景观功能

沿海防护林是海岸带旅游风光的重要构景元素，蓝色的海洋、绿色的林带、金色的沙滩，构成一条彩色的海岸线；防护林中春花、夏荫、秋实、冬绿因不同季节变化产生的季相美，风吹树摇与大海波涛汹涌形成的动态美，构成了滨海地区的美丽景观。

二、沿海防护林体系结构

广义的防护林体系是以防护林为主体的、多林种结合的，以防护为主要目的的多功能、多效益的有机整体（钟功甫，1985）。典型的沿海防护林体系根据防护目的与造林形式分类，由具备五道防线的空间结构所组成，具体包括前缘促淤造陆消浪林、海堤基干林、成片林、农田林网和围村林。狭义的沿海防护林一般是指海堤基干林。

（一）前缘促淤造陆消浪林

海防林的第一道防线是前缘促淤造陆消浪林，为了达到消浪、造陆、促淤、保堤的目的，而在潮上带和潮间带上营造耐湿、耐盐、耐瘠薄的先锋植物。

（二）海堤基干林

海防林的第二道防线是海堤基干林，具有固土、护堤、防潮、抗灾、防飞盐、防风、护鱼、防雾等功能，是沿海防护林体系的主体，也是作为防护林的第一道具有乔木层的防线。

（三）成片林

海防林的第三道防线是成片林。在海堤内陆部分垦区，营造速生林，不仅具有很好的经济效益，而且具有防飞盐、防风、护鱼、防灾、防雾等功能。

（四）农田林网

海防林的第四道防线是农田林网。它是以抵御自然灾害、改善农田小气候环境、保障农作物高产稳产为主要目的的人工林生态系统。

（五）围村林

海防林的第五道防线是围村林。它是村庄周围、农田、道路、水体、山体及房前屋后、自留地、三等地等逐年形成的人工林，能起到调节气候、改善生态环境、防止水土流失、改良土壤、保护野生动植物生长繁衍的作用，是保护人们家园的“绿色屏障”。

三、沿海防护林规划基本原则

（一）生态性原则

沿海防护林规划的任务是调整生态系统结构，提高生态功能，防止系统退化，进行生态保护。因此，要坚持生态性原则，通过营造和保护稳定的沿海防护林体系，并维持其生态过程及功能的连续性、整体性，保障海岸带的生态安全。

（二）整体性原则

一方面,沿海防护林规划与城市绿地规划是局部与整体的关系,沿海防护林的建设，应从城市绿地系统规划的整体性出发，协调城市整体规划，使防护林绿地与城市其他绿地相连通，构成连续和完整的城市景观。另一方面，沿海防护林应是一个完整体系，保护现存海岸带防护林，必须恢复防护林缺损、破坏的区域，维持沿海防护林自身完整性。

（三）多样性原则

规划应坚持多样性原则，一方面，充分考虑生态位特征，科学选择植物种类，以乔木、小乔木、灌木、地被等构建结构合理、功能健全、种群稳定、种间互补的复层混交群落结构；另一方面，强化景观廊道、斑块、节点的有机结合和多样变化，努力提高沿海防护林体系的物种多样性和景观多样性。

（四）地带性原则

植物的生长和发育需要合适的土、水、肥等自然条件，在进行植被改造、恢复和重建的过程中，新植植物有一个生态适应过程，如果其原生地的立地条件与移植地相差很小，则适应过程较短；反之，则较长。海岸环境条件特殊，在沿海防护林建设中，植物的适应能力十分重要，能否做好这一点，将决定所建沿海防护林的整体结构及其自身协调能力。因此，在沿海防护林的规划过程中，应坚持植被地带性原则，树种选择上，以当地的乡土树种为主；在群落类型上，依照地带性自然群落的组成与结构进行合理配置，以获得最大的稳定性和生态效益。

（五）可持续性原则

沿海防护林的建设和保护应以可持续发展为基础，以防护海岸侵蚀为长远目标，立足于景观资源的可持续利用和生态环境的改善，做到沿海防护林建设与环境保护相协调，促进海岸带的有序健康发展。

四、沿海防护林规划要点

（一）沿海防护林用地规划

海岸带地区林业用地政策的实质是，现状不同的用地类型在改变利用方向时，优先考虑其作为林业用地使用。通过林业用地的不断丰富与完善，达到对现状不断恶化的生态环境的改善，逐步培育和保护已有的生态环境地，创建景观优美的滨海地区，形成海滨防护林体系的重要支撑。

1. 树木的生长周期一般较长，防护林地从建设到发挥作用通常需要几年甚至十几年的时间，防护林的培育和恢复成为一项长期而艰巨的任务。因此，沿海防护林体系营建的首要任务是对现有的防护林地进行严格保护，其用地不能作为其他用途。

2. 为确保沿海防护林体系的完整性，应针对现状林地破坏和间断区域，优先恢复林地。

3. 对于重要的动植物生态保护区与湿地保护区外围应建设水源涵养林。

（二）沿海防护林植物规划

1. 植物选择的制约因素

（1）海洋性灾害

海岸带地处海陆交接地带，属生态脆弱区，时常面临台风、海啸等各种海洋性灾害。其中，风暴潮、海风、海雾等发生频率极高。海风、海雾不仅将盐分带入陆地，影响树木生长，而且频繁的海风还会造成植物蒸腾作用加剧，从而抽干树木。因此，一些怕盐、易风倒、风折的植物很难在海滨生长或容易生长不良。

（2）盐害

盐害是因盐分积存过多而导致危害的现象，可分为风盐害和土壤盐害两类。风盐害是指因强风将大量海盐从海上搬运到陆地上所造成的危害，这些盐分附着在植物上，会导致很多植物枝叶枯死，但有些叶片角质层发达的植物可抵御风盐害，可用作沿海防护林；海岸带的土壤盐害则由于受海水浸渍，使土壤积累过多盐分而使植物受害。因此，抗盐植物是沿海防护林植物选择的要素之一。

（3）风沙危害

风沙灾害也是海岸带地区常见的灾害之一。由于风沙危害，给沿海防护林营造带来很大困难，许多树种造林后因风折、风干、沙埋而死亡。

（4）土壤瘠薄

干旱与水涝并存是海岸带，尤其是泥质岸段的一个显著特征。沙质海岸是由海水侵袭和风沙搬运形成的沙滩，土壤主要为滨海沙土，由中、粗沙组成，保水保肥性能差，土壤易干旱缺水，有机质含量极低。因此，土壤瘠薄是制约沿海防护林植物选择的因素之一（郗金标等，2004）。

综上，海岸带地区各种海洋性灾害、土壤盐渍化、干旱、洪涝等多种灾害互相交织，频繁发生，限制了很多植物的生存和生长。

2. 植物选择的基本原则

（1）适地适树原则

适地适树原则是植物选择的首要原则，也是造林成功的前提，是指立地条件与植物特性相互适应。因为原产地的植物种类，最能适应当地的生态环境，具有高度的适应性和抗逆性，容易形成稳定的植物群落，获得最佳的生态效益。因此，在深刻认识立地条件及植物生物学、生态学和景观特性的基础上，造林应以乡土植物为主，外来植物为辅。

（2）多样性原则

物种多样性是生态系统稳定的基本条件之一。与复杂多样的群落结构相比，由单一树种构成的沿海防护林具有抗逆性弱、群落稳定性差、立地肥力水平较低等弱点，常导致森林病虫害和火灾不断发生。因此，沿海防护林植物的选择要充分考虑物种多样性原则，营建乔木、灌木、地被植物以及攀援植物有机结合的复层防护林体系。

（3）近期目标与远期目标兼顾原则

考虑景观的近期效果和远期效果，将速生树与慢生树进行合理的搭配种植，以期达到近期和远期的双重景观。基于海岸带生态环境的特殊性，沿海防护林的建设要求尽快建成景观斑块镶嵌、群落结构良好的城市森林体系，因此在树种选择上就需要有一定的速生性。但是，一般速生树种有寿命短的缺陷，会使林带的防护期短，防护功能不稳定。为了延长防护时间，避免多个树种同时间衰老，这就要求在树种选择上做到速生树种与慢生树种合理搭配，充分考虑各个树种的生长特性、防护能力和成熟年龄的相互补充。

（4）防护性能与景观要求相结合的原则

如前所述，沿海防护林兼具防护和景观等多重功能，因此，植物选择在充分考虑防护性能的基础上，还应兼顾景观要求。

3. 植物选择的参考指标

（1）气候因子

气候因子是进行植物选择的基本指标，即依据当地的气候条件，选择适宜的植物种类。乡土植物通常是最好的选择。

（2）土壤

土壤是植物生长的基础，不同的土壤条件在一定程度上影响植物的生长发育。土层厚度涉及土壤水分和养分，影响植物根系的生长深度；土壤酸碱度影响矿物质的溶解、转化和吸收。对于植物来说，缺少任何一种必需的元素都会出现病态。如前所述，海岸带地区的土壤通常存在瘠薄、盐化、干旱、水涝等问题，因此，在工作之前，进行必要的土壤检测是植物选择成功的关键。

（3）植物特性

防风是沿海防护林的一项重要功能。台风对林木造成的损害有多种情况，包括折枝、折冠、折干、掘根、树木弯曲等，而林木的树冠特征、树干物理性质、力学性质、根系生长特性是判断植物抗风能力的重要指标。

①树冠特征

树冠特征包括树冠形态、叶面积指数、树高等。一般而言，树冠窄小的树种比树冠宽大的树种抗风能力强；叶面指数小的树种比叶面指数大的树种强；同一树种，高度越小、冠幅重心越低、胸径越大，抗风能力越强。

②木材物理性质与力学性质

木材物理性质包括木材水分、木材密度等。其中，木材密度反映木材细胞壁中物质含量的多少，木材密度越大则木材强度越大。此外，木材力学性质中的抗弯强度等也作为判别其抗风性能的重要指标。

③根系特征

深根系树种的抗风能力大于浅根系树种；侧根生长范围广、主根纵向生长好、对土壤固着力较强的植物，抗风能力亦强（侯倩，2011）。

（三）沿海防护林建设规划

1. 前缘促淤造陆消浪林

一般来说，该区植被少、风沙大、台风灾害频繁，生态环境十分恶劣，植树造林成活率相对较低。可以采取的方法是先在流动的沙地上栽植藤本植物进行固沙，以后逐步扩大藤本植物种植面积，在有可能的条件下，逐步建立乔、灌、草复层结构，进一步增强固沙能力。

2. 海堤基干林

海堤基干林是沿海防护林体系的主体，20 世纪 50 ～ 60 年代，我国曾在沿海各地进行了大规模的以单一树种为主的海堤基干林带建设。以福建为例，木麻黄是海岸带基干林带的主要树种，作为沿海地区防风固沙、水土保持的优秀植物，特别是在海岸沙地最前沿恶劣生态环境下营造防护林，木麻黄有不可替代的作用。21 世纪以来，大部分沿海防护林已进入防护成熟阶段，由于一直采用单一树种在贫瘠的土地栽培，木麻黄林逐渐开始出现林分稀疏、质量下降、抗性减弱、基因变窄等问题。因此，为了充分发挥海堤基干林带的防护功能，应增强防护林的物种多样性和群落稳定性。在沿海防护林设计上，突出抗灾、防灾、减灾功能，注重林分稳定性；树种选择上，以当地的乡土树种为主；在群落类型上，依照地带性自然群落的组成与结构进行合理配置，以获得最大的稳定性和生态效益。对于原有以单一树种构建的防护林，应进行必要的林相改造，由单一树种纯林逐渐向多树种混交林发展。

防护林带的防护效果除了受到林带配置模式的影响之外，也与林带结构存在密切关系。研究表明，防护林带疏透度最适为 0.5 ～ 0.7；林带透风系数为 0.5 ～ 0.6 时，林带防风效果最佳（姜凤岐等，2003）。

3. 成片林

成片林通常兼具防护和生产双重功能，针对立地条件和当地经济发展现状，该区常以生产林的形式进行营建。

4. 农田林网

农田林网的主要作用就是防止风沙侵害、保护农作物高产稳产，将一定宽度、结构、走向、间距的林带栽植在农田四周，由主林带和副林带构成。避免树种单一，以乡土植物为主，建成速生、高效、优质的混交林结构。

5. 围村林

根据围村林的定义可以将围村林规划为不同的绿地形式，包括道路绿地、滨水绿地等。因此,该区建设应兼顾生态和景观双重功能。

五、沿海防护林管控措施

（一）建立完善的沿海防护林体系，对海岸带防护林缺损、破坏的地区进行补种，使沿海防护林成为完整的带状体系。沿海地区经过多年先锋树种的培育，土壤肥力增强后，逐步创建一个多树种、多层次、多功能的生态防护林体系，增强防护林自身抗病、虫、害的能力，使沿海地区水土流失得到有效控制，抵御洪涝、风暴潮等自然灾害的能力得到加强。

（二）对沿海防护林实行绝对性保护，禁止砍伐森林和破坏植被的行为。避免破坏原有的自然景观，海滨基础设施建设应尽可能避开或减少对沿海林地的破坏。

（三）加强沿海防护林抚育工作，对森林病虫害的发生实施定期监测，采取多林种混交与次生林更替的策略，预防大面积毁林灾害的发生。

（四）沿海防护林管理要与保护野生动物的生存环境、水体保护、土地保护、景观保护、历史文化资源保护和更新等问题结合在一起加以考虑。

（五）沿海防护林的培育与养护不得采用化学肥料、高残留杀虫剂等化学药剂，否则会对自然环境尤其是水体造成破坏，还会影响生态系统的多样性。

（六）沙丘上的原有林地需进行严格保护。由于在沙丘上造林的成功率相对不高，因此对于已被破坏的地区，应尊重现有的生态平衡而不要进行过大面积的造林。

（七）注意沿海防护林防火，要设有一定距离的防火间距。

第四节　海岸线保护

一、海岸类型

根据海岸的形态和成因，海岸大体可分为沙（砾）质海岸、基岩海岸、淤泥质海岸和生物海岸四种类型。

（一）沙（砾）质海岸

由平原的堆积物质被搬运到海岸边，又经波浪或风改造堆积而成。其组成的物质以松散的沙（砾）为主。

（二）基岩海岸

由坚硬岩石组成的海岸。基岩海岸常有突出的海岬，在海岬之间，形成深入陆地的海湾，岬湾相间，绵延不断，海岸线十分曲折。我国的基岩海岸多由花岗岩、玄武岩、石英岩、石灰岩等各种不同山岩组成。

（三）淤泥质海岸

在潮汐作用较强的河口附近和隐蔽的海湾内堆积而成。地貌形态较为单一，为平缓宽浅的泥质潮间带海滩。海岸的组成物质较细，大多是粉沙和淤泥。

（四）生物海岸

自南北回归线附近至赤道的浅海地区，繁殖和生长着珊瑚和红树林等生物群落，构成热带和亚热带特有的海岸类型。堆积的造礁珊瑚、有孔虫、石灰藻等生物残骸，共同构成了珊瑚礁海岸，包括岸礁、堡礁和环礁三种基本类型。长有茂盛耐盐的红树林植物群落的海岸带，拥有独特的红树林海岸。

二、海岸线变迁及其保护的意义

（一）海岸线变迁及其原因

由于海岸带是海陆交界地带，也是海洋水动力作用强烈的地带，其动态变化较大。近年来，随着海洋经济的高速发展，人们在海岸带附近的开发活动越来越多，对海岸带改造也越来越大，海岸地貌形态已经发生了很大的变化，海岸线的位置也发生了改变。海岸线的改变是由于各种地质因素相互作用，河流和海洋沉积物的淤积，以及各种气象和海洋条件所造成，其中某些因素如海岸侵蚀、淤涨、海平面上升以及围垦、采沙等人为因素的影响，也会导致岸线的退缩或扩展。

1. 自然因素

（1）地壳运动

海岸线发生巨大变化的首要原因是地壳的运动。由于受地壳活动的影响，引起海水的侵入（海侵）或海水的后退现象，造成了海岸线的变化。

（2）气候变化

海岸线的变化也受到气候的影响。在北极和南极地区，陆地和高山上覆盖着数量巨大的冰川，如果全球气候变暖，冰川就会融化，冰水流人大海，那么海平面就会升高，海岸线就会向陆地推进；相反，如果气温相对下降，则冰川又扩展加厚，海平面就会渐趋降低，海岸线就会向海洋推进。

（3）河流输沙

海岸线的变化还受到入海河流中泥沙的影响。海岸泥沙支出大于输入，表现出来就是岸线后退；相反，海岸泥沙输入大于支出的过程，表现出来就是海岸淤涨。该类变化主要发生在河流入海口和河流三角洲海岸。

2. 人为因素

近 30 多年来，围海造地、盐田、虾池以及海岸工程等的兴建使海岸线缩短，由此而改变了海岸线的初始状态。

(1) 乱挖乱采海沙资源

挖沙是导致海岸线遭受破坏的首要因素。随着城市建筑、道路交通、公共建筑等用沙量的增多，挖沙现象在我国较为普遍。海沙的无序无度开采造成海滩后退、海岸侵蚀和海水倒灌，严重危及沿岸地区的耕地、淡水资源、滨海旅游资源和港口资源，降低沿海的抗风能力，破坏海底沉积和生态环境，同时还可能导致海洋生物因生存环境的改变而引起的迁徙和大量死亡。

(2) 地下水超采

在海岸带地区，由于大量开采地下水导致地下水位大幅度下降，海水侵入沿岸含水层并逐渐向内陆渗透，这种现象被称为“海水入侵”。海水入侵的直接后果就是地下淡水受到海水的污染、沿岸土地盐碱化、水源受到破坏。

(3) 围海造地

围海造地是海洋开发活动中的一项重要的海洋工程，是人类向海洋拓展生存空间和生产空间的一种重要手段。围海造地在带来经济效益的同时，也带来了海岸线急剧缩短、海岸生态系统退化、重要渔业资源衰退、海岸防灾减灾能力降低等一系列严重问题，对海洋生态环境和海洋的可持续发展产生了严重影响。据初步统计，由于围海造地是将海岸线截弯取直，我国的海岸线已经比新中国成立初期缩短了1500余公里。另外，不合理的海岸工程也导致泥沙运动的不平衡，进一步加剧海岸的不稳定性。

(4) 滥采滥伐生物海岸

由于人们对珊瑚礁及其生态系统的保护观念淡薄，加上受经济利益诱惑过度开采，使珊瑚礁破坏严重，引起海洋环境的生态恶化，海岸侵蚀严重。不仅如此，红树林海岸也遭到严重的人为破坏。

（二）海岸线保护的意义

海岸线不仅提供港口岸线资源，还为我们提供了美丽的岸线自然生态景观，其保护与利用不仅关乎沿海城市及其港口腹地的发展，还影响着海洋生态环境的安全，因此，对海岸线进行科学的保护和开发利用具有重要意义。

三、海岸线保护规划要点

在深入调查研究的基础上，统筹考虑各个岸段的基本情况，结合社会经济发展需求，科学合理地制定海岸线保护规划，指导海岸线利用保护管理工作。在海岸线保护规划的制定中，以下几方面需要进行重点考虑：

（一）海岸退缩线规划

为了保护海岸线，应建立海岸退缩线，海岸退缩线向海一侧禁止全部或者特定类型的开发行为。设置退缩线在全球范围内被认为是控制建设风险的关键举措，也是应对海岸侵蚀的必然选择，世界上很多沿海国家已经为此立法。海岸退缩线的功能包括保护沿海开发免受海岸蚀退、水灾、风化等自然灾害的破坏；控制沿海岸线带状开发倾向；保护海滩及沙丘等敏感资源和海岸带生态系统；确保公众对于海岸的可到达性；保护陆地和海洋的文化景观；为海岸带地区开发建设提供规划控制依据等。海岸退缩线规划的具体方法详见本书第五章。

（二）填海活动约束与引导

填海是滨海城市空间拓展的重要手段，但持续的填海造地则会大大增加海岸带的环境风险。因此，在填海活动不可避免的情况下，应综合考虑工程对区域经济、社会和生态环境的影响，并对各种可能的岸线方案进行综合比较，确定相对优化的填海岸线，科学、分期、有序地引导填海活动，尽量减少填海活动的环境影响。有关海岸带填海活动的约束与引导详见本书第五章。

（三）产业结构优化

为高效利用稀缺的岸线资源，避免开发活动向海滨岸线的集聚，应对海岸带产业结构和布局进行优化和科学引导，包括：

1. 海岸带产业布局应当采取赖水产业优先布局的原则，只有需要临近海水的产业才能沿海岸线布局，那些不必依赖海水和海岸线的产业活动应在远离海岸和河流的内陆腹地布局；

2. 集约、节约用地，集中发展工业用地，引导工业用地由滨海向内陆延伸，避免工业用地沿海“一字”摊开，控制养殖业和盐业等的岸线使用份额，提高它们岸线使用效率；

3. 合理配置岸线使用，避免产业间相互干扰。具体的海岸带产业布局与引导详见本书第五章。

（四）生态环境保护区域划定

为避免海岸线生态环境质量下降，应科学、合理地划定海岸线的生态环境保护区域。

以日照海岸带为例，通过对 1975 年地形图与 2003 年地形图海岸线进行对比分析（图 4-4-1），可以发现，日照市海岸带近 30 年的海岸变化情况呈退缩状态。其中，南部沙质岸线与泥质岸线的退蚀变化较大，北部基岩与沙质岸线退缩较轻。依据海岸带退蚀情况与诱发因素，划定海岸带生态保护控制范围（图 4-4-2）：

1. 主要河流两岸堤坝向外延伸 200 米范围内，建设水源涵养林，作为生态安全管护范围区；500 米范围内，为非建设区，作为生态安全控制范围区。

2. 两城河河口、付疃河河口以满潮时水位线向外延伸 500 米范围内，作为生态安全管护范围区，2000 米范围内，为非建设区，作为生态安全控制范围区。

3. 万坪口潟湖以青岛路为界，青岛路以东，太公西路以南，黄海一路以北作为生态安全管护范围区。

4. 其他岸段按照海洋功能区划的功能区域划分为依据，确定保护控制范围。

5. 森林公园、海滨植物园、海岸带防护林（按国家防护林规定，一般防护林沿海岸 200 米，滨海山体以山脊线为界）为生态保育区。

6. 城市建成区岸段作为生态功能区，其余岸段则作为生态控制区。

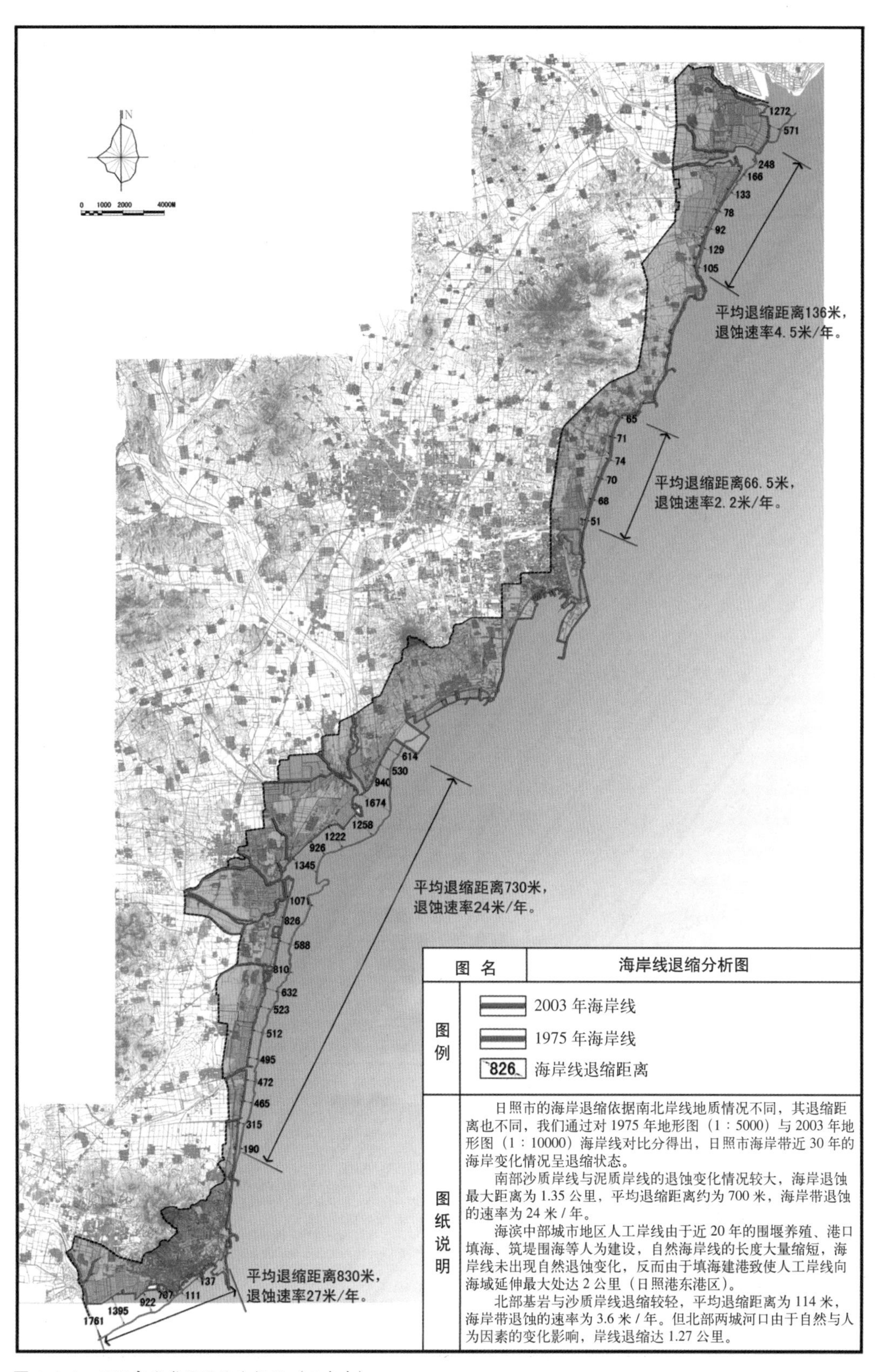

图 4-4-1　日照市海岸线退缩分析图（王忠杰）

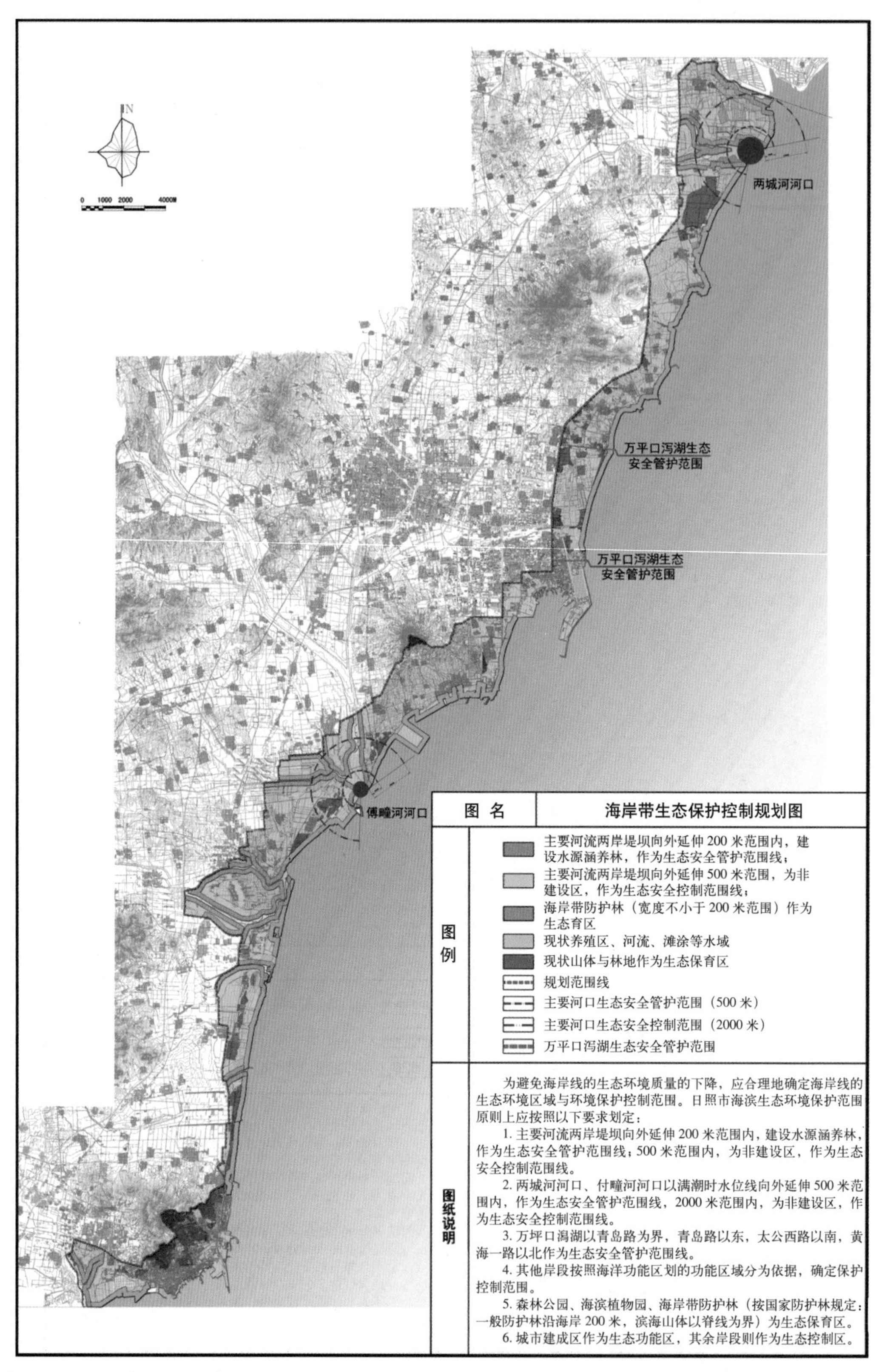

图 4-4-2　日照市海岸带生态保护控制规划图（王忠杰）

四、海岸线保护管控措施

风暴潮以及其他因素对海岸侵蚀的影响威胁着海岸线的稳定，造成海滨岸线退蚀。世界上大部分海滨地区均面临着岸线退蚀的威胁，岸线的退蚀与消失会引起严重的社会与经济问题。如对海岸财产的威胁、对海滨生存环境的威胁、对海滨旅游的影响。有效控制海岸线的退蚀是世界上所有海滨地区必须面对和解决的问题。

海岸线退蚀是一种复杂的物理过程，包括自然因素与人类诱发因素。自然因素主要有：泥沙来源及沉积物的变化，海平面变化，海岸带地质特征，海滩、沙丘、沿岸沙坝的泥沙分配系统，泥沙密度、形状，波浪、潮流、潮汐、风的作用，沿岸海床深度变化等；人类活动也能引起海岸侵蚀，包括：潮汐通道开挖、海港导堤的建设、航道疏浚、海滩及近岸采沙、河流建坝、地下水过度开采导致的地面沉降等。对自然灾害因素的有效预防与人类诱发因素的严格控制是控制海岸线退蚀的有效办法。

（一）海岸线保护方式的选择

海岸线保护有三种方式：非构筑物保护（海岸建设退缩）、柔性构筑物保护（有植被的沙丘等）、硬质构筑物保护（防浪墙等）。海岸线保护过程中，应当按照上述顺序选择保护方式。即最先实施非构筑物保护方式，柔性构筑物保护方式次之，在前两种保护方式均不足以达到海岸线保护要求的情况下，最后选择建设硬质构筑物的方式。

（二）人工保护设施建设

建设必要的侵蚀控制设施或保护工程来保护海岸线财产免遭侵蚀危害。很多海岸线由软质土壤构成，需要特设保护性设施来加固这些海岸线。海岸线的保护设施多采取建设防潮堤或防浪堤等人工构筑物的方法，在建设中，应符合以下条件：

(1) 人工构筑物应尽可能与自然修复（如自然沙堤再生等）相结合。

(2) 海岸线的人工构筑保护设施主要包括海堤、护岸墙、防浪堤、丁坝等，在建设防护设施前，应进行科学的研究和预测。如果项目选址、设计、建造、维护以及海岸侵蚀问题处理得当，将减少或消除这些人工设施对自然资源的损害；反之，如果人工设施设计、建造不当，不能满足场地的特殊要求或克服侵蚀力量，这些人工设施将极有可能会倒塌，这种情形下就要求追加填海来修复。因为不断修复，就需要付出更高的长期维修费用，并且给当地自然资源带来更大的干扰和破坏。

(3) 提倡采用沙、卵石等自然材料进行人工构筑物建设。

(4) 人工堤坝不仅破坏了海洋自然动力体系，还可能对岸线造成难以预料的生态破坏，因此，在生态敏感区中尽量不建设堤坝。

(5) 必须根据长期的维护计划，定期维护那些已经被批准的保护项目，确保海岸线免遭潮汐侵蚀，在项目使用期限内，将侵蚀控制项目对自然资源的影响降到最低水平。

（三）植被保护与修复

海岸线保护项目还应包括采取非人工设施的措施，比如在适宜的地方恢复植被。一般情况下，采用植被恢复法和人工建筑物法相结合来控制海岸线侵蚀是比较有效的，它可以把侵蚀控制项目对自然资源的影响程度降到最小。例如，对于生有沼生植被的海岸线或可能恢复为湿地的海岸线，应把在适宜的区域恢复湿地和过渡陆地植被作为保护性人工设施的一部分。

保护沿海防护林和原生植被是最有效地防止岸线退蚀的方法，只要条件许可，并且方法可行，可将植物缓冲区作为控制侵蚀的方法。

（四）海岸开发活动控制

应严格限制可能诱发海岸线退蚀的海岸开发活动，这些活动包括潮汐通道开挖、海港导堤与填海扩建、航道疏浚、海滩及近岸采沙、采矿、河流建坝与海滨道路建设等造成地下水过度开采的项目以及沿海旅游度假设施建设项目等。

第五节 生物资源保护

海岸带由于其丰富的自然资源、特殊的环境条件和良好的地理位置，成为区位优势最明显、人类社会与经济活动最活跃的地带。同时它又是鱼类、贝类、鸟类及哺乳类动物的栖息地，为大量生物种群的生存、繁衍提供了必需的物质和能量。然而，由于对海岸带保护的认识不够，不当的人为活动已经使中国海岸带生态系统功能迅速降低和衰退。红树林从20世纪80年代初期的40000平方公里，降低到20世纪90年代的15000平方公里，而且多变为低矮的次生群落，渐失其经济和生态价值；珊瑚礁由于人为开采、海上倾废、透明度下降等原因，近岸珊瑚礁80%遭到不同程度的破坏。海岸带生物资源保护工作已经迫在眉睫。

一、生物资源保护规划程序

（一）分析规划区生物资源分布现状及其与周边区域的相互关系，并准备工作底图。

（二）借助多种专题图件，包括海图、土地利用现状图（陆域）、海洋功能区划图等，形成景观分类图，明确各区域的开发利用现状。

（三）生物资源保护重要性分析

根据规划区物种或群落的保护级别、濒危程度和分布情况等评价不同区域对生物资源保护的重要性。根据评价结果可以得出生物资源保护重要区域、一般区域和不重要区域等。

（四）生态环境敏感性分析

根据规划区域的历史沿用状况和目前的使用功能，进行生态环境敏感性评价，识别主要生态环境敏感区。

（五）生物栖息地适宜性分析

根据生物资源与生态环境的相互关系，进行生物栖息地适应性分析。

（六）借助ArcGIS平台，将各相关图层叠加在工作底图上，综合分析各区域与生物资源保护的相互关系，进行生物资源保护空间规划，并划定自然保护区。

（七）综合各区域环境现状与生物资源保护的相关性，明确各区域保护的对象、防护重点及相应的管控措施。

二、生物栖息地适宜性分析

保护生物多样性的最佳途径是保护自然群落及其生境。如果要维持一个物种的生存，则必须保护它的栖息地。美国学者希拉·派克（Sheila Peck）将动物栖息地划分为栖息地保护区、过渡区和排除区。例如，在太平洋西北岸的北方斑点猫头鹰保护规划中，栖息地保护区包括猫头鹰活动范围、曾经的栖息地、现在的出现地点以及其他适宜猫头鹰栖息的区域，其主旨是保护足够大的猫头鹰栖息地，从而保证它们的生长、繁殖；过渡区是指虽然拥有良好的栖息地，但由于某些原因不便于列入保护区范围内的区域；排除区往往是质量较低的栖息地，该类区域常与周边土地利用发生矛盾（弗雷德里克·斯坦纳，2004）。

海岸带生物栖息地评价是根据生物资源与生态环境的相互关系，得出生物栖息地适宜区域或不适宜区域，进而可以根据评价结果进行生物栖息地规划。

（一）生物栖息地适宜性分析方法

生境适宜度指数（Habitat Suitability Index，HIS）模型由美国渔业与野生动物局于20世纪80年代初期开发，立足于生境选择、生态位分化和限制因子等生态学理论，依据动物与生境变量间的函数关系构建而成。近年来，在定量评估管理活动对野生动物生境影响、保护野生动物资源方面，HSI模型逐渐成为广泛使用的一种生境适宜性评价方法。具体步骤包括指示性物种的选择、HSI模型的建立和指示性物种栖息地适宜性分析。

1. 指示性物种的选择

通过指示物种（Indicative Species）和焦点物种（FocalSpecies）来进行生物多样性保护，是目前国际通用的行之有效的做法。一般

的选择标准包括:

(1) 能够指示生态环境现状，并对其他物种及各类栖息地具有指示作用;

(2) 具有生物学上的代表性;

(3) 与同类群其他物种相比，对环境变化敏感，种群生存力脆弱。

2. HIS 模型的建立

生境质量评价主要依据生境对目标物种的丰富度或密度的贡献进行评价，高质量的生境应该能够满足物种长期存活和繁殖的需要。通常而言，HSI 过程包括:

(1) 获取生境资料;

(2) 构建单因素适宜度函数;

(3) 赋予生境因子权重;

(4) 结合多项适宜度指数，计算 HSI 值;

(5) 产生适宜性地图。

其中，HIS 的计算公式为:

$$HSI=\sqrt[n]{\prod_{i=1}^{n} Ci}$$

式中，HSI 为动物生境适宜性指数，Ci 为 i 因子适宜度等级值，n 为因子数。

经过公式计算得出的数值，即为动物生境适宜性指数。将各单一适宜性因子赋值并等权计算综合适宜性指数，通过在 GIS 中进行空间叠加分析，可以得到规划区的动物生境适宜性分布图。

（二）案例：威海市野生动物生境适宜性分析

基于生物资源保护，项目组运用适宜性分析方法对威海市区山地动物栖息地进行综合评价。根据前期调查分析，威海市区的动物种类丰富，保护级别较高且栖息地多样，选取具有代表性的兽类、鸟类和两栖类作为区域生物多样性的指示物种。经过对待选指示性物种的进一步分析，最终确定以豹猫、鹰和蝮蛇作为指示物种。

结合威海地区动物资源现状，在规划中选用了对其影响较大的几个因子作为划分依据，具体包括：群落类型、植被覆盖度、坡度、坡向、海拔等。将各个因子按适宜性高低赋值为 1、3、5、7。

1. 豹猫生境适宜性分析

豹猫为林栖小型兽类，栖息生境广阔，从热带雨林到温带阔叶林、甚至针叶林，以及灌丛和林缘草地，且对海拔、坡度等没有严格的要求。在中国，豹猫喜栖生境依次是林缘灌丛、天然林、荒坡草地、农田和人工林，在林分郁闭度和地被物覆盖度适中的区域，豹猫活动频繁（表 4-5-1）。

豹猫生境适宜性分析因子赋值　　表 4-5-1

评价因子	评价因子赋值			
	1	3	5	7
群落类型	经济林、农田	纯林	灌丛、草丛	针阔混交林
植被覆盖（%）	<20	>80	20 ~ 40	40 ~ 60

根据 GIS 叠加计算分析得出豹猫的生境适宜性分析图（图 4-5-1）。

2. 蝮蛇生境适宜性分析

蝮蛇对于生境的选择，影响因子涉及群落类型、植被覆盖度、

图 4-5-1　豹猫生境适宜性分析图

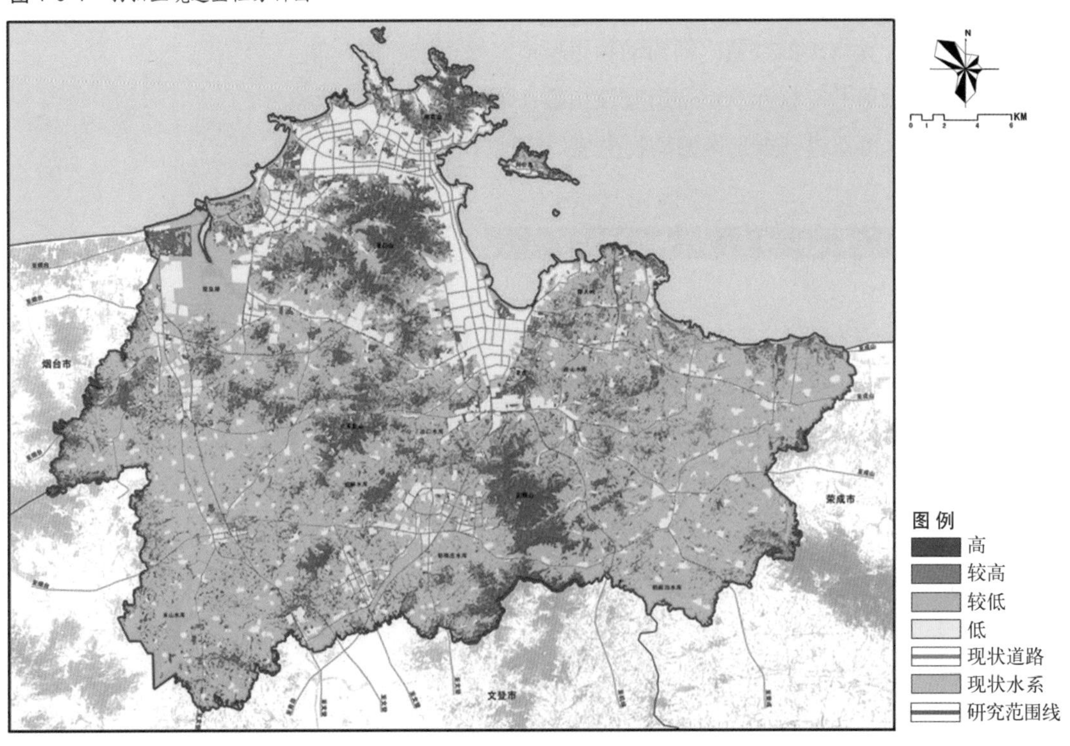

坡向和坡度，主要喜栖于阳坡、中等覆盖度的树林和灌丛，对于坡度，多选择斜坡（表 4-5-2）。

蝮蛇生境适宜性分析因子赋值 **表 4-5-2**

评价因子	评价因子赋值			
	1	3	5	7
群落类型	经济林、农田	混交林、纯林	裸地、草地	灌丛
植被覆盖（%）	<20	>80	20 ~ 40，60 ~ 80	40 ~ 60
坡向（°）*	0 ~ 45,315 ~ 360（北）	225 ~ 315（西）	45 ~ 135（东）	135 ~ 225（南）
坡度（°）	>40	<15	30 ~ 40	15 ~ 30

* 注：坡向数据以北为起点（0°），顺时针旋转的角度表示。

根据 GIS 叠加计算分析得出蝮蛇的生境适宜性分析图（图 4-5-2）。其中，高适宜区主要为里口山、正棋山等山体的阳坡，坡度为 15° ~ 40°，其植被类型主要是灌丛及少量草丛，覆盖度中等。

3. 鹰生境适宜性分析

影响鹰选择巢址的主要因素是群落类型、植被覆盖度、海拔和

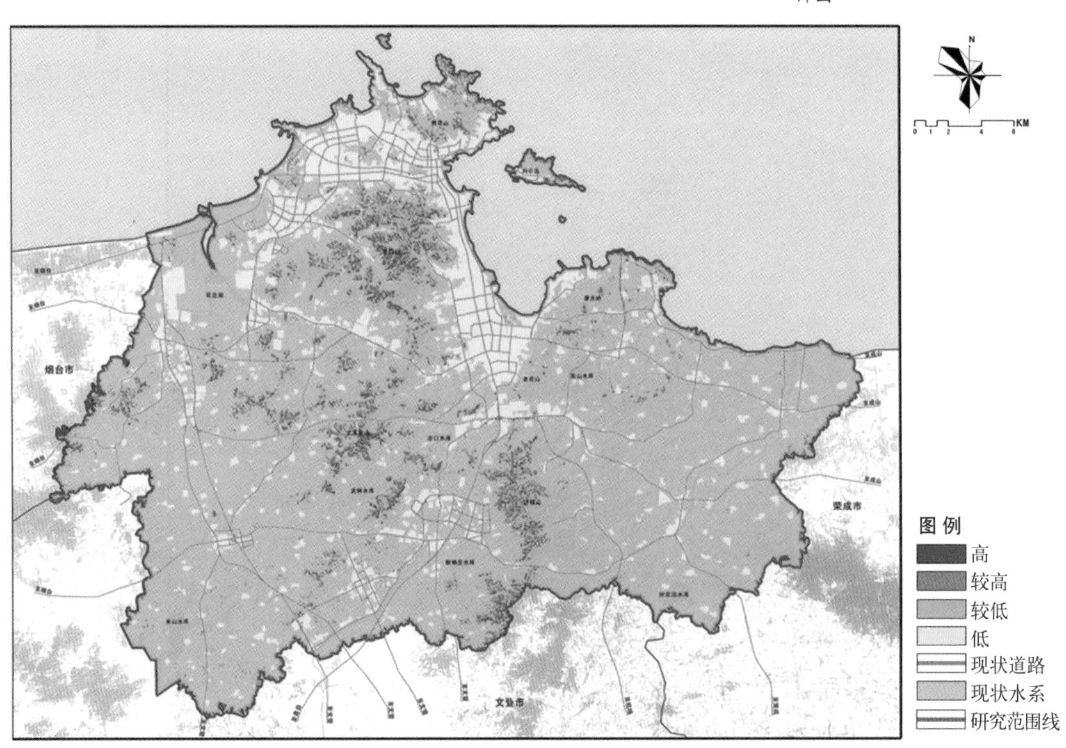

图 4-5-2 蝮蛇生境适宜性分析图

坡向。以中等覆盖度的针阔混交林、纯林为较适宜的群落，且喜海拔较高的阴坡和半阴坡（表 4-5-3）。

鹰生境适宜性分析因子赋值 **表 4-5-3**

评价因子	评价因子赋值			
	1	3	5	7
群落类型	经济林，农田	灌丛、草丛	纯林	针阔混交林
植被覆盖（%）	<20	>80	20-40，60-80	40-60
海拔（米）	<60	60 ~ 240	240 ~ 320	>320
坡向（°）	135 ~ 225（南）	45 ~ 135（东）	225 ~ 315（西）	0 ~ 45，315 ~ 360（北）

根据 GIS 叠加计算分析得出鹰的适宜性生境如图 4-5-3 所示，高适宜区主要为里口山、正棋山等山顶地带北坡向的针阔混交林，其覆盖度中等，约为 50% 左右。

4. 野生动物生境适宜性分析

综合豹猫、蝮蛇和鹰的生境适宜性分析，运用 GIS 叠加技术得到动物生境综合适宜性分析图（图 4-5-4）。其中，动物生境高适宜

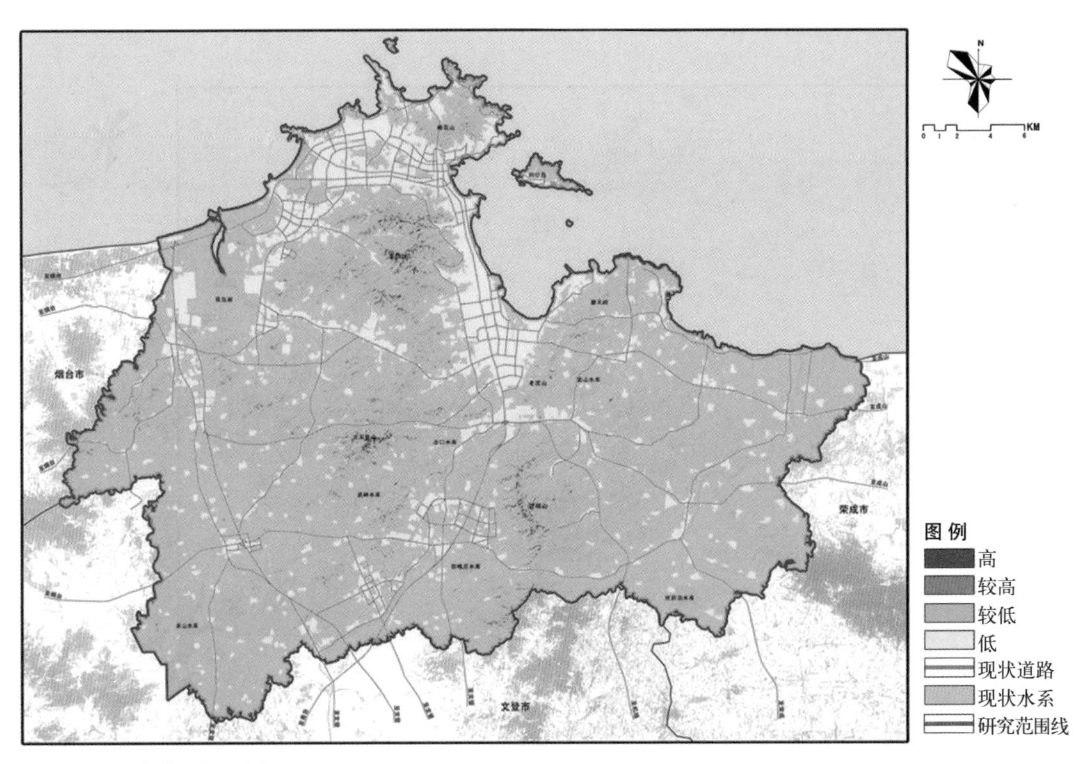

图 4-5-3 鹰生境适宜性分析图

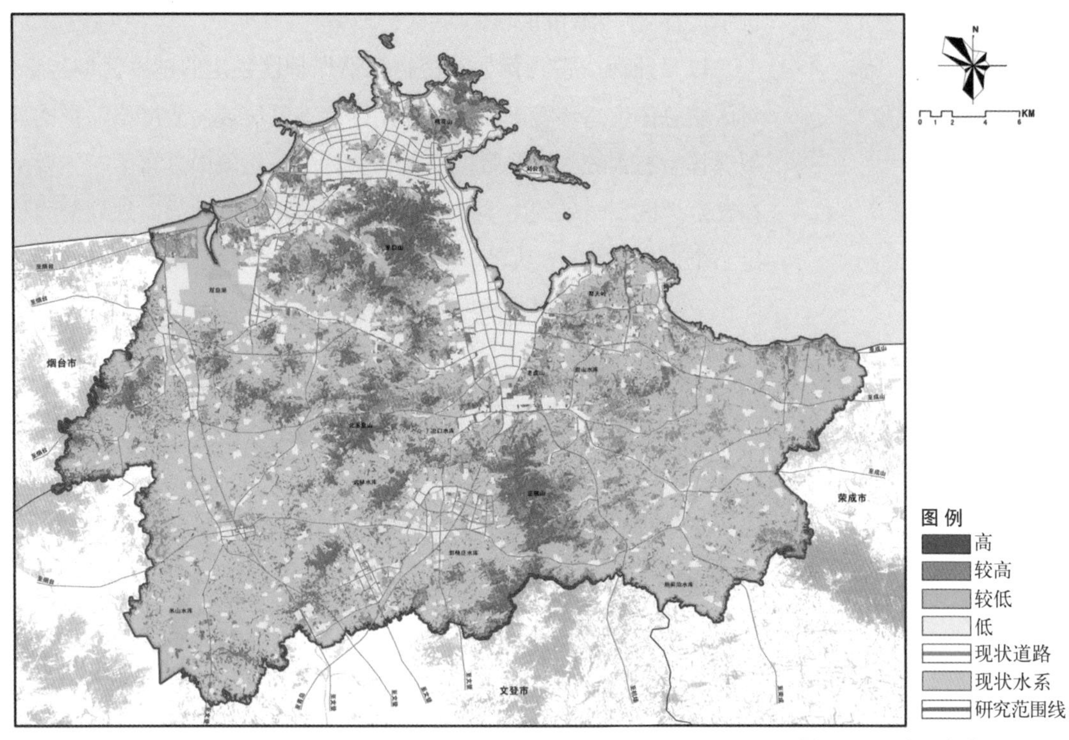

图 4-5-4 动物生境适宜性综合分析图

区域主要集中在里口山、正棋山和北玉泉山，该区域植被演替等级较高，覆盖度较高，能为野生动物提供良好的栖息环境。较高适宜区主要分布于高适宜区的外围；较低适宜区主要包括各山体中下部，以及大部分的经济林、农田等；低适宜区主要为生态环境较差的城市建设用地。

三、自然保护区

（一）自然保护区划定

自然保护区是指对有代表性的自然生态系统、珍稀濒危野生动植物物种的天然集中分布区、有特殊意义的自然遗迹等保护对象所在的陆地、陆地水体或者海域，依法划出一定面积予以特殊保护和管理的区域。自然保护区设定的主要目的包括：①保护受威胁或濒临灭绝的物种；②保护具有重要意义的野生动植物生境；③繁殖并饲养野生动植物。因此，合理地划定自然保护区，有益于保护海滨重要的动植物资源，保护良好的海滨生物群落，维持稳定的生态系统，为海岸带地区保留最具有价值的生物资源和生境。

以日照海岸带为例，动植物自然保护区划定的基本区域包括：对区域总体生态环境起关键性作用的生态系统或需要严格保护的典型森林生态系统，以及野生动植物物种的天然集中分布区、主要生存繁殖地区、候鸟的主要繁殖地、越冬地和停歇地等。规划最终划定三个自然保护区：大沙洼林场自然保护区、前三岛海洋自然保护区和王家岛至龙王河北沙坝潟湖自然保护区（表 4-5-4）。

日照市海岸带动植物自然环境保护区一览表 表 4-5-4

名称	保护区级别	保护区面积（公顷）	主要保护对象
大沙洼林场自然保护区	待申报市级	267.1	森林生态系统
日照前三岛海洋自然保护区	市级	41200.0	海洋生态系、渔业资源
王家岛至龙王河北沙坝潟湖自然保护区	待申报市级	562.7	候鸟等海洋生物重要的迁徙地与栖息地

（二）自然保护区管控措施

1. 严格保护自然保护区内的土地、森林、海域等动植物栖息的生态环境。对于特殊的具有代表性的自然生态区域，要特别注意保持其原始风貌以及形成其自然环境的外部条件因素。

2. 将自然保护区的发展与保护规划纳入行政计划，由政府采取有利于发展自然保护区的经济、技术政策和措施。

3. 将自然保护区进一步划分为核心区、缓冲区、实验区。禁止任何人进入自然保护区的核心区，禁止在保护区的缓冲区开展旅游和生产经营活动，在自然保护区的核心区和缓冲区内，不得建设任何生产设施。

4. 保护区内只能在用作科学观察的实验区内开展生态型旅游活动，在划定的实验区内，不得建设污染环境、破坏资源或者景观的生产设施；建设其他项目，其污染物排放不得超过国家和地方规定的污染物排放标准。在实验区内已经建成的设施，其污染物排放超过国家和地方规定的排放标准的，应当限期治理；造成损害的，必须采取补救措施。

5. 保护区外围保护地带建设的项目，不得损害保护区内的环境质量；已造成损害的，应限期治理或搬迁。

6. 保护区内原有居民确有必要迁出的，由保护区所在人民政府予以妥善安置。

7. 禁止在保护区内进行砍伐、放牧、狩猎、捕捞、采药、开垦、烧荒、开矿、采石、挖沙等活动，法律及行政法规另有规定的除外。

8. 严禁在保护区内的虾、蟹洄游通道修建拦河闸坝，禁止建设对渔业资源有严重负面影响的海岸人工设施，对已建设的设施应由建设单位修建生态廊道或者采取其他补救措施。

9. 在候鸟的主要繁殖地、越冬地和停歇地等生态廊道地区，针对生物的迁徙与栖息特性，划定绝对保护期（十月至来年四月），严禁任何人进入该区域。保护区内禁止捕捉、杀害国家重点保护的野生动物。

四、案例：旧金山湾野生动植物保护规划

（一）旧金山湾野生动植物资源现状

在过去的200多年中，人类活动对旧金山湾的生态环境和生物资源产生了极大影响，不仅导致海湾开放水域的面积大幅度缩减（从516000英亩减少到327000英亩，大约减少40%），同时导致鱼类数量、其他水生生物数量（如蟹、虾、浮游动物和牡蛎等）以及陆地野生动植物生境类型、质量、数量等均发生显著变化。其中，潮线下区域、潮间带、潮汐沼泽和交互式陆地等生境的消失和退化是导致多种依赖海湾生态系统生存的鱼类、其他水生生物和陆地野生动植物数量下降的主要因素。

如今，旧金山湾还保留有将近500种包括鱼类、无脊椎动物、鸟类、哺乳类、昆虫类和两栖类等在内的野生动物。同时，海湾也是数百万候鸟途经太平洋时的主要休息地、摄食区和越冬地。加利福尼亚州几乎一半的水鸟、岸禽鸟以及三分之二的鲑鱼迁徙途中都要经过海湾。

海湾用地生态系统生境状况报告提供了恢复和维持健康海湾生态系统所需生境的类型、数量和分布，包括许多濒临灭绝的动植物的生存环境。根据生物资源分布及其所需的生境类型，目前海湾

已经划定了野生动植物保护区，包括国家野生动植物保护区、州野生动植物保护区、生态保护区以及其他海湾周围的海岸线场地(图4-5-5)。依照加州濒危物种法案,美国鱼类与野生动植物服务局、国家海洋渔业服务处已经把旧金山湾列为特定鱼类的关键生境，因为海湾对这些鱼类的生命周期起着非常重要的作用。

（二）旧金山湾野生动植物资源保护政策

1. 保护鱼类、其他水生生物和陆地野生动植物的生存条件：(1) 海湾水中有充足的氧气，(2) 足够的适食食物，(3) 足够的休息、取食和繁殖区域，(4) 适当的淡水流量、温度、盐分、水质和流速。该要求根据鱼类、其他水生生物和野生动植物种类的不同而变化。保护和恢复这些生境对确保海湾区域的鱼类、其他水生生物和野生动植物，造福未来子孙后代是必要的。

2. 尽最大努力、在最可行的程度上维护后代在鱼类、其他水生生物和野生动植物利用方面的利益，保护、恢复和增加海湾潮汐地生境、潮间带生境和潮线下生境。

3. 严格保护本土物种、濒危物种、加州特有鱼类、野生动物部门依照加州濒危物种法案制定的受威胁的候选物种、可以提供大众利益的其他物种，以及保持、增加和防止物种灭绝的特殊生境。

4. 审核或批准生境恢复项目时，委员会必须以海湾用地生态系统生境状况报告为指导，同时适当增加生境多样性，以提高本土水生和陆地动植物物种的生存机会。

5. 任何时间、任何情况下的提议项目，都不应对受威胁或濒危的鱼类、其他水生生物或陆地野生动植物产生负面影响。

6. 委员会可以批准野生动植物保护区内对提高鱼类、其他水生生物、陆地野生动植物生境或进行野生动植物观察、监测和教育的公共设施项目，以及建设这些项目必需的小型填海或挖掘工程。

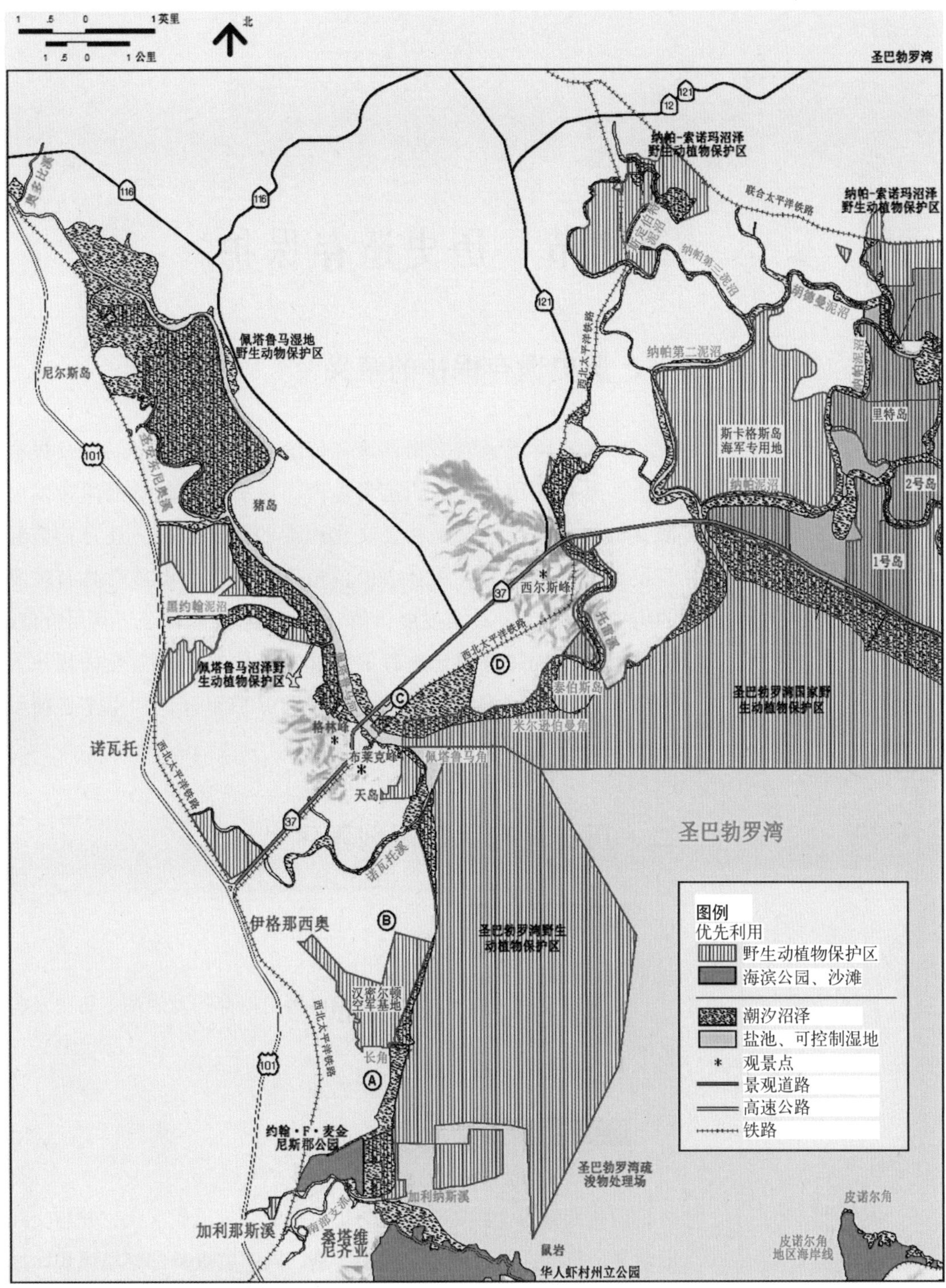

旧金山保护与发展委员会 2006 年修订

图 4-5-5 旧金山圣巴勃罗湾野生动物保护规划

资料来源：San Francisco Bay Plan，San Francisco Bay Conservation and Development Commission http：//www.bcdc.ca.gov/laws_plans/plans/sfbay_plan.shtml

第六节　历史遗存保护

一、历史遗存保护的意义

历代遗留下来的文物古迹、传统建筑、城市格局以及民俗风情，是祖先留给我们的宝贵遗产。历史遗存既是海岸带发展演变的历史见证，又是社会文化积淀的综合表征，还是社会经济发展的重要资源。从社会价值角度分析，历史遗存具有较高的历史延存价值、社会发展价值、文化艺术价值和经济利用价值。随着经济增长和城市化进程的加速，历史遗存的自然损耗和人为破坏日益严重，如何对其进行持续保护和合理利用是目前亟须解决的问题。

二、历史遗存保护规划程序

（一）文献考证

查阅相关历史资料，明确规划区历史遗存的发展演变历史及各阶段的设计理念和景观特征。

（二）现状调查

现状调查应全面调查掌握历史遗存的环境风貌现状，并与文献记录逐个对比，指出两者之间的差别。同时调查外部环境风貌、周边用地性质、历史遗迹的目前使用状况等，通过调查了解现实状况，分析影响因素，把握实质问题。

（三）综合分析评价

在对工作范围内历史遗存现状进行的大规模调查工作结束后，通过信息汇总和分析，按照评价项目对历史遗存现状进行综合分析评价，形成历史遗存分析及评价报告。

（四）保护规划

根据历史遗存分析及评价报告，提出历史遗存保护规划的规划理念和规划思路，确定保护措施和方法（图 4-6-1）。

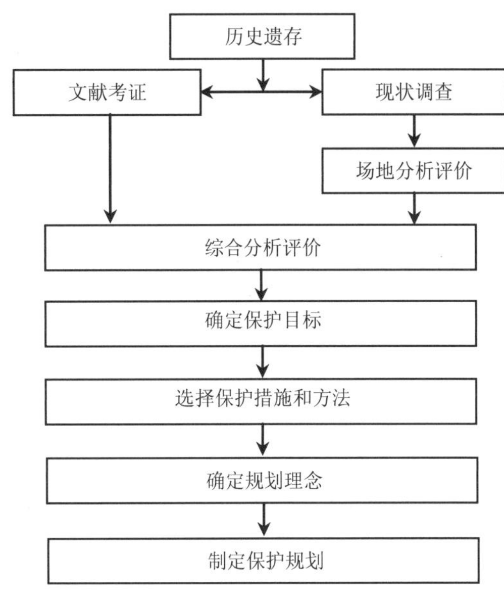

图 4-6-1　历史遗存保护规划制定流程

三、历史遗存保护规划基本原则

（一）整体性保护

历史遗存保护规划，要从海岸带全局和城市的整体发展来做好保护和规划工作，而不是单纯地考虑保护本身，要提出整体性保护的原则，制止建设性破坏。许多历史遗存在遭受一定的破坏后丧失了相互间应有的空间关系和联系，看起来像是孤立且不相关的。应把海岸带的历史遗存在空间上组织起来，形成网络体系，以城市文化载体的形式，纳入海岸带整体规划，从而给人们的欣赏创造有机的空间线路，使人们便于感知和理解海岸带的历史文化内涵，提升吸引力，塑造海岸带景观形象。

（二）原真性保护

原真性不应被理解为历史遗存的价值本身，对历史遗存价值的理解取决于有关信息来源是否确凿有效，原真性的原则性就在于此。历史遗存及构筑物的“原真性”保护，不仅有物质方面的，还有精神、社会等非物质方面的，整体性的“原真性”，不仅包括历史结构的原真性，而且还应始终不偏离原初的文化内涵。历史遗存的保护要在充分尊重历史环境、保护历史文化的前提下进行。

（三）合理开发和利用原则

在充分尊重历史环境，保护历史文化的前提下，对历史遗存进行合理的开发和利用。发挥历史遗存和构筑物作为海岸带旅游资源的功能，通过对游人的讲解和其自身的感知，展现历史遗存和构筑物的价值，为历史遗存和构筑物保护规划的公众参与奠定基础。

四、历史遗存综合价值评价

（一）基本原则

1. 针对性原则

确定评价指标体系要根据历史遗存的特点，围绕历史遗存现状和种类进行设计，既要体现出历史遗存的共性，又要显示不同历史遗存间的个体差异，客观反映历史文化遗存的综合价值，使评价结果真实、可靠。

2. 简明科学性原则

指标体系的设计应以科学为前提，指标的概念应明确，每一项指标的名称、解释、分类、计算方法等都要讲究科学性、规范性和代表性。能够客观地反映历史遗存的风貌特色、价值内涵及遗存保存状况。指标选取应注意避免相互重叠交叉，同时还要确保必要指标信息不被遗漏。

3. 定性与定量相结合的原则

指标评价采取定性与定量相结合的原则。能够量化的指标采取定量评价，并制定严格的量化标准；对于一些限于目前研究水平，难以量化但意义重大的指标，可先采用定性指标来描述评价。

4. 实用性和可操作性相结合的原则

指标选取在满足实用性的同时应兼顾数据的易得性。也就是说，选取的指标能够较鲜明地反映评价对象的基本情况和主要特征，同时这些指标应该是易取且可控的。将数据的获取容易程度、是否可以量化作为各种指标的选取标准。

（二）评价指标体系构建

1. 基本步骤

历史遗存综合价值评价指标体系构建的基本步骤包括：

（1）选择适宜的评价方法；

（2）根据历史遗存价值属性和特征的分析，确定一级指标、二级指标或三级指标；

（3）在所建评价指标体系基础上，对各评价指标制定详细的等级划分标准，供专家们在现场调查、收集数据时统一参照，并对各项指标分别评级，减少现场评估过程中因主观因素影响而造成的较大偏差。

2. 涉及内容

由于历史遗存的价值评价是一个复杂的系统，不同国家、不同区域、不同类型的历史遗存具有不同的体系分类方法。一般来说，历史遗存的一级指标包括：历史价值、文化价值、艺术价值、科学价值等。

（1）历史价值

一般指该历史遗存作为过去某一重要事件、重要发展阶段与重要人物密切相关的线索与物证。历史文化遗存作为历史的产物，能够反映当时的自然生活状态和社会的经济、政治、科技等内容，能够反映人类历史进程中某一群体的文化或某一个地区经济社会发展史方面的相关内容。

（2）文化价值

一般指历史遗存作为国家、民族或者地区的重要历史载体，在文化价值方面意义重大。

（3）艺术价值

一般包括审美、欣赏等精神方面的价值，从美学的深层角度给人以艺术启迪和美的享受，陶冶情操，使人们在了解历史的同时从中汲取精华，获得精神上的愉悦和享受。

（4）科学价值

一般是指历史遗存能够提供重要的、有价值的信息和知识，反映了当时社会经济条件下的生产力发展水平、科学技术水平和人民的创造能力，有着重要的科学研究价值。

此外，评价内容也可以涉及历史遗存的使用价值、环境价值以及其他附加价值等内容。

五、历史遗存保护措施

参照 1995 年美国《内政部历史遗产保护处理措施标准》，总结历史遗存保护主要包括以下 4 种措施：

（一）保存（Preservation）

保存是指为维持历史遗存现状形式、完整性和物质材料而采取的行动和程序。这项措施，包括最初保护和稳定遗存的手段，通常集中在长期维护以及历史材料和特征的修复两个方面，而不是广泛地替代或新建。其中，有限制地使用提高结构、电气和管道系统以及其他法律允许的、能够使遗存功能正确发挥的手段，也包含在这一措施之中。

（二）更新（Rehabilitation）

更新是指在保持能够传达历史或文化价值的景观要素和特征的同时，可以通过修复、替换、添加等手段使遗存适应新的使用要求。更新措施允许对遗存进行必要的改动或添加新的元素，但这些新元素必须能与历史元素协调统一、融为一体。

（三）恢复（Restoration）

恢复是指通过去掉遗存其他历史时期的信息，使之能够准确地反映遗存在某一特定历史时期呈现的状态、特征和特性，或是重建一定时期已经逝去的特征。有限制地使用提升遗存的结构、电力和管道系统及其他法律允许的保持遗存正常使用功能的手段，也包含在此措施中。

（四）重建（Reconstruction）

重建是指通过新建来描绘已经逝去的场地、景观、建筑、构筑物的形式、特征和细部的措施或程序，或是在历史位置复制一个特定时期的状态。

上述 4 种保护措施对历史遗存的改变程度不尽相同。其中，保存措施包含最少的变化，对历史材料的尊重程度最高，强调保持现有遗存的材料和形式；更新措施经常采用替代和添加手段，但不改变重要的历史特征和材料；恢复和重建措施旨在重现遗存的面貌，或是某一特定时期通过详细的历史资料证明的个别特征。后两种措施对遗存的干预程度最大，因此需要最高层次的文献佐证。在所有的保护项目中，必须慎重分析历史景观的现有条件和能够传达历史信息的可能性，并据此确定与之相适应的保护措施（吴祥艳和付军，2004）。

第七节　景观保护

一、景观保护的意义

海岸带最令人欣赏的地方就是它的景色。陡峭的悬崖、风景如画的海湾、田园诗般的海滩、延绵的沙丘、岩石岬、沼泽、滩涂、森林腹地等都形成美景，吸引着人们。海岸带作为水和陆地的交界处，拥有丰富且多样化的景观特征，而这些都是内陆地区所没有的。沿海景色的价值毋庸置疑，它是人们享受海岸乐趣的重要组成部分，也强烈地影响着人们对生活质量的感受。观赏是人们享用海岸景观的最普遍方式，无论从海岸线、水面或从远处，都能欣赏到美丽的景色；海岸景观还具有升值功能，让住宅楼、办公楼、公寓楼等的价值大幅度增加；另外，对旅游行业来说，海岸带也是吸引游客的主要地方。

然而，正是由于海岸带景观的多重功能，致使海岸带土地被无序开发，房地产或低水平的旅游项目大量侵占珍贵、一流的海滨空间，海岸带的景观资源普遍存在“不可持续”发展的现象。长期的陆源污染已使海岸带地区的多数河口、湿地以及海域的污染加重，开山采石、挖沙采礁等活动也使海滨地区的景观环境遭到严重破坏。另外，海水养殖的超容量发展，也占用了大量珍贵的沙滩与礁石岸段等景观资源。因此，海岸带景观资源的保护与恢复工作亟待展开。

二、景观保护规划程序

海岸带景观保护规划的基本程序包括：

（一）对规划区景观资源进行全面调查；

（二）对工作范围内景观资源现状调查工作结束后，通过信息汇总和分析，按照评价项目对景观资源现状进行综合分析评价；

（三）根据景观资源分析及评价，提供景观资源保护规划的理念与思路，并对景观资源进行区划；

（四）根据景观资源分级与区划，确定管控措施。

三、景观资源评价

海岸作为居住地、旅游参观地以及人类进行开发的对象，其不断增长的人口对景观资源形成了巨大压力，为了有效保护和合理利用海岸带景观资源，对其进行评估是很有必要的。

（一）评价方法

迄今为止，景观评价方法已初步形成公认的四大学派：专家学派、心理物理学派、认知学派和经验学派，表 4-7-1 列出了不同学派的理论方法与特点。目前，在海岸带景观保护规划中，国内应用较多的是专家学派的相关方法，常以专家现场评估为主、公众调查为辅的形式进行景观资源的评价和分类。

景观资源评价方法比较　　表 4-7-1

学派	专家学派	心理物理学派	认知学派	经验学派
理论方法	地形、植被、水体、土地利用等作为景观要素，以视觉要素（线、形、色、质）和景观形态为标准，以形式美原则评价景观	把景观—审美关系理解为刺激—反应关系，通过景观客体要素与景色价值间的函数关系，建立数学模型，识别出起关键作用的风景要素，预测美景度	以进化论美学、人类环境认知和信息接受论为依据，主客体结合，研究景观感受过程，以及会先入为主地影响人景观偏爱的因素，而不是那种即刻性的偏爱评价	强调景观评价中人的主观作用，从定性角度及人的个性、文化、背景、情趣、意志、体验出发，视景观客体为自然与人文综合体加以观察与描述
评价内容及实例	景观评价与分类、景观敏感度测定、视觉影响评估（VIA）、视觉吸收力（VAC）测量、视觉资源管理等	从照片中测出景观元素、预测景观偏爱变量，根据景观特征反映出的分级质量变化（个体评价）研究景观客体要素与景色价值间的关系。常用照片评估、分级、比较、预测景观与相邻区域的美景度（SBE）	个体评价：由喜欢—不喜欢、趋就—回避、个体经验构成“情感 / 唤起”模型。 群体评价：易解与可索性标准评价景观（易解性由一致性与清晰性组成，可索性由平面复杂性和空间奥秘性组成）；地形地貌与景观旷奥度评价及转译	研究文学艺术家的审美作品及个人的景观感受；景观审美发展史、景观意义及在社会中的传统转换；园景意境描述、山水地理及历史景观作用
优点与局限性	在大规模土地利用规划、森林景观资源管理中实用性突出，易得出客观、可比性强的评价结果，但评价等级过粗，完整描述风景特征有争议	注意景观主客体感受的联系，承认可量化评价景观，大众有普遍一致的风景审美观，但过分考虑客观性，照片评价缺乏现场真实感及空间感，多为即时性景观感受评价，缺乏文化传统制约的长久性	强调身临其境的空间感受，通过信息媒介联系景观主客体，发掘长久内存的景观偏好控制因素，但局限于人的自然性、生存基本需要及生理反应测试，缺少社会文化评价和审美分析，以及主观感受—客观景物间联系，应用较困难	可识别影响景观感受的丰富因素，不再局限于景观客体要素，但过分依赖艺术家的个性因素，使景园感受变化莫测，难以看出普遍认同规律，对景观规划与管理缺乏实用价值

续表

学派	专家学派	心理物理学派	认知学派	经验学派
技术应用	地形图、照片、计算机、专家现场评估及公众调查	照片、幻灯片代表湿地环境，多用于森林、城市绿地、河道和游憩景观预测管理	以照片、地形图为手段，多用于森林景观评价，已出现计算机转译景观信息的实例	文字与个人描述相结合，适用于文学描述式景观评价及园林意境序列组织
主要目的	视觉资源管理	工程建设中景观质量预测与控制	构建风景感受理论	景观审美理论

资料来源：王保忠等，2006.

（二）评价内容

景观资源评价是海岸带资源研究的一个热点，其评价内容已由过去单因子评价向综合因子评价发展，较多考虑了社会经济和文化等因素，并致力于建立一系列的评价指标体系与模型。

摩根（Morgan）从游客偏好角度出发，测试学生组、海岸管理组和普通游客组 3 组人群的景观偏好，对英国威尔士 70 个海岸景观进行评价研究。莱瑟曼（Rashemen）应用该体系对美国沙滩进行评比，并定期在报纸和网络上发布美国沙滩排行榜。英国格拉摩根大学评价体系涉及海滨开发程度、自然、生物、人文等四类共 50 个评价因子。

近年来，我国相关研究工作者在景观资源评价方面也作了一定的研究。郑建瑜梳理了海陆边际的风景，针对青岛南部海岸的景观资源特点，构建了海岸景观资源评价体系（表 4-7-2）。

青岛南海岸景观资源评价体系　　表 4-7-2

评价因子	评价标准		
	5 分	3 分	1 分
地形	断崖、顶峰或巨大露头之高而垂直的地形起伏；强烈的地表变动或高度冲蚀之构造；具有支配性、非常显眼而有趣的细部特征	险峻的峡谷、台地、孤丘、火山丘和冰丘；有趣的冲蚀形态或地形变化；虽不具有支配性或特殊性，但仍存在有趣的细部特征	丘陵、山麓、低矮小丘，或较平坦的谷底，缺乏有趣的细部景观特征
植物	植物种类、构造和形态有趣且富于变化	植物种类有变化，但是种类不多	植物种类单一，缺少变化或对照
水体	干净清洁或白瀑状水流，景观支配因子普遍存在	流动或平静的水面，并非景观上的支配因子	缺少，或虽存在但不突出

续表

评价因子	评价标准		
	5分	3分	1分
色彩	丰富的色彩组合；岩石、植物、水体的愉悦对比	土壤、岩石和植被的色彩对比有一定强度，但非景观支配因子	颜色变化微小；平淡的色调广泛分布
邻近景观的影响	邻近景观大大提高整体视觉美感质量	邻近景观在一定程度上提高视觉美感质量	邻近景观对于整体视觉美感质量有少许影响或没有影响
稀有性	仅存性种类、非常有名或区域内非常稀少	虽然和区域内某些东西有相似之处，但仍具有一定的特殊性	在其立地环境内具有趣味性，但在本区域内非常普遍
人为改变	未引起美感上不悦或不和谐；或修饰有利于视觉上的变化	景观被干扰，对景观质量影响不大，只对本区增加少许视觉变化或没有视觉变化	修饰过于广泛，致使丧失大部分景观质量或实质降低

数据来源：郑建瑜等，1998.

在《山东省海岸带规划》中，根据海岸带景观资源的特点，规划组选择欣赏价值、环境质量、历史文化价值、游憩价值和开发利用度作为主要评价因子，对规划区的景观资源进行分类、评价和分级。将海岸带景观资源划分为自然景观资源和人文景观资源，前者包括地文景观、水域景观、生物景观、海岸景观和风景名胜；后者包括遗址遗迹、水工建筑、园林建筑、乡村聚落和工业景观。采用综合评分的方式对以资源调查为基础甄别出的重点景观资源进行定量分析，从而得出各级景观资源的价值和重要程度，并确定开发利用方向以及景观保护的等级（图 4-7-1）。按照山东省海岸带景观资源单体级别、分布密集程度、区位与交通条件、环境生态敏感程度、社会经济及文化背景、基础设施状况及旅游开发利用水平等因素对海岸带的景观资源进行区域划分（图 4-7-2）。

由于不同地区的海岸带景观资源类型、特点、开发程度等不尽相同，景观资源评价的内容、指标等常根据规划区的具体情况进行确定，但总的来说，其评价体系应是综合性评价，评价因子涉及多个方面，不仅包括景观资源所特有的美学价值，还应涉及生态价值、文化价值、游憩价值、开发价值等内容。

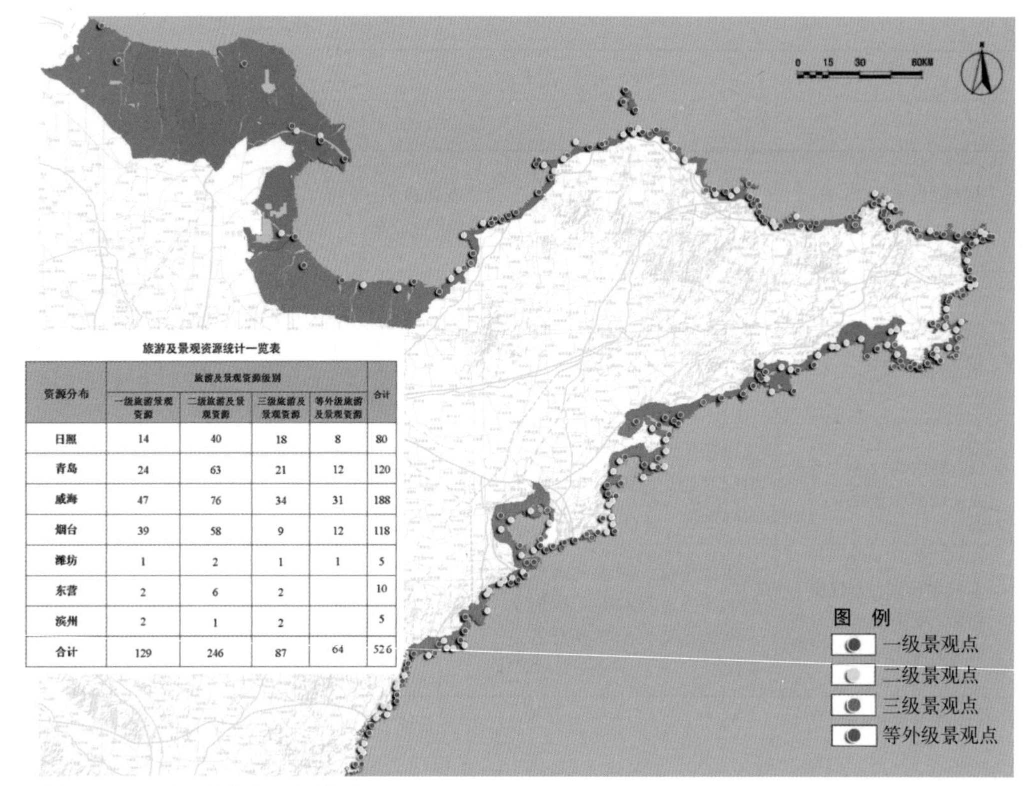

旅游及景观资源统计一览表

资源分布	旅游及景观资源级别				合计
	一级旅游景观资源	二级旅游及景观资源	三级旅游及景观资源	等外级旅游及景观资源	
日照	14	40	18	8	80
青岛	24	63	21	12	120
威海	47	76	34	31	188
烟台	39	58	9	12	118
潍坊	1	2	1	1	5
东营	2	6	2		10
滨州	2	1	2		5
合计	129	246	87	64	526

图 4-7-1　山东海岸带景观资源评价图

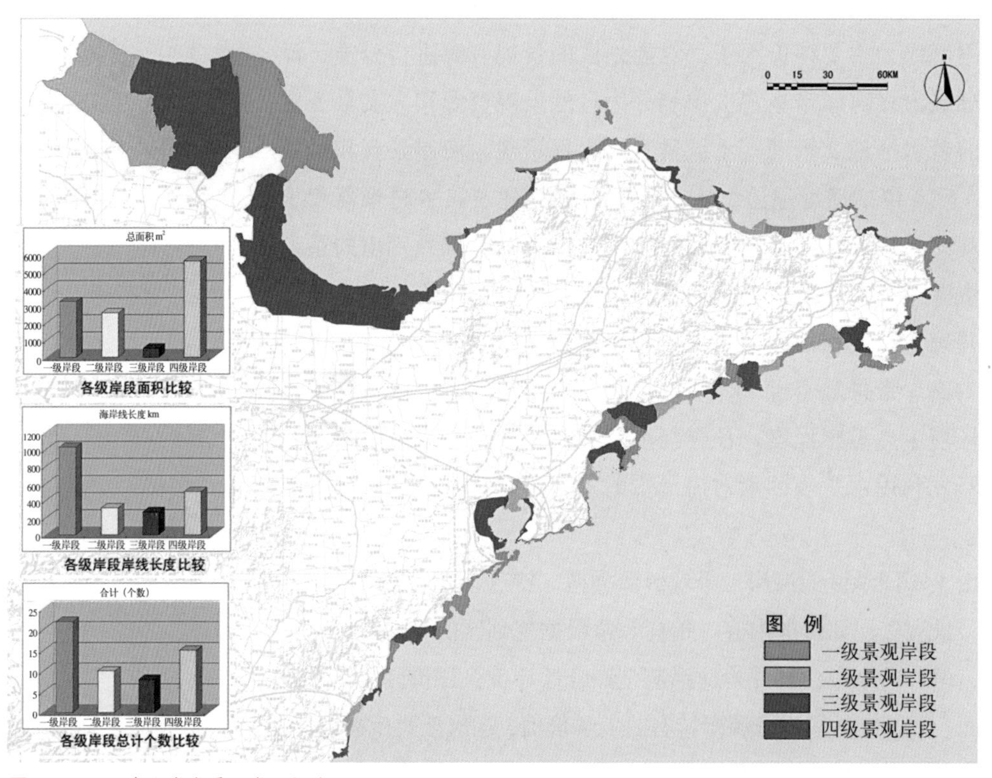

图 4-7-2　山东海岸带景观岸段评价图

四、景观保护管控措施

（一）规划与设计

1. 在新的建筑建设之前尽量考虑对老建筑进行翻新和利用。

2. 新的设施建设应与周边环境相融合，应避免大体量的建筑破坏整体环境的和谐，鼓励采用创新技术建造具有特色的新建筑。

3. 设施建设应避免改变近海沉积物（如沙、石等）的运动方式，并应预先研究海岸带的地形、水质等特点；禁止进行挖沙、采石、炸礁等活动，现有的近岸养殖区若不进行养殖，则需恢复自然景观的完整性。

4. 规划选址应尽量使用已开发土地，对于原有已污染土地的再利用需预先采取一定的工程措施。

5. 避免建造传统的海滨散步道、排列式旅馆或其他干扰海岸带水流正常流动的设施。

6. 避免建设过多的硬质铺地和在高尔夫球场过多使用农药，以免破坏滨海植被和生态平衡。

7. 通过合理的设计减少自然植被破坏，新的绿化要尽量采用本地物种，为营造景观所作的绿化建设尽量采用地下灌溉的方式以节约用水。

8. 尽量减少人工的光、热、制冷、通风等方式对能源的损耗，采用可再生、可循环使用的能源技术。

（二）建筑物

1. 建造材料应尽量采用易于与环境相容的、可再生、可循环使用的材料。减少有毒材料，如聚氯乙烯（PVC）塑料板的使用，减少有害气体如氯氟烃（CFCs）、氟化氢（HFs）、氢氯氟烃（HCFCs）等的排放。

2. 采用传统粘合材料如石灰等，便于循环使用。

3. 存放燃料或其他危险物的密闭构筑物必须与其他构筑物保持一定的安全距离并谨防泄漏。

4. 对任何有不可预见影响的建设应采取谨慎的态度。

（三）废料处理

1. 旅游设施产生的固体废料必须通过统一安排妥善处理，垃圾掩埋不得覆盖生态敏感区；污水不得排入任何池塘、沼泽或其他生态敏感区。

2. 建立统一的海岸带废弃物管理计划，包括完善的废弃物回收系统和废弃物分离系统，通过一定的“消化循环”体系处理废弃物。

3. 在海滩上建立完整的废弃物回收系统和公厕等，采用特定的海滩专业清洁工具。

4. 对商店、旅馆、宾馆等实施严格的废弃物管理，一方面尽量减少废弃物的产生，另一方面严格禁止将废弃物投入海中。

（四）交通与旅游的协调

旅游活动必须是有组织的，旅游路线应有一定强制性，以避免对地方自然环境的破坏。应采用公共交通方式组织人流，公共交通工具需采用清洁型燃料。在各个旅馆、餐厅发放免费的步行环线路线图，以减少人们对自然植被不必要的践踏。

（五）科普教育

加强对旅游者、开发者和当地居民的教育工作，并使此项工作成为完整的旅游开发规划中的一部分。建立海岸带观光中心、教育展示中心或在旅馆等地介绍地方的环境价值和文化价值，提倡旅游者的主动保护。

（六）娱乐活动

在未开发地区兴建新的娱乐项目必须确保对环境是无害的，不得在滨岸地区兴建吸引大量人流的运动设施。

（七）岸线维护

岸线维护的材料不得破坏海滨的沙丘和植被。

五、案例：威海海岸带景观保护

（一）景观资源评价与分级

通过深入调查和全面梳理，规划组对威海海岸带景观与旅游资源作了三个方面的分级评价，分别为：景观与旅游资源点分级评价，景观与旅游资源区划与分级评价（景观岸段的划分），以及重要景观与旅游资源分级评价。其目的在于“摸清家底”，以甄别威海海岸带不同的景观及旅游资源条件，施行科学的规划管制。

1. 景观与旅游资源点分级评价

（1）评价方法

景观与旅游资源点分级评价是在现场调研的基础上，通过对威海海岸带景观及旅游资源与我国同类资源进行综合比较，按照欣赏价值（权重 45%）、环境质量（权重 35%）、历史文化价值（权重 6%）、游憩价值（权重 7%）及开发利用价值（权重 7%）等要素由专家打分进行全面测评，满分为 100 分，以综合评分值作为划分景观及旅游资源点等级的直接依据。具体内容如表 4-7-3 所示：

现状风景旅游资源分区评价表（评分参考依据） 表 4-7-3

景区名称			景区的性质、类型、重要特征描述		
地理位置					
景观描述					
总分 100	评价分项	评分 100	因子评价层		分数 100
	1. 欣赏价值		美感度	有极高的观赏价值，令人愉悦的景观（80 ~ 100）	
				有很高的观赏价值，给人感觉很好的景观（70 ~ 89）	
				有较高的观赏价值，给人感觉较好的景观（40 ~ 69）	
				有一般的观赏价值，给人感觉一般的景观（0 ~ 39）	
			珍稀奇特度	有大量珍稀物种，或景观异常奇特，或在其他地区罕见（90 ~ 100）	
				有较多珍稀物种，或景观奇特，或在其他地区少见（70 ~ 89）	
				有珍稀物种，或景观较突出，或在其他地区较常见（40 ~ 69）	
				有普通物种，或景观平淡，或在其他地区很常见（0 ~ 39）	
			完整度	资源形态与结构保持完整（80 ~ 100）	
				资源形态与结构有少量变化，但不明显（60 ~ 79）	
				资源形态与结构有明显变化（30 ~ 59）	
				资源形态与结构有重大变化（0 ~ 29）	

续表

<table>
<tr><td colspan="3">景区名称</td><td colspan="3" rowspan="3">景区的性质、类型、重要特征描述</td></tr>
<tr><td colspan="3">地理位置</td></tr>
<tr><td colspan="3">景观描述</td></tr>
<tr><td>总分100</td><td>评价分项</td><td>评分100</td><td colspan="2">因子评价层</td><td>分数100</td></tr>
<tr><td rowspan="29"></td><td rowspan="8">2. 游憩与使用价值</td><td rowspan="8"></td><td rowspan="4">舒适度</td><td>感觉非常舒适，适宜老少等各年龄段人（80 ~ 100）</td><td></td></tr>
<tr><td>感觉舒适，适宜多个年龄段人（60 ~ 79）</td><td></td></tr>
<tr><td>感觉一般，适宜多数人（30 ~ 59）</td><td></td></tr>
<tr><td>感觉不舒适，适宜某些特殊群体，针对性较弱（0 ~ 29）</td><td></td></tr>
<tr><td rowspan="4">适游期</td><td>适宜游览的日期每年超过 250 天（80 ~ 100）</td><td></td></tr>
<tr><td>适宜游览的日期每年超过 180 天（60 ~ 79）</td><td></td></tr>
<tr><td>适宜游览的日期每年超过 120 天（30 ~ 59）</td><td></td></tr>
<tr><td>适宜游览的日期每年超过 90 天（0 ~ 29）</td><td></td></tr>
<tr><td rowspan="9">3. 历史文化科学价值</td><td rowspan="9"></td><td rowspan="3">历史价值</td><td>具有特殊意义的历史价值（70 ~ 100）</td><td></td></tr>
<tr><td>具有较高意义的历史价值（40 ~ 69）</td><td></td></tr>
<tr><td>具有一般意义的文化价值（0 ~ 39）</td><td></td></tr>
<tr><td rowspan="3">文化价值</td><td>具有特殊意义的文化价值（70 ~ 100）</td><td></td></tr>
<tr><td>具有较高意义的文化价值（40 ~ 69）</td><td></td></tr>
<tr><td>具有一般意义的文化价值（0 ~ 39）</td><td></td></tr>
<tr><td rowspan="3">科学价值</td><td>具有特殊意义的科学价值（70 ~ 100）</td><td></td></tr>
<tr><td>具有较高意义的科学价值（40 ~ 69）</td><td></td></tr>
<tr><td>具有一般意义的科学价值（0 ~ 39）</td><td></td></tr>
<tr><td rowspan="8">4. 生态环境价值</td><td rowspan="8"></td><td rowspan="4">生态价值</td><td>物种丰富，结构复杂，生态价值极高（80 ~ 100）</td><td></td></tr>
<tr><td>物种较丰富，结构较复杂，生态价值高（60 ~ 79）</td><td></td></tr>
<tr><td>物种较少，结构较复杂，生态价值一般（30 ~ 59）</td><td></td></tr>
<tr><td>物种单一，结构简单，生态价值低（0 ~ 29）</td><td></td></tr>
<tr><td rowspan="4">环境质量</td><td>环境没有受到污染，或受到极低程度污染（80 ~ 100）</td><td></td></tr>
<tr><td>环境已受到轻度污染（60 ~ 79）</td><td></td></tr>
<tr><td>环境已受到中度污染（30 ~ 59）</td><td></td></tr>
<tr><td>环境已受到严重污染（0 ~ 29）</td><td></td></tr>
</table>

续表

景区名称			景区的性质、类型、重要特征描述		
地理位置					
景观描述					
总分 100	评价分项	评分 100	因子评价层		分数 100
	4. 生态环境价值		可持续性	可持续发展性强（80 ~ 100）	
				可持续发展性较强（60 ~ 79）	
				可持续发展性一般（30 ~ 59）	
				可持续发展性弱（0 ~ 29）	
			生态敏感性	周边生态环境脆弱，易受破坏，生态敏感性高（80 ~ 100）	
				周边生态环境一般，不易破坏，生态敏感性较高（60 ~ 79）	
				周边生态环境较好，较难破坏，生态敏感性一般（30 ~ 59）	
				周边生态环境极好，难以破坏，生态敏感性低（0 ~ 29）	
	5. 开发利用价值		资源利用率	资源利用率极高（90 ~ 100）	
				资源利用率较高（60 ~ 89）	
				资源利用率一般（30 ~ 59）	
				资源利用率较低（0 ~ 29）	
			未来交通建立的便捷性	交通条件优越，很方便到达（90 ~ 100）	
				交通条件较好，方便到达（60 ~ 89）	
				交通条件一般，能够到达（30 ~ 59）	
				交通条件较差，不方便到达（0 ~ 29）	

评价分级标准包括四个等级：

一级景观及旅游资源点：在海岸带资源中具有代表性的、有很高的欣赏价值，在山东省内及全国具有较强的吸引力，定量评分达到 85 ~ 100 分（包括 85 分）；

二级景观及旅游资源点：具有一般的景观欣赏价值和构景作用，在威海市及省内具有较强的吸引力，定量评分达到 75 ~ 85 分（包括 75 分）；

三级景观及旅游资源点：具有一定景观价值和游线辅助作用，具有一定的吸引力，定量评分达到 60 ~ 65 分（包括 60 分）；

四级级景观及旅游资源点：景观价值较低，不能起到景观辅助作用，不具有景观吸引力，定量评分在 60 分以下（不包括 60 分）。

（2）评价结果

威海海岸带共有景观及旅游资源点 220 处，其中一级景观及旅游资源点 53 处（图 4-7-3），二级景观及旅游资源点 80 处（图 4-7-4），三级景观及旅游资源点 37 处（图 4-7-5），四级景观及旅游资源点 50 处（图 4-7-6）。

2. 景观及旅游资源区划与分级评价

（1）景观及旅游资源区划——景观岸段的划分

景观及旅游资源区划又称景观地理区划，是对客观存在的景观及旅游资源进行的区域划定，是依据景观与旅游资源的相似性、互补性和开发建设的完整性、统一性，将区域内相似性和互补性较强的景观及旅游资源，与区域外差异性和互代性较大的景观与

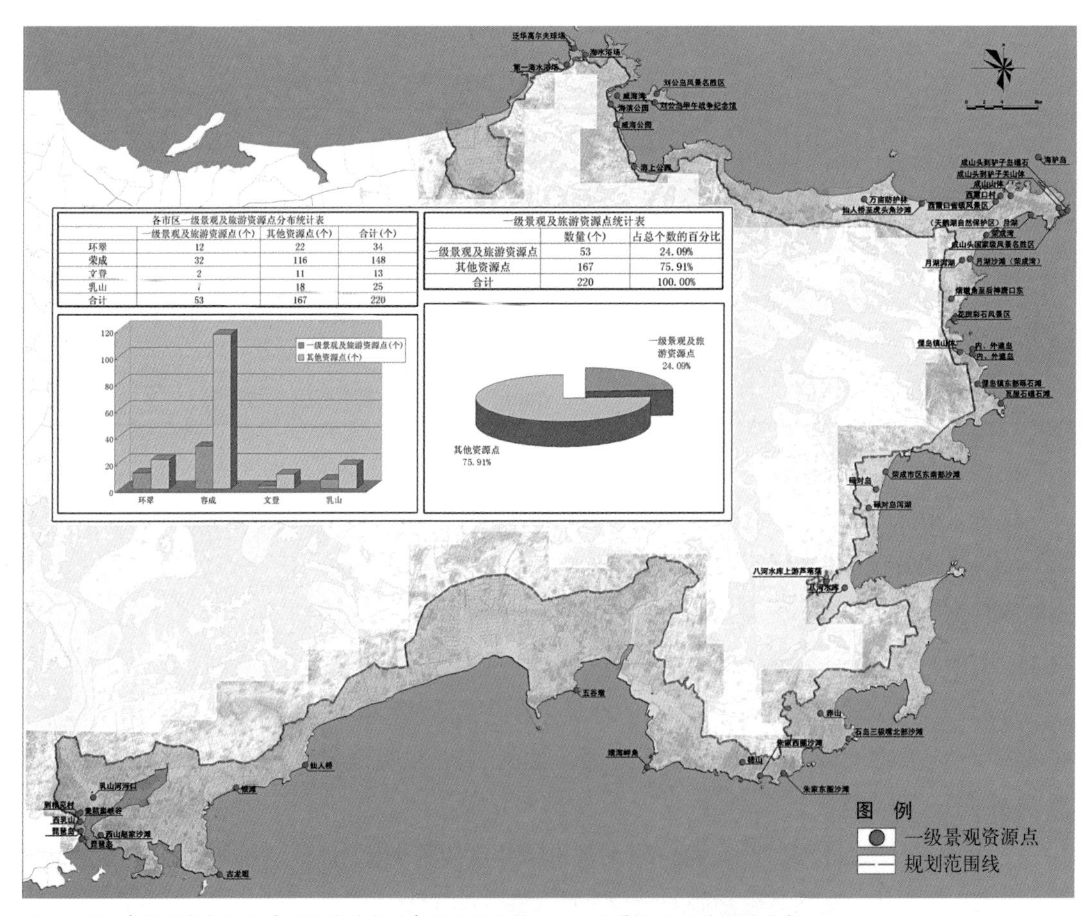

各市区一级景观及旅游资源点分布统计表

	一级景观及旅游资源点(个)	其他资源点(个)	合计(个)
环翠	12	22	34
荣成	32	116	148
文登	2	11	13
乳山	7	18	25
合计	53	167	220

一级景观及旅游资源点统计表

	数量(个)	占总个数的百分比
一级景观及旅游资源点	53	24.09%
其他资源点	167	75.91%
合计	220	100.00%

图 4-7-3 威海海岸带各级景观及旅游资源点分级评价图——一级景观及旅游资源分布

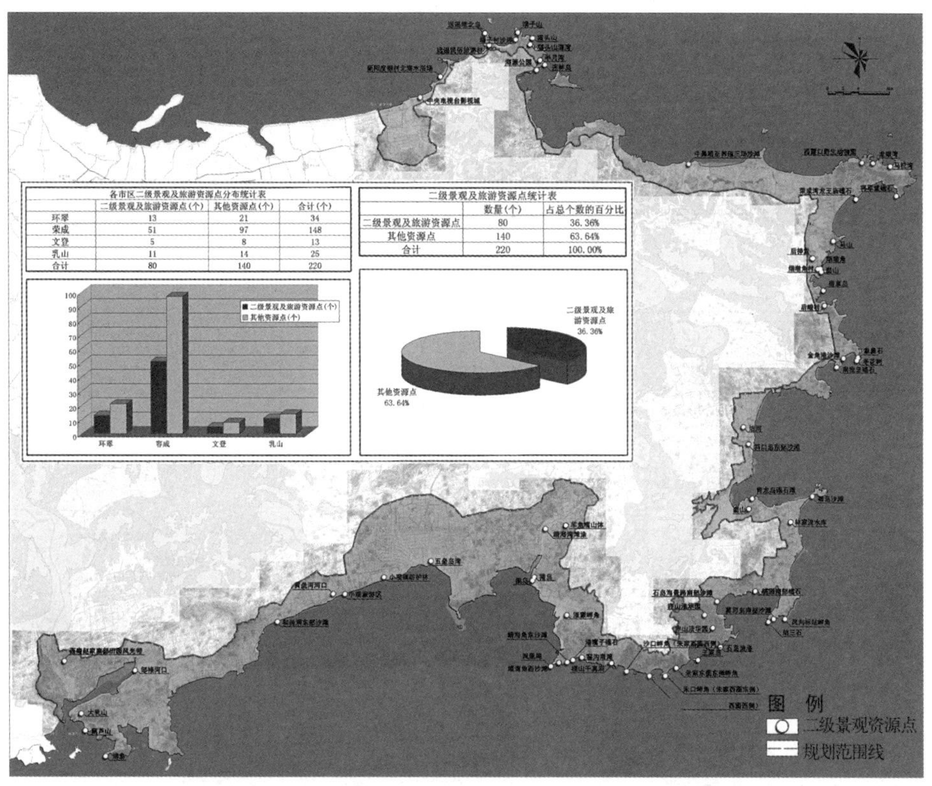

各市区二级景观及旅游资源点分布统计表			
	二级景观及旅游资源点(个)	其他资源点(个)	合计(个)
环翠	13	21	34
荣成	51	97	148
文登	5	8	13
乳山	11	14	25
合计	80	140	220

二级景观及旅游资源点统计表		
	数量(个)	占总个数的百分比
二级景观及旅游资源点	80	36.36%
其他资源点	140	63.64%
合计	220	100.00%

图 4-7-4　威海海岸带各级景观及旅游资源点分级评价图——二级景观及旅游资源分布

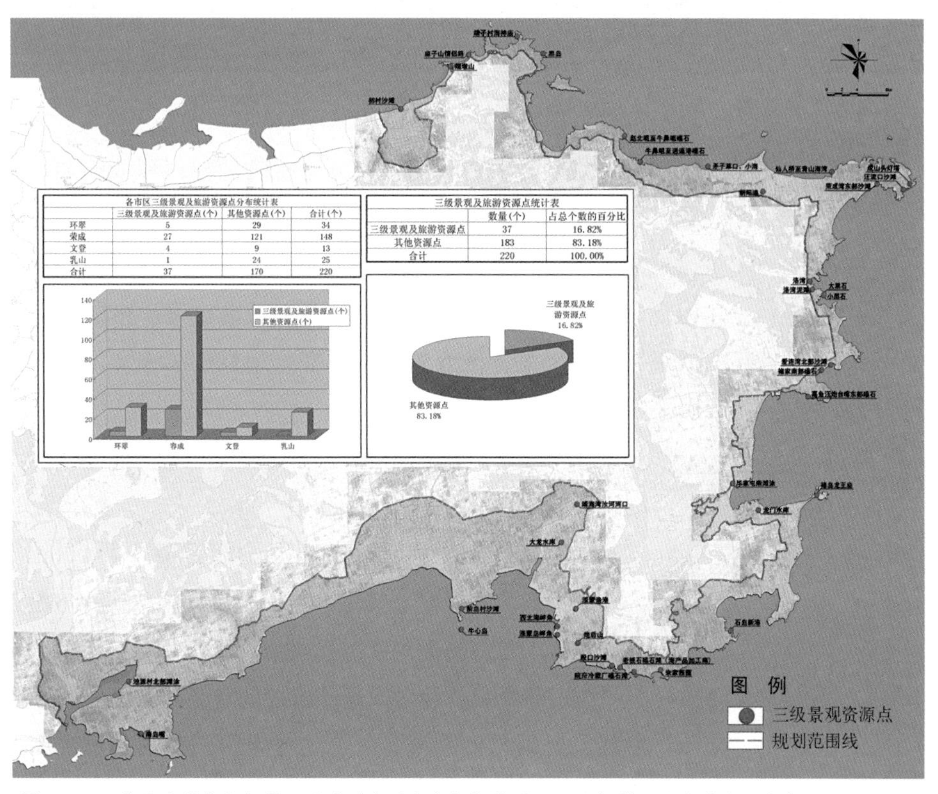

各市区三级景观及旅游资源点分布统计表			
	三级景观及旅游资源点(个)	其他资源点(个)	合计(个)
环翠	5	29	34
荣成	27	121	148
文登	4	9	13
乳山	1	24	25
合计	37	170	220

三级景观及旅游资源点统计表		
	数量(个)	占总个数的百分比
三级景观及旅游资源点	37	16.82%
其他资源点	183	83.18%
合计	220	100.00%

图 4-7-5　威海海岸带各级景观及旅游资源点分级评价图——三级景观及旅游资源分布

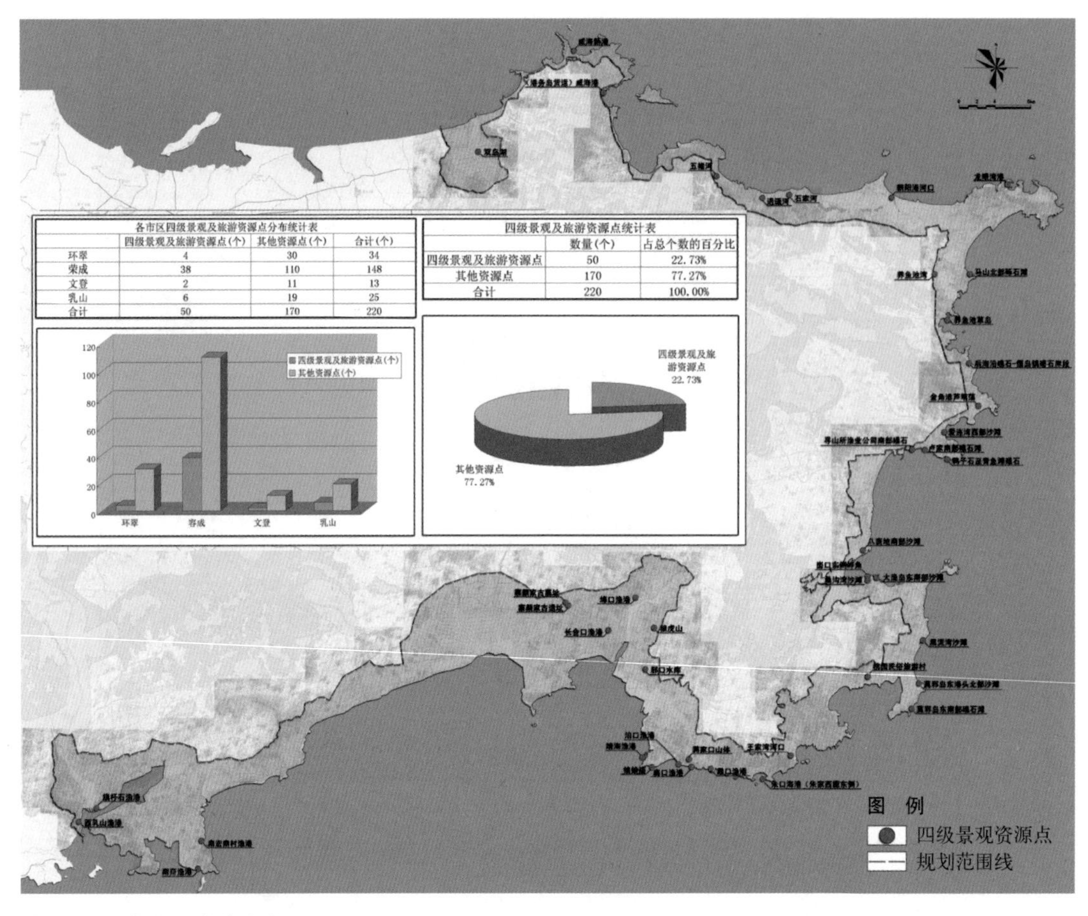

各市区四级景观及旅游资源点分布统计表

	四级景观及旅游资源点(个)	其他资源点(个)	合计(个)
环翠	4	30	34
荣成	38	110	148
文登	2	11	13
乳山	6	19	25
合计	50	170	220

四级景观及旅游资源点统计表

	数量(个)	占总个数的百分比
四级景观及旅游资源点	50	22.73%
其他资源点	170	77.27%
合计	220	100.00%

图 4-7-6　威海海岸带各级景观及旅游资源点分级评价图——四级景观及旅游资源分布

旅游资源划分开来的资源区域划定行为。地理环境的地表区域分异呈现的规律性是景观及旅游资源区划的理论基础。区划是为了找出规划区域的景观与旅游资源优势，确定其现实及潜在价值，为今后的开发利用提供科学依据。对威海市海岸带的区划主要依据市域行政区划，按照景观类似性与地域连续性分段，并按资源属性归类的方法进行。

经过综合分析，最终威海海岸带划分为 18 个景观岸段。

(2) 景观岸段分级评价

按照景观及旅游资源单体的级别、分布密集程度、区位与交通条件、环境生态敏感程度、文化价值、基础设施状况及旅游开发利用水平等因素，对威海海岸带进行等级评价和划分，以作为不同性质、不同级别的景观资源岸段进分级控制管制的基本依据。

由此，规划组将威海海岸带划分为四个级别的景观岸段（表 4-7-4，图 4-7-7）：

一级景观岸段：景观及旅游资源单体分布密集、资源单体的等级高，岸段生态敏感程度高，旅游开发成熟，区位条件优良，应严格加以保护的海岸带地域空间。

二级景观岸段：景观及旅游资源单体分布相对密集、资源单体的等级较高，岸段环境保护要求程度较高，对区域整体景观质量的影响程度较高，开发利用的社会环境条件好，可以在严格控制的条件下加以适度利用的海岸带地域空间。

三级景观岸段：景观及旅游资源单体分布较少、较松散，资源单体的级别不高，岸段生态敏感程度低，区域环境承载量较高，旅游开发条件较好、在符合城市规划及相关专业规划的前提下可以适度利用进行建设的海岸带地域空间。

四级景观岸段：景观及旅游资源单体分布稀少、资源单体的级别低，岸段主要利用形式为非旅游利用形式的海岸带地域空间。

海岸带景观及旅游资源分级评价表　　　　**表 4-7-4**

序号	所在景观岸段	隶属	景观及旅游资源				数量（处）
			一级资源	二级资源	三级资源	四级资源	
1	双岛湖—中央电视台大风车影视城	环翠区	0	0	1	2	4
2	中央电视台大风车影视城—海上公园	环翠区	12	13	3	2	30
3	海上公园以东—牛鼻咀以西	荣成市			1	1	2
4	牛鼻咀—成山头—南我岛	荣成市	20	18	11	10	59
5	南我岛以西—荣成市区	荣成市			2	4	6
6	荣成市区南边界—斜口岛	荣成市	3	2	0	1	6
7	斜口岛以南（八亩地）—八河水库以北	荣成市	0	0	1	1	2
8	八河水库区段	荣成市	2	0	0	0	2
9	八河水库以南—龙门水库	荣成市	0	2	1	4	7
10	龙门水库以东—林家流水库	荣成市	0	2	1	0	3
11	林家流水库以南—桃园	荣成市	1	4	0	4	9
12	桃园以西—王家湾河口（王家岛以北）	荣成市	2	4	1	0	7
13	王家湾河口（王家岛以北）—涨濛港	荣成市	4	14	7	8	33
14	涨濛港以北—五谷墩以北	荣成市	0	5	3	5	12

续表

序号	所在景观岸段	隶属	景观及旅游资源				数量（处）
			一级资源	二级资源	三级资源	四级资源	
15	五谷墩—浪暖口以东	文登市	2	5	4	2	12
16	浪暖口—仙人桥	乳山市	1	2	0	0	3
17	仙人桥以西—白沙口潟湖口	乳山市	1	2	0	0	3
18	白沙口潟湖口—乳山河河口	乳山市	5	7	1	6	19
合计			53	80	37	50	219

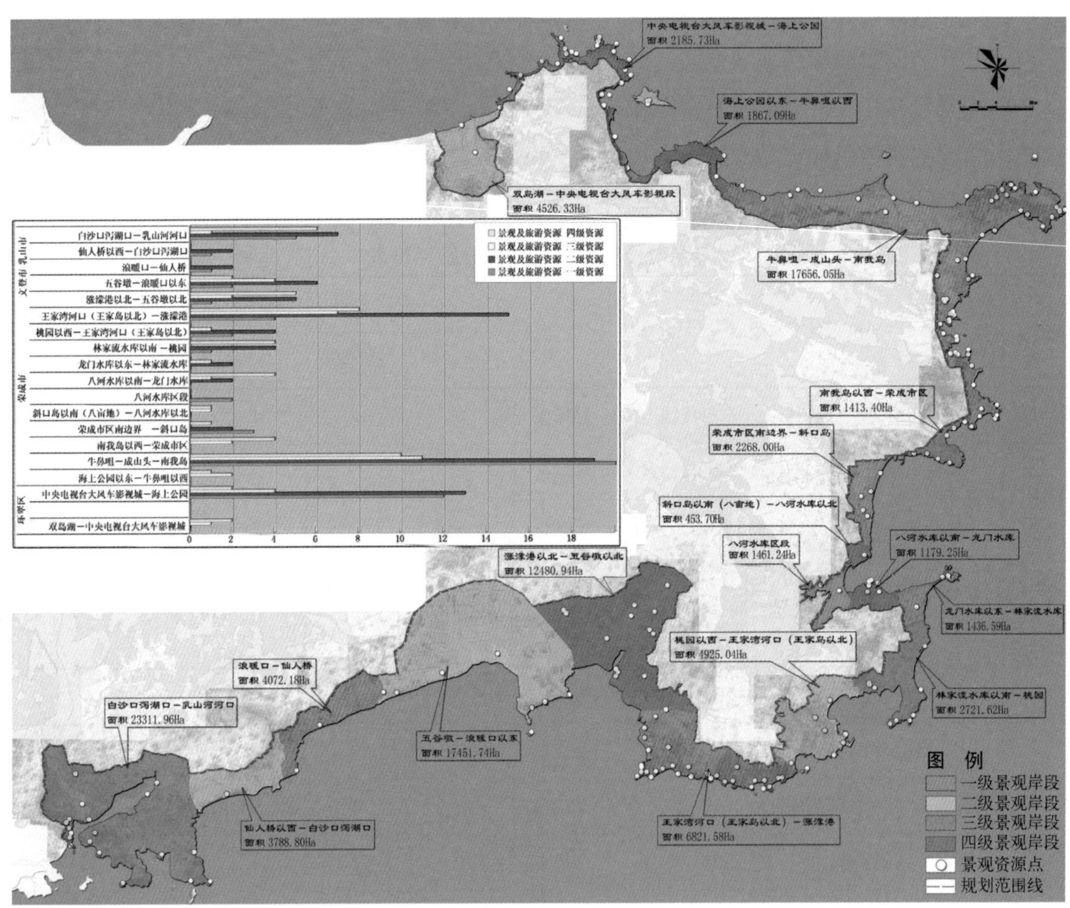

图 4-7-7 威海海岸带景观岸段区划及分级评价图

3. 重要景观及旅游资源分级评价

选择沙滩资源，礁石、岬角资源，山地、丘陵资源等作为重要景观及旅游资源，进行分级评价。综合分项因子评分结果，最终分别将威海海岸带沙滩资源、山地丘陵资源和礁石、岬角资源各划分为 4 级（图 4-7-8、图 4-7-9、图 4-7-10）。

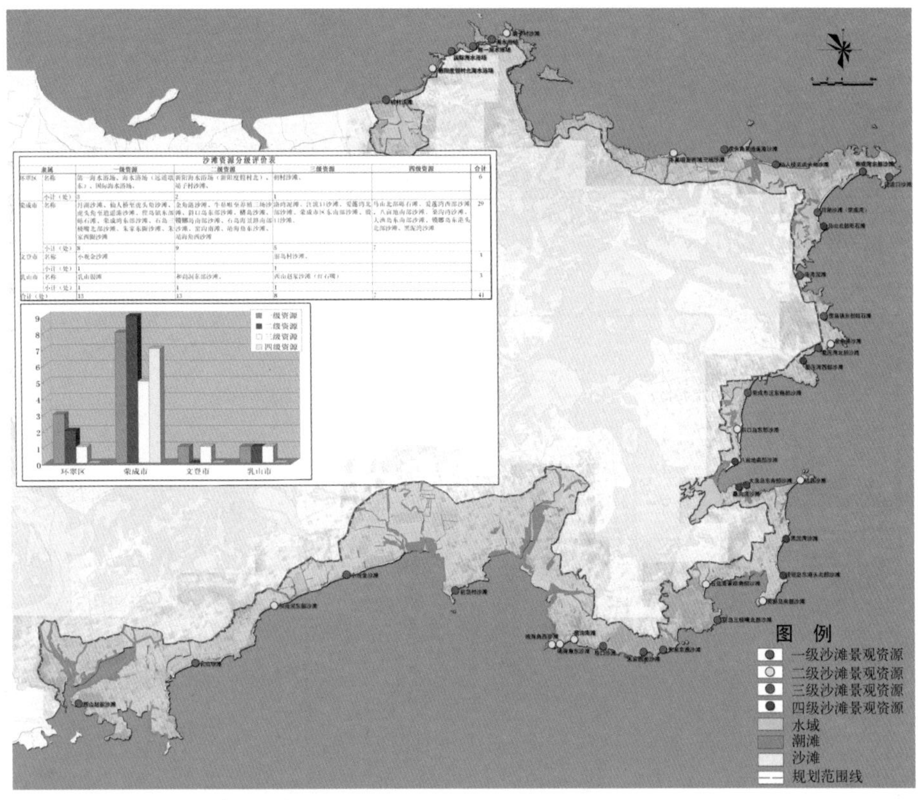

图 4-7-8　沙滩资源分布及评价图

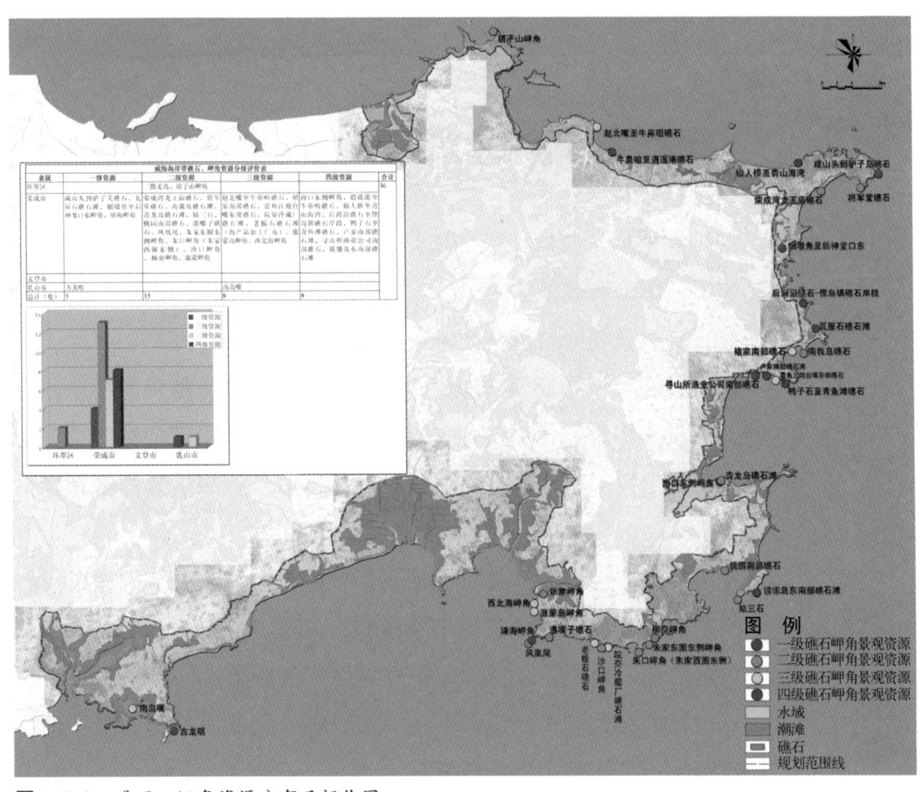

图 4-7-9　礁石、岬角资源分布及评价图

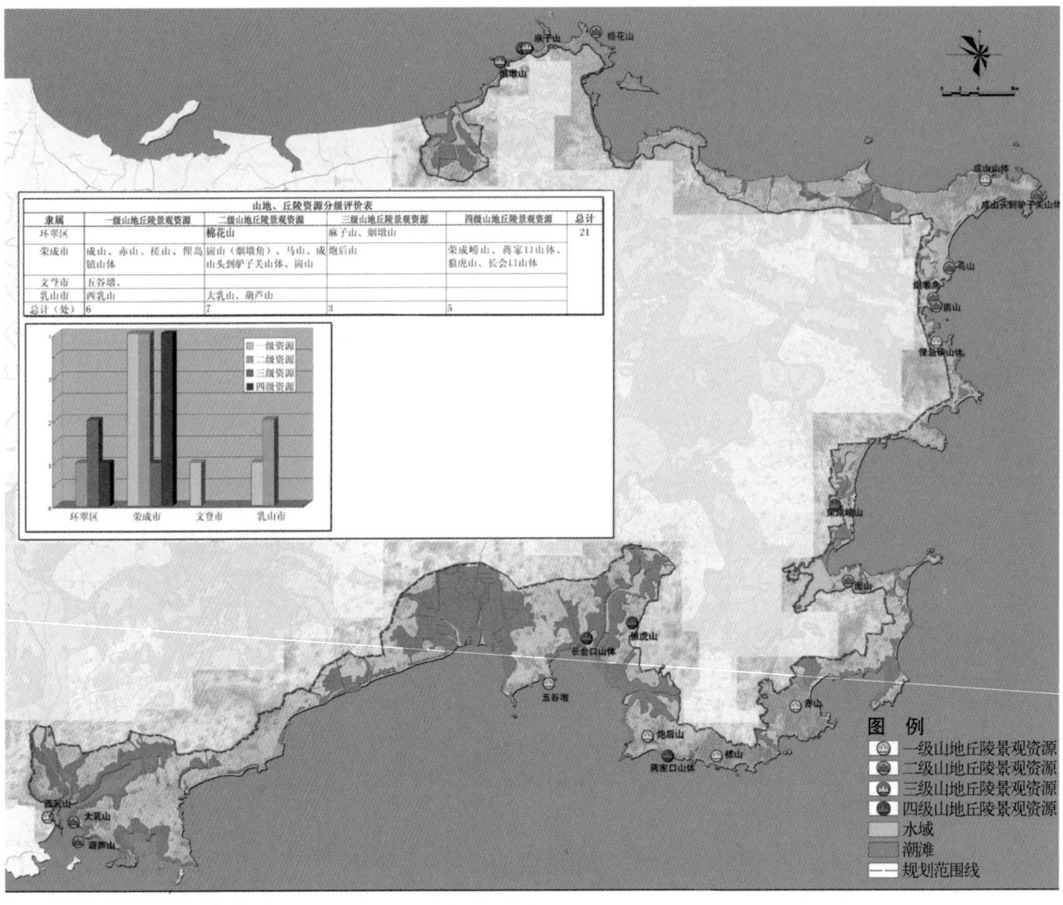

山地、丘陵资源分级评价表					
隶属	一级山地丘陵景观资源	二级山地丘陵景观资源	三级山地丘陵景观资源	四级山地丘陵景观资源	总计
环翠区		棉花山	麻子山、烟墩山		21
荣成市	成山、赤山、槎山、俚岛镇山体	崮山（烟墩角）、马山、成山头到驴子关山体、崮山	炮后山	荣成崂山、蒋家口山体、狼虎山、长会口山体	
文登市	五谷墩、				
乳山市	西乳山	大乳山、葫芦山			
总计（处）	6	7	3	5	

图 4-7-10　山地、丘陵资源分布及评价图

（二）景观岸段分级管制政策

规划根据景观岸段区划和分级评价结果，对四级景观岸段分别制定了分级管制政策。

1. 一级景观岸段管制政策

一级景观岸段凝聚着威海市海岸带的景观及旅游资源精华，在国内、省内都具有较高的知名度和影响力，对海岸带的整体景观形象有着决定性的影响。对其应进行严格的管理控制。具体的管制措施如下：

（1）对一级旅游景观资源区未开发的景观及旅游资源应进行严格控制，在现阶段开发条件未成熟时，这些资源应作为今后持续开发利用的基础资源予以资源储备并加以严格控制。

（2）严格控制自然岸线景观，禁止在一级旅游景观资源区进行挖沙、采石、炸礁、近岸养殖等活动。

(3) 切实保护风景名胜景观，按照《风景名胜区管理条例》、《森林公园管理条例》和《自然保护区管理条例》对各类风景名胜区、森林公园和自然保护区进行管理控制，保证建设按照规划落实。

(4) 严格保护一级景观岸段的生态环境，严禁在此岸段倾倒垃圾，禁止一切侵占海岸、破坏海岸景观的行为。

(5) 一级景观岸段内的景观资源点应严格予以保护，禁止引入任何不相关的建设项目；禁止依托低级景观资源点在区内搞连续项目开发。

2. 二级景观岸段管制政策

二级景观岸段的景观生态敏感性较高，岸段具有一定的生态承载力，可以在一定条件下进行控制性使用。

(1) 制定严格的建设管制条例，明确区内的可建项目和不可建项目，保证资源的合理利用。

(2) 坚持“先保护，后开发”的原则，对开发利用方案进行认真评估和建设监督，采取有效措施保护景观，防止过度开发造成的海岸带环境污染和海洋生态遭受破坏。

(3) 坚持生态优先的原则，以维持生态平衡的稳定和维护或促进景观质量的改善为前提，保证开发建设的规模在生态承载能力的范围内，保证景观建设质量。

(4) 建立健全海岸带管理制度，加强对规划建设的宏观管理调控力度，保证规划的顺利实施和资源的合理使用。

(5) 对开发建设产生的影响进行必要的论证，避免和防止开发建设对景观造成损害，对暂时不适宜开发或不具备开发利用条件的资源应予以妥善保护。

(6) 二级景观岸段内允许少量补充建设与环境特征相协调的建设项目，可适量建设生态型、环保型建设项目，禁止进行大规模的开发建设。

3. 三级景观岸段管制政策

三级景观岸段的环境质量较高，景观的生态敏感性一般，景观与岸段使用的矛盾不突出，可以在法律、法规允许的条件下进行适度利用。

(1) 适度开发利用自然与人文资源，努力创造宜人的游赏空间。

(2) 合理创造人文景观，提升资源品位。

(3) 制定具体可行的资源保护管理方案，指导监督开发经营单位付诸实施；所有的建设项目必须达到环保要求，配套设施必须完备并符合国家相关标准，要防止污染，保护生态。

(4) 新建项目应与原有的自然环境、历史氛围和文化气息相协调，禁止引入非自然且与原有风貌不协调的建设项目；禁止在区内建设污染性和与景观有较大冲突的项目。

(5) 三级景观岸段内可进行适度的综合性利用，但不能以牺牲当地的自然资源为代价进行开发建设；区内从事开发利用活动，必须符合国家及当地政府制定的法律法规，确保发展与环保目标不矛盾；实施具有产业带动作用的开发项目。对于围海造地、采沙挖泥和设置海上人工构造物、海上排污区、倾废区和垃圾场等严重影响环境的项目，必须严格控制。

(6) 逐步建立资源管理监测系统，对景观岸段进行定期跟踪监测，保证资源的开发利用能够按照规划落实，规避只重经济利益的短期开发行为。

4. 四级景观岸段管制政策

四级景观岸段的资源保护压力不大，景观与岸段使用的矛盾不突出，在制定合理的规划和执行严格的审批手续后，可以按照规划进行开发建设。具体的管制措施如下：

(1) 禁止在四级景观岸段建设污染性和与景观有较大冲突的项目。

(2) 在四级景观岸段范围内从事开发利用活动，必须符合国家及当地政府制定的法律法规，确保发展与环保目标不矛盾，实施具有产业带动作用的开发项目。对于围海造地、采沙挖泥和设置海上人工构造物、海上排污区、倾废区和垃圾场等严重影响环境的项目，必须严格控制。

(3) 所有的建设项目必须达到环保要求，配套设施必须完备并符合国家相关标准。

(4) 四级景观岸段内的一级景观资源点允许适度利用，主要建设生态型、环保型项目；二级、三级景观资源点在保证与环境和谐、并与城市总体建设要求相一致的前提下进行适度开发利用；等外级景观资源点可进行与背景景观相协调的综合性利用。

六、案例：旧金山湾景观保护

（一）旧金山湾景观现状与评价

旧金山湾作为有名的游览胜地，拥有优美的海湾景观。其中一个吸引人的地方是它有大量的野生动植物，尤其是在海湾的海域、沼泽地、泥滩周围等地寻找食物和栖息场所的鸟类。

然而，海岸线的开发利用常常与海湾的美丽风景不相匹配，包括停车场、工业厂房等在内的建设与开发项目要么是质量低劣，要么是不适于海滨发展。塑料瓶、旧轮胎及其他废弃物等也继续破坏着海岸线的景观，尤其是沼泽地和泥滩。另外，海湾景观的潜力也没有得到充分利用，如道路、街道的规划落后，景观设计质量不高等。虽然已经采取全线控制建筑物的高度和位置，但是道路和街道的景观美化以及营造公共风景区等仍然没有引起重视。特别是建筑物、停车场、公用事业管线、栅栏、广告牌等人为障碍已经破坏或者严重影响了海湾和海岸线的风景。

（二）旧金山湾景观保护政策

为保护、修复旧金山湾的海湾景观，政府制定了详细的保护政策，并对重点保护地区进行了标定（图 4-7-11）。

1. 为了提高海湾周围开发的外观质量和最大程度地利用海湾的美丽风景，海湾的海滩开发应该依据《公众接近设计指南》进行。

2. 所有海岸线的开发都应该以给海湾利用者和观看者带来更多快乐为宗旨，尽最大努力规划、美化或者保护海湾和海岸线的风景，尤其是在公共区域、海湾和对岸海滩方面。

3. 可以允许少量的填海活动，但填海活动必须与海湾委员会的设计建议相一致。

4. 海岸沿线的构筑物和设备的外观不能影响海湾和海岸线的风景，停车场等有碍观瞻的场所应设置在远离海岸线的地方。

5. 为了保持海湾辽阔的视觉效果，应当尽量避免在海湾上方修建桥梁。对于必须要修建的桥梁，其设计应当充分考虑周边的其他条件，尽量建立在海角之间或者其他可以作为横跨海湾连接体的地形之间，但要以不毁坏海角特征为前提。横跨海湾的新建或者改建的桥梁，其设计还应满足车行者和步行者能看到最大范围的海湾及其周边景色。

6. 为了引导旅游者进入海湾，应当进行海湾立交桥等的设计，同时也应当考虑公路和大量与海湾平行的中段路线。为了充分利用海湾的优美景色，海湾山上和沿着海边一带新修的或重建的公路应该建成景色优美的公园道路。公路上还应当设置必要的标志牌、围栏、栅栏等，以便更好地欣赏海湾风景。

7. 海岸线开发应成群或成组进行，并在其周围留出空地以观看海湾风景。支流海岸的开发应与海湾开发相关联，其相关设计应能保护和美化支流沿线的风景。

8. 将“人为的”废弃物从泥沼、沼泽地和泥滩中移除，并恢复泥沼、沼泽地和泥滩原来的自然状态。

9. 将海湾及其附近的高塔、桥梁以及其他构筑物设置成地标，以标识海湾的位置，但对其高度需要进行控制，以维持海湾周围山体的视觉优势。

10. 在有钻探、开采石油、天然气等活动的海湾区域，应该进行必要的处理，例如起重机的移动等，以免造成景观的破坏，因为他们与开敞水面、泥滩、沼泽地等是共存的。

11. 为了提高设计质量，由专业的设计人员和策划人员组成的委员会设计评论部门应该针对提议的开发计划进行分析和评估，并向委员会提供建议。

12. 当地政府应废除不恰当的海岸利用，并对恶劣的海岸条件进行改善。与此同时，委员会应该为海湾的外观和设计问题提供建议，为相关部门的调整提供最大帮助，这些部门通常与影响海湾和海湾外观的工程有关。

13. 合理安排游览路线，以便从旅游景点和公路欣赏海湾风景。

14. 实现游览的便捷性。游人应该能够通过公路、人行道、小径以及其他方式进入各个景点。各旅游景点有公路通行，并设有停车场和公交站。

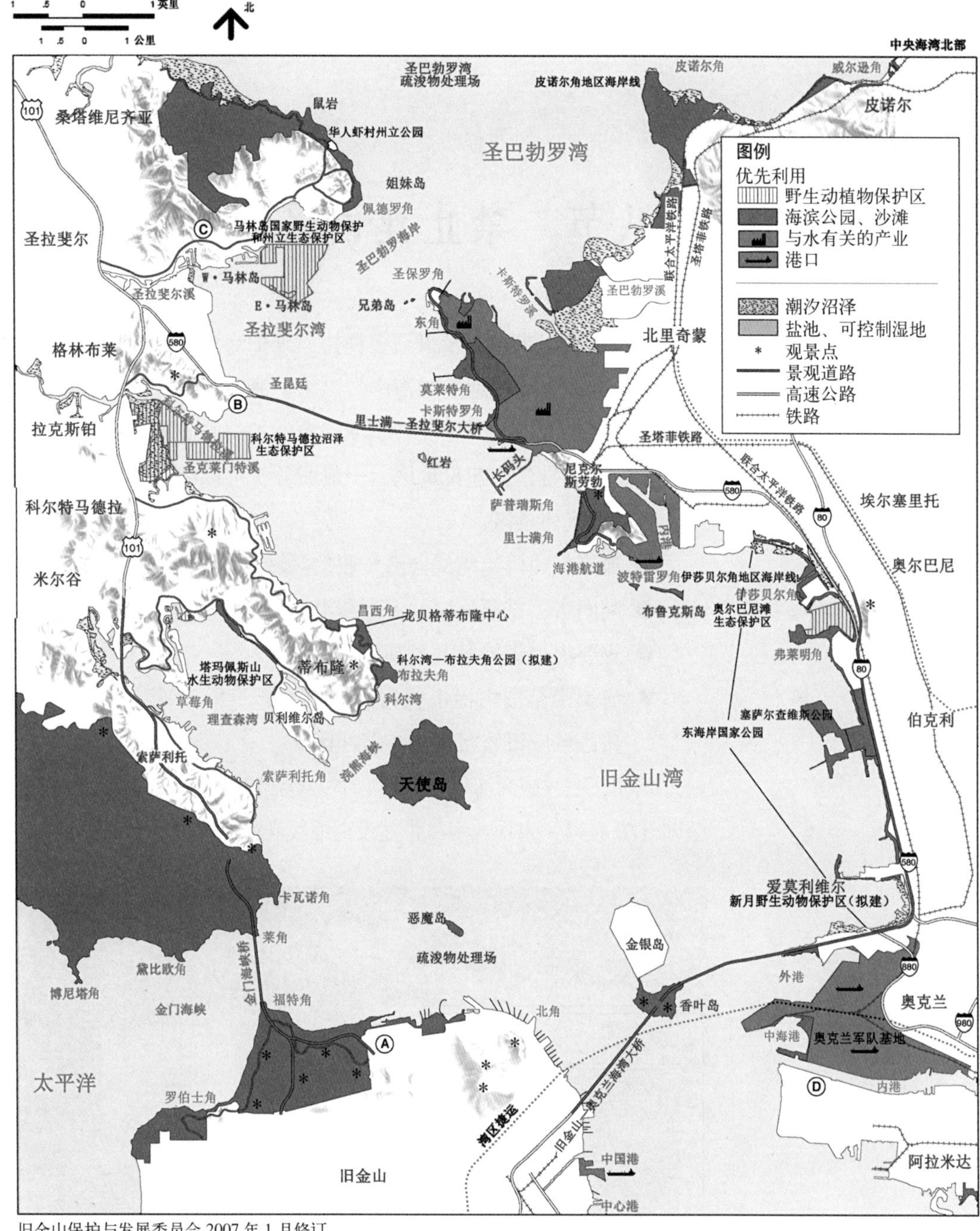

旧金山保护与发展委员会 2007 年 1 月修订

图 4-7-11 旧金山中央海湾北部景观保护规划

资料来源：San Francisco Bay Plan，San Francisco Bay Conservation and Development Commission http：//www.bcdc.ca.gov/laws_plans/plans/sfbay_plan.shtml

第八节　禁止建设区划定

为保护海岸带生物及景观多样性，维护海岸带脆弱的生态系统和生境，并最大程度地削减海岸带洪水、海平面上升或海岸侵蚀等自然灾害带来的影响，应在各单项资源保护的基础上，进行综合叠加，划定海岸带禁止建设地区。一般而言，可以将以下几个方面的内容划入禁止建设区。

- 海岸带建设退缩线向海一侧的区域；
- 潮间带，重要河口、潟湖和沿海防护林等生态敏感区；
- 重要海岸带旅游及景观资源保护区；
- 海岸带范围内沿主要河流两侧 100 ～ 200 米范围内的区域，该区域应设置河滨生态缓冲区。

例如，在《威海海岸带规划》中，禁止建设地区面积共计 60317.6 公顷（图 4-8-1，未计入海岸带建设退缩线向海一侧区域的面积）。

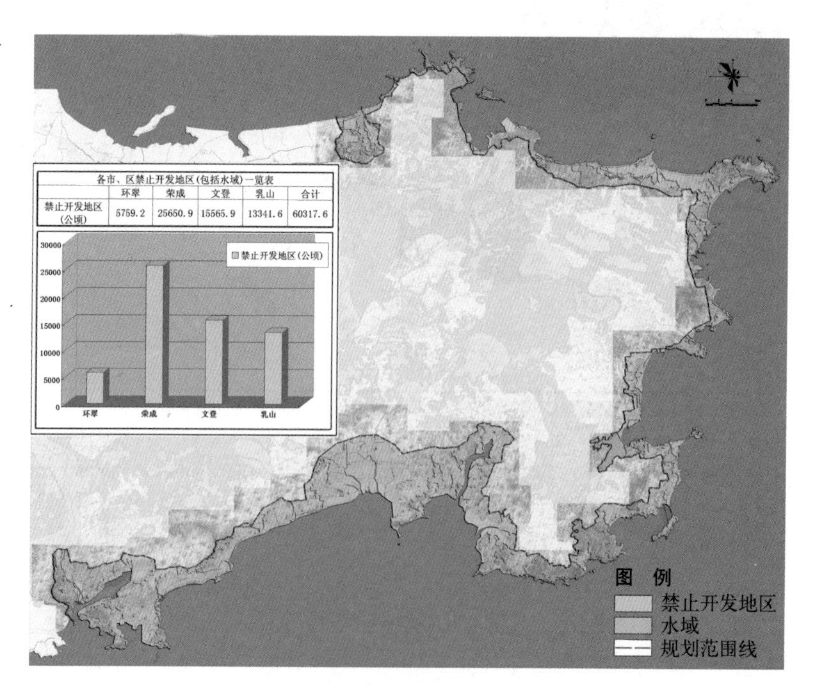

各市、区禁止开发地区(包括水域)一览表

	环翠	荣成	文登	乳山	合计
禁止开发地区(公顷)	5759.2	25650.9	15565.9	13341.6	60317.6

图 4-8-1　威海海岸带禁止开发地区规划示意图

第五章 海岸带开发

【摘要】

本章是全书中最为复杂的章节，这是因为围绕海岸带的开发活动种类繁多，空间关系复杂，对环境的影响过程各有不同。为此，本章的第一个任务是明确海岸带开发的总体模式，以及在不同模式中进行选择的主要依据，由此形成了海岸带各项开发活动的“总纲”；而后，本章将海岸建设退缩线作为开发活动的主要限制因素，对其划定方式和管理措施详加阐述；第三点则是对改变海岸线形态的主要活动——填海和挖掘活动进行约束；随后，针对海岸带的两个主要开发活动——产业和交通，本章在“保护优先”的总体思路之下，对其布局策略进行了概括和梳理。基于上述内容，综合形成了海岸带用地管制规划，将其作为控制海岸带人类活动的最终落脚点。最后，针对海岸带部分需要重点关注的热点地区，本章指出了特别管制区规划的一般流程。

第一节　海岸带开发模式选择

一、常见的三种海岸带开发模式

（一）极核式

极核式（图 5-1-1）兼顾了建设开发、生态保护和休闲游憩等诸方面的要求，对于控制沿海的建设用地拓展和产业无序布局具有良好的效应，因而成为国内外大多数国家的首选海岸带开发模式。该模式的特点包括：

（1）在建设用地布局上，依托城市或港口建设港城新区，建设用地组团状分布；

（2）在开放空间组织上，各“极核”之间保留大面积的滨海绿化；

（3）在道路交通结构上，一般更强调各极核与其腹地之间的交通联系，而沿海岸带的交通联系强度并不大。

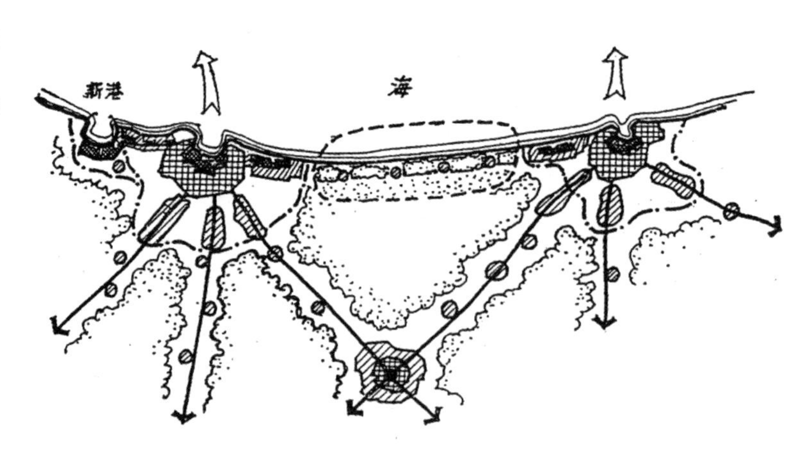

图 5-1-1　萨伦巴的沿海地区空间发展模式
资料来源：彼得·萨伦巴，1986

在我国，由于经济和社会的高速发展，沿海地区普遍面临着用地开发、产业发展、旅游观光等方面的巨大压力，“极核式”发展

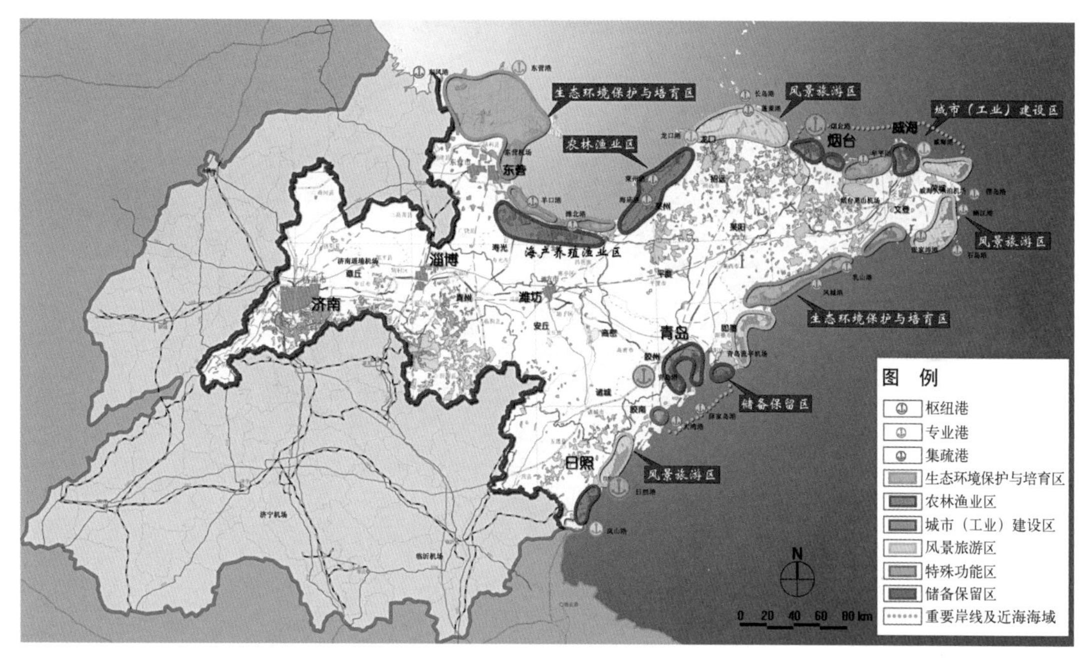

图 5-1-2　山东半岛城市群海岸带功能分区规划图
资料来源：北京大学和山东省建设厅，2005

模式正受到越来越多的关注和重视。例如在《山东半岛城市群规划》中，“城市（工业）发展区”呈组团状分布，其间以“生态环境保护与培育区”、“农林渔业区”、“风景旅游区”等生态保护功能较强、建设开发强度较低的分区相隔离，由此对绝大部分的城市和产业发展用地进行集中化的空间管制，保障了山东半岛海岸带的良好生态环境和未来发展空间（图 5-1-2）。

（二）连绵带式

连绵带式（图 5-1-3）最大限度地利用了沿海地区的用地和景观条件，但其环境影响和生态破坏不容忽视。由于历史上的控制和引导不足，许多发展历史悠久的沿海城市，如亚历山德里亚

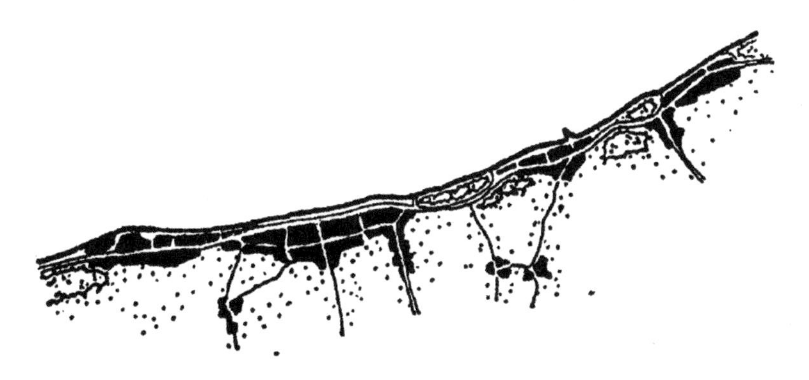

图 5-1-3　“连绵带式”发展模式示意图
资料来源：彼得·萨伦巴，1986

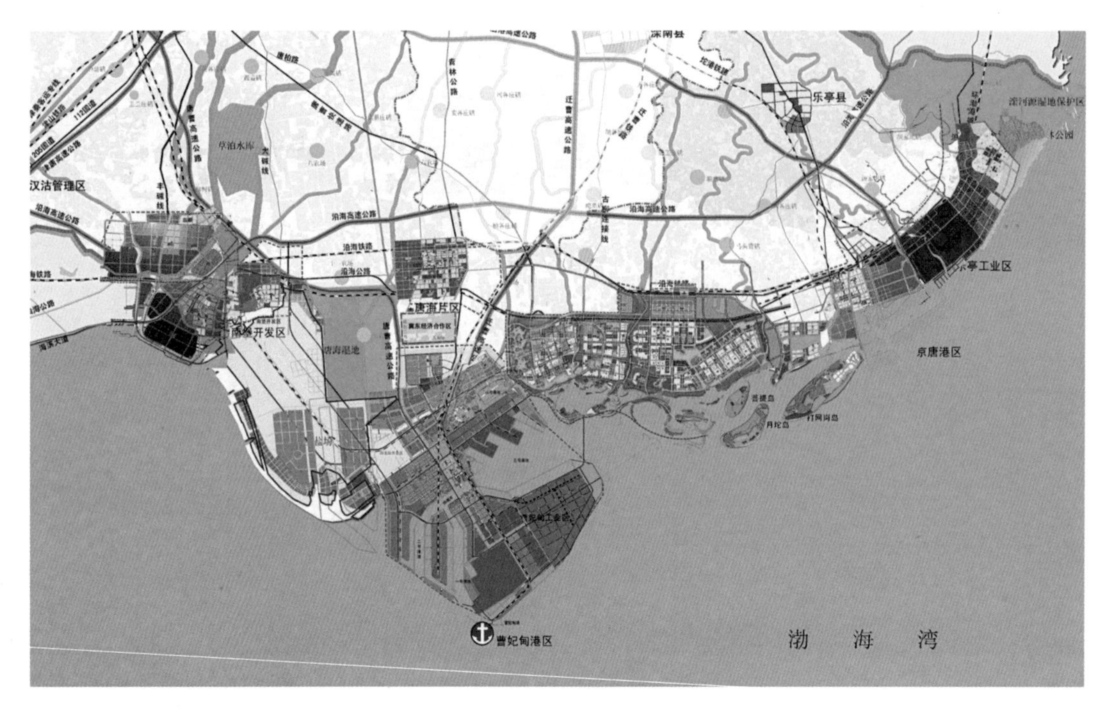

图 5-1-4 唐山市沿海地区规划拼合图
资料来源：中国城市规划设计研究院，2011

(Alexandria)、马赛、卡萨布兰卡等，形成了此种模式；此外，在香港、澳门等人地矛盾突出的地区，往往也采用此种模式。

该模式的特点是：

(1) 在建设用地布局上，建设用地沿海滨一线带状展开，连绵发展；

(2) 在开放空间组织上，海滨与内陆之间难以形成大规模的生态廊道；

(3) 在道路交通结构上，具有带状城市的交通特点，十分强调滨海一线的带状交通联系。

值得注意的是，在我国滨海城市规划中，由于缺乏区域协调和整体控制，往往使海岸带开发走进"连绵带状"误区，不利于海岸带的可持续发展。以唐山市为例，若将沿海地区相关规划拼合如图 5-1-4 所示，不难发现全市沿海一线几乎完全被城市新区和工业园区所占据，其建设规模显然超出了城市发展的实际需求。

（三）散点式

散点式（图 5-1-5）常见于以生态保护、休闲旅游、渔业开发等职能为主的海岸带。例如在法国南部海岸线的规划中，从比利牛斯（Pyrenees）到罗讷河河口，在数百公里长的海岸线上，没有大的港口，整个地区将作为旅游胜地进行开发；在保加利亚与罗马尼亚，港市之外布置设施完好的滨海休憩区，包括康斯坦察（Constanta）和马马亚（Mamaia）、瓦尔那（Varna）与左提•皮亚斯基（Zote Piaski）、金色海滩（Golden Beach）等。上述地区都从满足旅游与休憩需求的目的出发，采用了“散点式”发展模式。

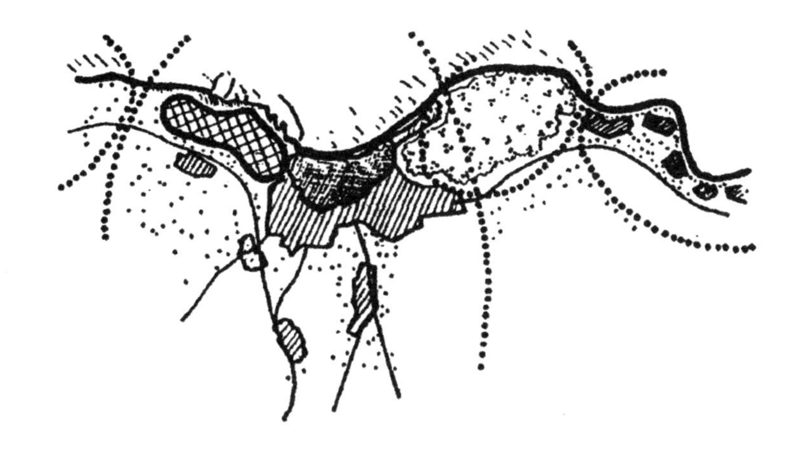

图 5-1-5 “散点式”发展模式示意图
资料来源：彼得•萨伦巴，1986

该模式的特点是：

(1) 在建设用地布局上，建设用地规划较小，且呈散点状布局；

(2) 在开放空间组织上，沿海地区以开放空间或农业生产用地为主；

(3) 在道路交通结构上，高等级的道路在腹地穿过，仅以枝状道路串联各点。

二、模式选择

基于海岸带开发适宜性评价结果进行海岸带开发模式选择：在旅游需求强烈而城市发展动力不足时，可以采用“散点式”发展模式；在城市发展动力强劲而腹地土地资源稀缺且沿海地区没有较多不适宜开发的土地的情况下，可合理采用“连绵带式”开发模式，但需预留完善的生态网络；其次应考虑生态保护需求，优先选用环境风险更小的发展模式；同时，将开发模式的选择与“非赖水产业”的转移结合起来，尽量避免“连绵带式”的开发模式。三类开发模式的优劣势如表 5-1-1 所示：

三类开发模式的优劣势 表 5-1-1

开发模式		极核式	连绵带式	散点式
增长动力和环境承载力	优势	在一般情况下可以满足较大规模的城市建设和产业发展需求，布局具有较大的弹性	可以满足极端情况下的城市拓展需求；对于现状为“连绵带式”布局的地区较为适用	在建设需求不强时适用
	劣势	在城市发展需求强烈而腹地土地资源不足时难以发挥效用	带状城市的道路交通、基础设施压力较大；未来发展的余地不足	除可以满足旅游休闲、农业生产等有限职能外，无法满足一般的城市发展需求，适用范围窄
产业滨水布局	优势	较好地实现赖水产业布局和非赖水产业疏解的平衡	可以承载大规模、集中化的赖水产业	最大限度减少非赖水产业在沿海地区布局
	劣势	用地紧张的情况下无法承载大规模的赖水产业	易导致赖水产业和非赖水产业均集中在滨海一线，使海岸带的使用效率降低	基本无法承载赖水产业的发展
生态安全		城市组团间的绿色开放空间充足，同时基本上可以满足海岸带湿地、沙丘、防护林带等生态要素的保护需求	建设用地密度较大，生态隔离空间不足，城市环境品质降低；海岸带各项生态要素的保护难度大	生态保护力度最大，除需要防治农业污染、渔业污染外，环境风险小

三、实例：京津冀海岸带开发模式选择

京津冀海岸线位于渤海西部，海岸线北起与辽宁省交界的秦皇岛市山海关区张庄崔台子，南至与山东省交界的沧州市海兴县大口河口。大陆岸线 640 公里，岛屿岸线 200 公里，跨越九个县和市，背靠首都圈，是稀缺的战略性资源。国家战略的发展要求，使其必须成为承担未来国家及地区层面人口迁移、产业布局和城市发展的重要载体。

京津冀沿海地区城市化的现状特征为：处于城市化初级阶段且滨海特征不明显，即使到规划期末 2020 年，沿海地区拥有海岸线的城市，多是人口 20、30 万和 10 多万的中小城市，仅秦皇岛和天津滨海新区具有特大城市规模。这样的城镇体系结构适合集中发展的模式，而不宜于沿滨海交通干线连绵分散布局。

同时京津冀沿海地区的既有规划在空间布局方面也属于依托主城发展港城新区的“极核式”发展模式，具体有如下共性特征：

1. 沿海化趋势

跳出中心城区，在滨海地区拓展新区。

2. 港城一体化

新区结合重点港口布局，通过港口和临港园区带动城市发展。

3. 连接主城与新区的交通干线成为城市发展轴

主城与新区通过高速公路和铁路等交通枢纽干线相连接，交通枢纽干线经过的地区是城市化发展的快速增长区域。

4. 依托港城构筑滨海城市发展轴

依靠港口带动发展的新城区，进一步发展沿海岸线向两翼扩展，成为推动滨海城市发展轴的增长核心。

更为重要的是，京津冀海岸线的大部是我国海岸带上生态脆弱、易受灾害的岸段。因此为了在开发过程中保护海岸线良好的生态环境，建议在规划期 2020 年内，采用“极核式”布局模式，它优于沿海岸线“一”字展开的连绵带。推荐的京津冀沿海地区的空间形态布局如下（图 5-1-6）：

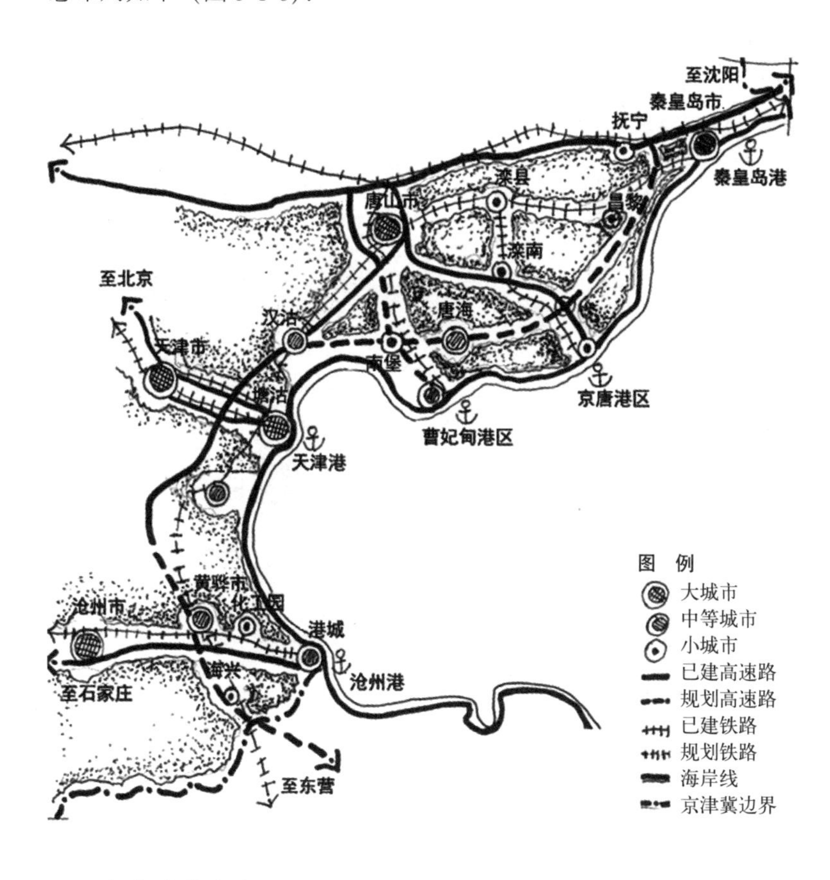

图 5-1-6　京津冀海岸线布局结构示意图
资料来源：京津冀城镇群规划海岸带保护利用专题

在京津冀海岸线地区，结合港口和产业园区的发展，培育若干城市增长核心：如秦皇岛、京唐港区、南堡—曹妃甸、天津滨海新区、黄骅港城等。以天津滨海地区为中心，以秦皇岛、唐山和沧州滨海地区为两翼构建“大滨海地区”，作为京津冀地区乃至华北地区发展的引擎。

发展连接内陆各大城市及其滨海新城的交通干线，形成唐山至京唐港区、唐山至南堡—曹妃甸、天津主城至滨海新区、沧州至黄骅和港城等主要的城市发展轴线，引导城市向沿海地带的战略转移(图 5-1-7)。

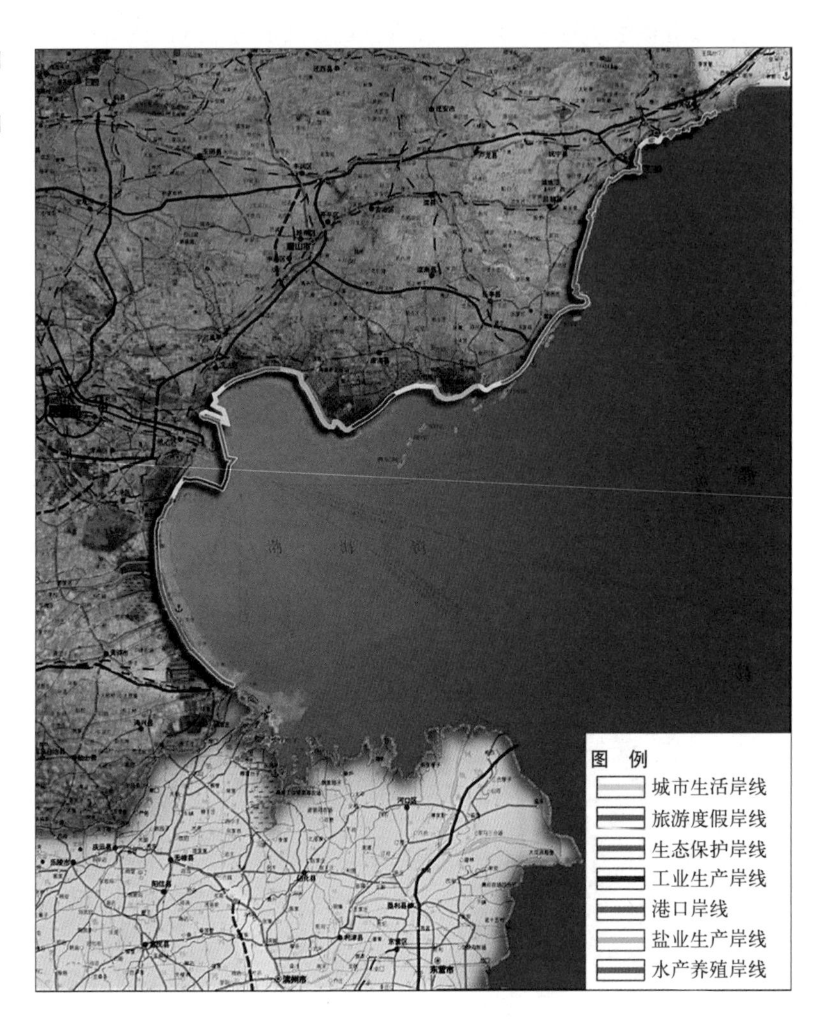

图 5-1-7 京津冀海岸线规划利用拼合图
资料来源：京津冀城镇群规划海岸带保护利用专题

待各城市滨海增长核心发展到一定规模，有生产协作需要后，沿海建设高速公路和铁路，但应使这些区域交通干线与海岸线保持一定距离，必要时可通过交通支线将各主要的滨海城市与沿海交通干线相连。

在各城市增长核心之间培育广域绿地空间，保护入海河流和渤海湾生态环境，保护河口和滨海湿地、自然保护区、滩涂养殖区，以河流、湿地、海洋构成的生态网络和城镇网络交织在一起，形成良好的生态环境。

第二节 海岸建设退缩线规划

一、海岸建设退缩线的概念及意义

高潮位以上100米的范围是国际海岸带普遍的重点管制区域，它是海岸带海陆交互作用最强、最为敏感、开发压力最大的地区，也是防范无序开发的重点对象之一。海岸建设退缩线是应对海岸侵蚀和其他海岸带灾害的最为有效的方法之一，指将距海崖、河道、岸线或多年生植物边界等地貌要素一定空间的界线，分为海滩建设退缩线和海崖建设退缩线，该界线向海一侧禁止全部或者特定类型的开发行为（Cambers，1997），其主要功能有：

1. 保护沿海开发免受诸如海岸蚀退、水灾、风化等自然灾害的破坏。

2. 控制沿海岸线的开发建设，特别是带状发展。

3. 保护海岸带海滩/沙丘等敏感资源和生态系统。

4. 确保公众对于海岸的可到达性。

5. 保护陆地和海洋的文化景观。

6. 为未来海岸带地区开发建设提供规划控制依据。

退缩线的划定标准因国家和地区而异，表5-2-1为不同国家和地区所采用的建筑退缩线距离。

不同国家和地区所采用的建筑退缩线（专用地区） 表5-2-1

国家或地区	自海岸线向陆地的距离
厄瓜多尔	--8米
夏威夷	---12米
菲律宾（红树林绿色带）	-------20米
墨西哥	-------20米
巴西	---------33米

续表

国家或地区	自海岸线向陆地的距离
新西兰	-------20 米
俄勒冈	----------- 永久性植被线（可变）
哥伦比亚	--------------50 米
哥斯达黎加（公共地带）	--------------50 米
印度尼西亚	--------------50 米
委内瑞拉	--------------50 米
智利	------------------80 米
法国	---------------------100 米
挪威（无建筑物）	---------------------100 米
瑞典（无建筑物）	---------------------100 米（一些地方达到 300 米）
西班牙	---------------------100~200 米
哥斯达黎加（有限地带）	--------------50 米至 -----------200 米
乌拉圭	---------------------------250 米
印度尼西亚（红树林绿色带）	--------------------------------400 米
希腊	------------------------------------500 米
丹麦（无夏季住户）	---1~3 公里
苏联 - 黑海沿岸（新工厂专用）	---3 公里

资料来源：John. R. Clark，2000

二、海岸带建设退缩线距离划定

参照美国及欧洲的经验（图 5-2-1），一般情况下，我国海岸带建设退缩线的划定主要有以下三个步骤：

1. 根据地质特征、权属、生态保护、政策管制等方面的不同，区分不同的岸段，采取相对应的退缩线划分标准和方式。

2. 综合考虑影响退缩距离确定的各类因素，具体包括：海岸蚀退、风暴灾害、海平面上升、生态保护、公共地带、污染源等。

3. 结合海岸带管理的实际需要，将各类因素所需的退缩距离进行整合、取值。

具体方法如下：

1. 海岸蚀退

根据美国北卡罗来纳州海滩地区的经验，小规模的新开发活

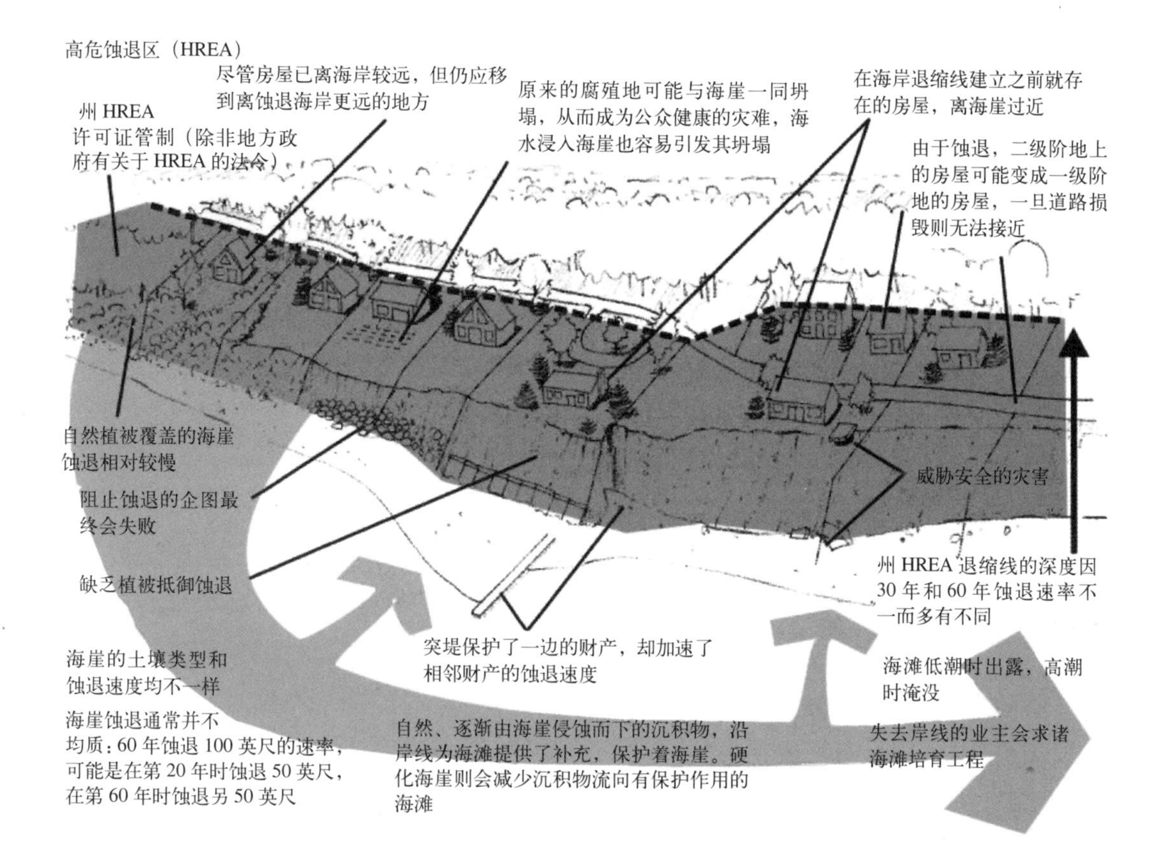

图 5-2-1 美国密歇根州海岸带管理计划高危蚀退区的划定

资料来源：Katherine A. Ardizone. & Mark A. Wyckoff，2003.

动的海岸建设退缩线应以 30 倍海岸侵蚀速率来划定，而更大构筑物的开发则以 60 倍海岸侵蚀速率来划定（Katherine A. Ardizone. & Mark A. Wyckoff，2003）。

在当地没有较为科学的海岸侵蚀速率数据的情况下，可以通过地形图海岸线对比获取海岸变化情况，并将蚀退较为严重的区域划为重点海岸蚀退区域。

日照海岸带规划中通过对 1975 年 1∶50000 地形图与 2003 年 1∶10000 地形图的海岸线对比分析得出，日照市海岸带近 30 年的海岸变化情况呈退缩状态（图 4-4-1）：南部沙质岸线与泥质岸线的退蚀变化情况较大，海岸线退蚀的最大距离为 1.35 公里，平均退缩距离约为 700 米，海岸线退蚀速率为 24 米 / 年；海滨中部城市地区人工岸线由于近 20 年的围堰养殖、港口填海、筑堤围海等人为建设，自然海岸线的长度大量缩短，海岸线未出现自然退蚀变化，反而由于填海建港致使人工岸线向海域延伸最长处达 2 公里；北部基岩与沙质岸线退缩较轻，平均退缩距离为 114 米，海岸带退蚀的速率为 3.6 米 / 年；但北部两城河口由于自然与人为因素的变化影响，岸线退缩达 1.27 公里（王忠杰等，2005）。

2. 风暴灾害

易遭受风和风暴浪损失（包括侵蚀和财产损失）以及风暴潮增水（静水上升）淹没的高风险区应划入建设退缩线内。因此海岸建设退缩线在满足一定年限的蚀退距离要求之外，还应当增加一定距离，以应对由于风暴潮等原因导致的海岸蚀退加速（Katherine A. Ardizone. & Mark A. Wyckoff，2003）。

3. 自然防护体系

为保持如潟湖湿地、珊瑚礁、红树林和绿色林带等构成的自然防护体系，应将生态要素划入建设退缩线范围之内，因此如果依据海岸带蚀退速率确定的退缩线穿越防护林时，应以防护林内陆边界作为建设退缩线的起点。

4. 人工岸线

如果是人工岸线，则以岸线作为建设退缩线。

三、海岸带建设退缩线管理措施

根据欧洲各国海岸建设退缩线的管理经验，通常将退缩线向海一侧划为不可建设区，如表 5-2-2：

不同欧洲沿海国家设置海岸后退线的情况及各自定义　　表 5-2-2

国家	是否设置了法定的海岸后退线	定义	备注
丹麦	是	向内陆方向延伸 300 米宽的区域为海滩保护区	禁止建设（少数需要海岸选址的个例除外）、圈地以及停车；限制引入新的人类活动类型
		向内陆方向延伸 3 公里宽的区域为开发保护区	
英格兰	否	5 米的等高线最近正在一些地区被用来参与海岸保护和水灾防御的管理工作	
芬兰	否	指导原则：在 100 米（局部可以增至 200 米）宽的沿海带状区域，一切开发活动受到规划要求的控制	环境部颁布规划导则：保护带的宽度因地因事而异
德国	是	下萨克森州（Lower Saxony）：向内陆方向 50 米筑堤防御，禁止一切建设	国家范围内没有一致的海岸后退线，其宽度因省（Länder）而异
		石勒苏益格 - 荷尔斯泰因（Schleswig-Holstein）：从海岸线向内陆方向 100 米宽	
		梅克伦堡前波莫瑞州（Mecklenburg-Vorpommern）：从海岸线向内陆方向 200 米宽	

续表

<table>
<tr><th>国家</th><th>是否设置了法定的海岸后退线</th><th colspan="2">定义</th><th>备注</th></tr>
<tr><td>挪威</td><td>否</td><td colspan="2">从海滨线向内陆 100 米范围内禁止开发</td><td>国家政策导则</td></tr>
<tr><td rowspan="4">波兰</td><td rowspan="4">是</td><td rowspan="3">专业带</td><td>沙质海岸：包括沙滩、沙丘并由沙丘脊向陆地方向延伸 200 米</td><td rowspan="4">设计主要用来控制侵蚀和防御水灾，但亦可用来进行自然保护；在两条带状区域内进行建设和开发必须经过相关海事办公室的批准</td></tr>
<tr><td>悬崖海岸：包括陡崖基部、陡崖并从崖壁上部边缘向陆地方向延伸 100 米</td></tr>
<tr><td>潟湖海岸：由潟湖岸向陆地方向延伸 200 米，或从海滨延伸至防洪堤</td></tr>
<tr><td>保护带</td><td>从海滨线向内陆延伸 2 公里；成为专业带的缓冲区</td></tr>
<tr><td rowspan="4">西班牙</td><td rowspan="4">是</td><td colspan="2">保护权：最小 100（可增至 200 米）</td><td rowspan="4">《国家海滨法》中规定的各类权限区域对海滨的开发和私有财产权力的行使进行了限制</td></tr>
<tr><td colspan="2">通过权：从海岸的陆地一侧边缘算起 6 米（可增至 20 米）宽的一条带状区域，为步行和搜救一直保持畅通无阻</td></tr>
<tr><td colspan="2">公众自由通海权：在保护区外部，要求每条通海路间距不超过 500 米，步行通海路间距不超过 200 米</td></tr>
<tr><td colspan="2">影响区：从海岸的陆地一侧边缘算起最小 500 米宽度范围内，严格控制建筑密度，要求设置停车空间</td></tr>
<tr><td>瑞典</td><td>是</td><td colspan="2">从海滨线向陆地和海洋方向各延伸 100 米，最宽限度为 300 米</td><td>新版《环境法规》中规定：保留用作户外游憩和自然保护的区域，禁止一切新的开发（或有例外）</td></tr>
<tr><td rowspan="2">土耳其</td><td rowspan="2">是</td><td rowspan="2">从“海滨边缘线”算起，最小 100 米的海滨带宽度</td><td>近海的 50 米海滨带状区域，禁止建设（必须靠海建设的项目，经过规划批准，可以例外），用作公众的通海需求和游憩活动</td><td rowspan="2">海滨带状区域规划政策的有效实施有赖于“海滨边缘线”的准确定义和描述，事实证明这并非易事</td></tr>
<tr><td>向内陆方向延伸的 50 米（或更宽）区域：经过规划允许可以修建基础设施和旅游服务设施</td></tr>
</table>

资料来源：Bridge L and Salman AHPM，2000

因此，本书建议将退缩线向海一侧划为不可建设区，而经影响评估后的对公共安全及服务必不可少的建筑物不在此限制之列，对必须临海的开发项目或土地利用方式如港口、野生动植物保护区、赖水工业和需要滨海的休闲旅游等，需进行风险评估并由海岸带相关管理部门甄别同意后，发放建设许可证，未办理许可证的项目禁止建设。

海岸带建设退缩线规划是海岸带规划管制中重要的强制性管制政策，但同时也应当保留其实施和修订的弹性，在后续的管理规划中可依据实际需求，进一步调整完善。原因在于：一方面，由于海岸带是一个综合的、复杂的生态系统，其保护与开发是长期和动态的协调过程；另一方面，目前包括各岸段蚀退速率等在内的海岸带高危灾害区的基础数据支撑不足。

应当指出的是，在规划批准实施后，必须经过特定的程序，方能对海岸带建设退缩线进行修订，以保持政策的刚性和严肃性。

四、案例：威海市海岸建设退缩线规划

《威海海岸带规划》针对沙质海岸和基岩海岸两种海岸分别划定了威海市海岸退缩线（图 5-2-2）（王东宇等，2005），如下：

（一）沙质海岸建设退缩线

以山东半岛海岸年均蚀退速率上限 3.0 米 / 年为计算的基数，以至少 60 倍于此基数的距离即 180 米为界，划定威海海岸带沙质海岸带建设退缩线；1992 年 16 号强热带气旋风暴期间威海海岸带最大蚀退距离为 15 米，取 20 米作为为风暴潮等不可预见因素预留的海岸建设退缩距离。

综合以上因素，威海海岸带沙质海岸建设退缩线划定如下：在无植被覆盖的沙质岸线，从最靠近海的沙丘沙脊向陆一侧 200 米的距离上划定；在有植被覆盖的沙质岸线，自沙丘靠海最近的第一条植被线向陆一侧 200 米的距离上划定。

（二）基岩海岸建设退缩线

由于缺乏威海基岩海岸蚀退速率的基础数据，参照波兰基岩海岸建设退缩线的设置标准，即在海崖崖壁上部边缘向陆地方向延伸 100 米划定威海基岩海岸建设退缩线。

（三）重点防海蚀区域建设退缩线

对于威海海岸带荣成大西庄、文登五垒岛湾以及乳山白沙口三个海岸防侵蚀区，建设退缩线划定如下：在无植被覆盖的沙质岸线，

从最靠近海的沙丘沙脊向陆一侧 300 米的距离上划定；在有植被覆盖的沙质岸线，从沙丘靠海最近的第一条植被线向陆一侧 300 米的距离上划定。

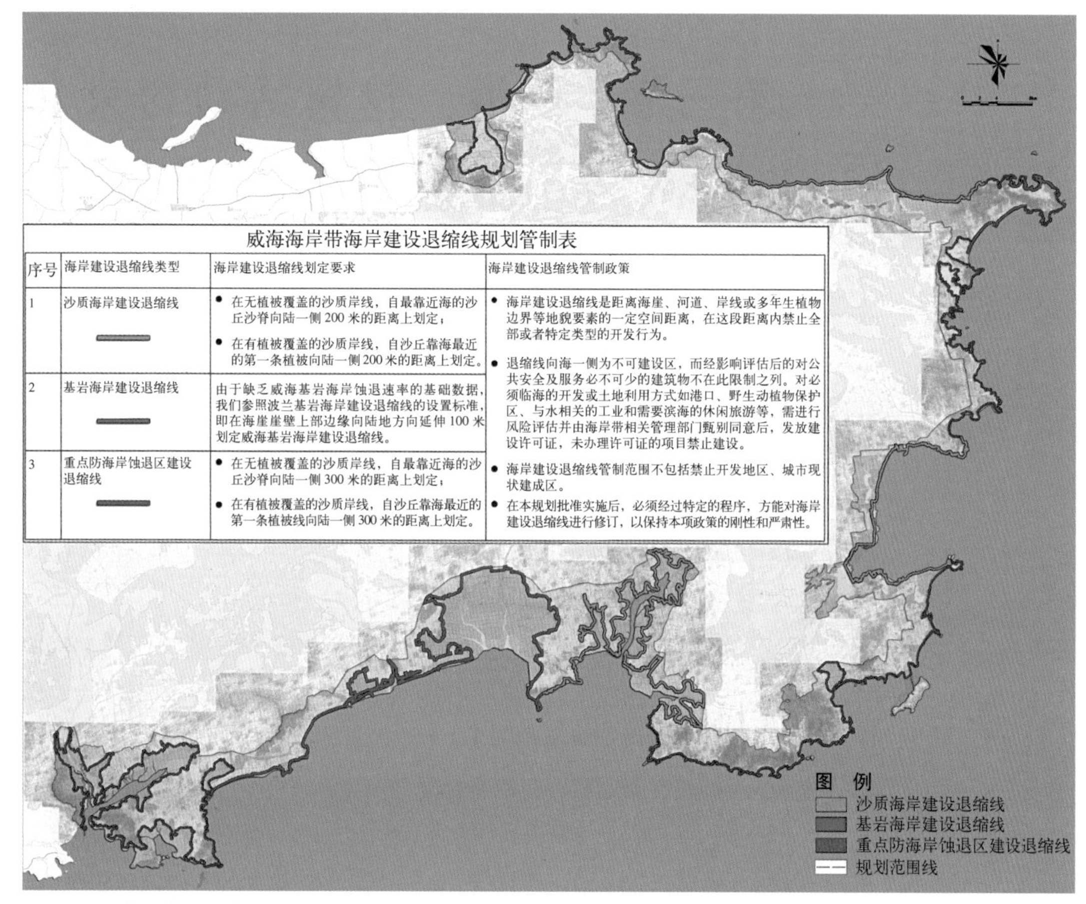

威海海岸带海岸建设退缩线规划管制表

序号	海岸建设退缩线类型	海岸建设退缩线划定要求	海岸建设退缩线管制政策
1	沙质海岸建设退缩线	• 在无植被覆盖的沙质岸线，自最靠近海的沙丘沙脊向陆一侧 200 米的距离上划定； • 在有植被覆盖的沙质岸线，自沙丘靠海最近的第一条植被向陆一侧 200 米的距离上划定。	• 海岸建设退缩线是距离海崖、河道、岸线或多年生植物边界等地貌要素的一定空间距离，在这段距离内禁止全部或者特定类型的开发行为。 • 退缩线向海一侧为不可建设区，而经影响评估后的对公共安全及服务必不可少的建筑物不在此限制之列。对必须临海的开发或土地利用方式如港口、野生动植物保护区、与水相关的工业和需要滨海的休闲旅游等，需进行风险评估并由海岸带相关管理部门甄别同意后，发放建设许可证，未办理许可证的项目禁止建设。 • 海岸建设退缩线管制范围不包括禁止开发地区、城市现状建成区。 • 在本规划批准实施后，必须经过特定的程序，方能对海岸建设退缩线进行修订，以保持本项政策的刚性和严肃性。
2	基岩海岸建设退缩线	由于缺乏威海基岩海岸蚀退速率的基础数据，我们参照波兰基岩海岸建设退缩线的设置标准，即在海崖崖壁上部边缘向陆地方向延伸 100 米划定威海基岩海岸建设退缩线。	
3	重点防海岸蚀退区建设退缩线	• 在无植被覆盖的沙质岸线，自最靠近海的沙丘沙脊向陆一侧 300 米的距离上划定； • 在有植被覆盖的沙质岸线，自沙丘靠海最近的第一条植被线向陆一侧 300 米的距离上划定。	

图 5-2-2　威海市海岸建设退缩线规划图

第三节　填海、挖掘活动约束和引导

一、填海的意义

填海是指把原有的海域、湖区或河岸转变为陆地。填海是滨海城市空间拓展的重要手段，其意义体现在以下几个方面：

（一）增加城市发展用地

例如日本东京湾的填海造地（图 5-3-1）始于江户时期，截至 20 世纪 90 年代初，东京湾的填海造地总面积达 250 平方公里，相当于整个东京湾水面积的 1/5（王东宇等）；又如澳门半岛为缓解地狭人稠的空间矛盾，在原有半岛面积 2.70 平方公里的基础上持续填海，到 1998 年半岛面积大体在 10 平方公里以内，陆地面积增加了 2.3 倍（张耀光，2000）。而在我国，截至 2007 年 7 月，全国各沿海省、直辖市围填海造地面积共计 2225041.02 平方公里，为我国提供了大量的城市工业、港口、交通和居住等土地，有效缓解了经济发展与建设用地不足的矛盾（陈书全，2009）。

（二）落实重大基础设施

当远离海湾没有可行地点建设机场时，可填海扩建机场候机楼，拓宽飞机跑道。如日本关西国际机场（图 5-3-2）更是整座填海，仅有联络公路与陆地连接；当没有其他的可行选择时，可填海建设高速路（桩基构造而不是实心填海），如杭州湾跨海大桥（图 5-3-3）。

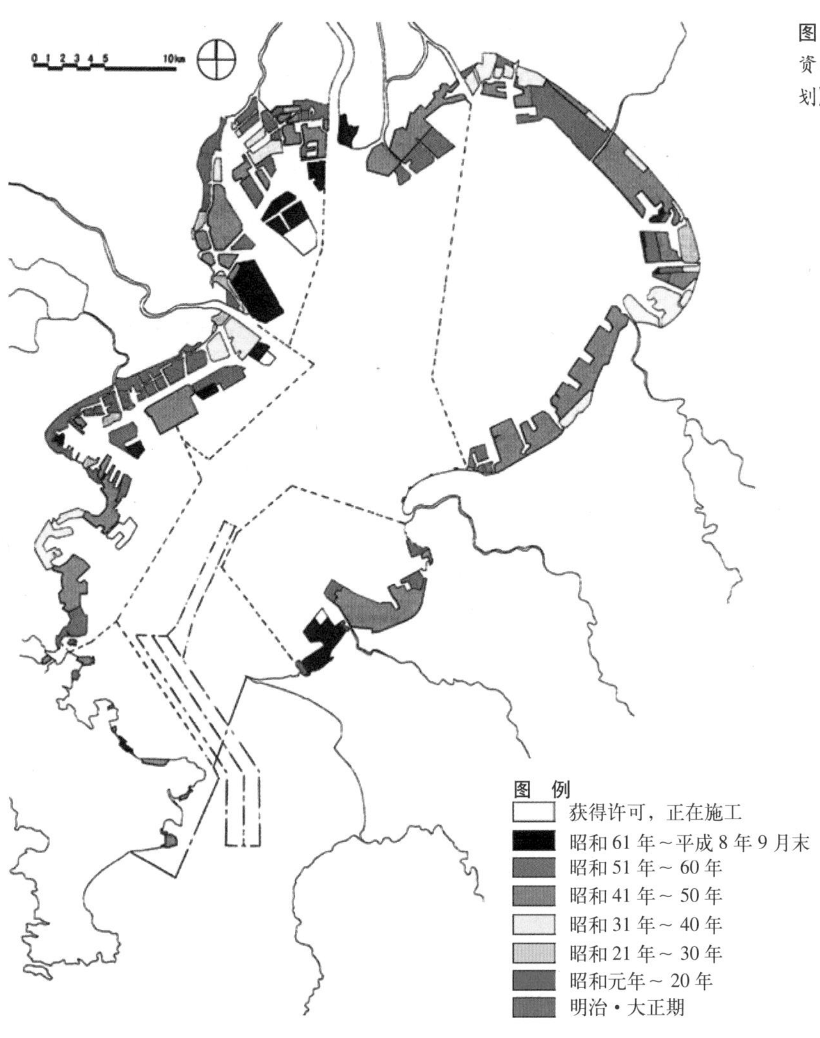

图 5-3-1　东京湾的填海造地
资料来源:《京津冀城镇群规划》海岸带保护利用专题

图 5-3-2　日本关西国际机场
资料来源：http：//www.sznews.com/travel/lontent/2013-02/08/content_7696843.htm.

图 5-3-3　杭州湾跨海大桥
资料来源：http：//cnyide.org/th-iclcbox/T-case.asp?id=13&keepThis=true & TB_iframe=true & height=520 & width=800

（三）美化海岸线，创造滨海公共空间

沿海建设海滨公园、游艇停泊港、垂钓码头、海滩、休闲步道和自行车道以及车行景观道等，是美化海岸线的重要形式。例如，新加坡的东海岸公园整体建于填海地上，是一片人工沙滩，景观优美。

二、填海的环境影响

持续的填海造地用人工化环境取代了原来的自然环境，因而大大增加了海岸带的环境风险。因此在海岸带规划中，应当充分考虑填海活动可能带来的环境风险：

（一）破坏鱼类及野生动植物的生境

国内外已有大量研究表明，填海活动对沿海生物多样性的影响巨大。

在植物方面，滨海湿地、红树林、珊瑚礁、河口、海湾等都是重要的近岸海域生态系统，大规模围填海活动致使这些重要的生态系统严重退化，生物多样性降低。近 40 年来，我国红树林面积由 4.83 万公顷锐减到 1.51 万公顷，其主要原因是围填海占用。广西壮族自治区因围填海和滩涂开发而大量砍伐红树林，造成 2/3 的红树林消失（刘伟和刘百桥，2008）。

在动物方面，大规模围海造地的行为，使大片水生生物的栖息地、产卵场、繁殖场、索饵场遭到破坏，不少生物种群濒临灭绝，遗传多样性大量丧失（刘育等，2003）。

而近岸海域是海洋生物栖息、繁衍的重要场所，大规模的围填海工程改变了水文特征，影响了鱼类的洄游规律，破坏了鱼群的栖息环境、产卵场，很多鱼类生存的关键生态环境遭到破坏，渔业资源锐减。例如，舟山群岛是我国的四大渔场之一，近年来渔业资源急剧衰退，大面积的围填海是其原因之一。辽宁省庄河市蛤蜊岛附近海域生物资源丰富，素有“中华蚬库”之称，但连岛大堤的修建彻底破坏了海岛生态系统，由此引发的淤积造成生物资源严重退化，“中华蚬库”不复存在（刘伟和刘百桥，2008）。

（二）降低海湾的净污能力

孙长青（2002）、杜鹏（2008）等人的研究指出，填海将改变近海的海洋水动力系统，造成海洋化学需氧量（COD）浓度场的改变及污染物通量的变化，从而影响近海地区的海洋自净能力。

如山东省日照市的填海活动，改变了海流方向，形成了滞污区，对海洋生态环境和渔业、养殖业造成了严重影响（图 5-3-4，图 5-3-5）。

而《旧金山湾规划》（San Francisco Bay Conservation and Development Commission，1993）指出，来自大洋的凉爽气流漂浮在

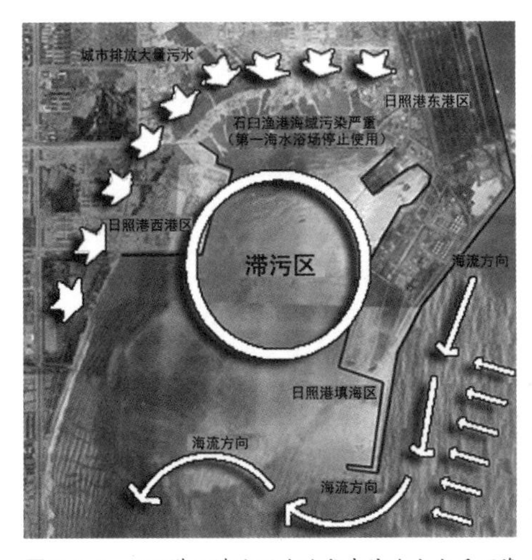

图 5-3-4 日照港口填海码头造成内湾海水水质下降
资料来源：日照市海岸带分区管制规划

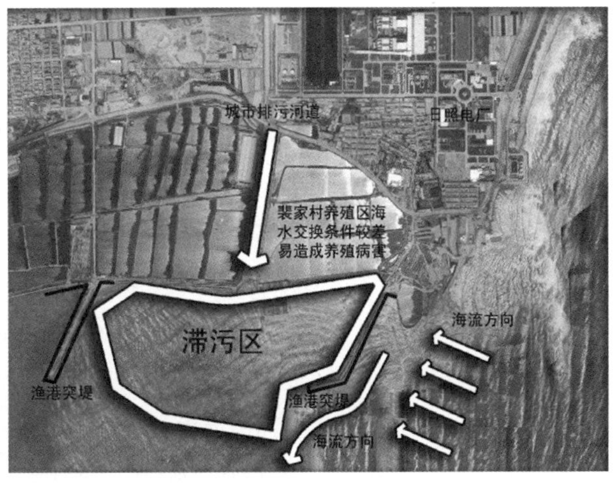

图 5-3-5 电厂南部突堤渔港码头造成海水水流方向改变
资料来源：日照市海岸带分区管制规划

开放水面上，减少开放水面将会降低夏天到达圣克拉拉谷（Santa Clara Valley）和卡奎海峡（Carquinez Strait）的空气量，从而增加逆温倒转现象的频率和强度，凝结空气污染物质，在海湾地区形成烟雾。

三、填海活动的引导原则

（一）遵循国家法律和海洋功能区划

为遏制盲目围填海对海域的无序开发使用，目前国家和政府已经出台了一系列的政策法规，对填海活动予以管制。在海岸带规划中，应严格遵守下列法律法规。

《中华人民共和国海域使用管理法》中，强化了对海域的使用管理，实施海域使用许可证和征收海域使用金制度，减少无序开发对海岸带的破坏。该法还明确了各级人民政府项目用海审批权限，提出了以海洋功能区划为依据审批项目用海，并规定沿海县级以上地方人民政府要依据该法的有关规定，加强海洋功能区划的编制、修订和实施工作，凡不符合海洋功能区划的，不得批准。

国务院分别于2002年和2004年发布了《国务院办公厅关于沿海省、自治区、直辖市审批项目用海有关问题的通知》（国办发[2002]36号）和《国务院关于进一步加强海洋管理工作若干问题的通知》（国发[2004]24号），国家海洋局进一步发布了《关于加强区域建设用海管理工作若干意见》（国海发[2006]14号）和《防治海洋工程污染损害海洋环境管理条例》。上述法律法规均要求严格控制填海活动，加强审批和管理，减少环境影响。

在《中华人民共和国海域使用管理法》的指导下，沿海地方政府均出台了海洋功能区划，从空间布局、政策管制等方面合理引导填海活动。海岸带规划在确定填海活动的位置、内容、强度时，应以相应的海洋功能区划为基础。例如，在《浙江省海洋功能区划》中，提出了浙江省共设置围海造地区13个（图5-3-6），包括杭州湾北岸围海造地区、慈溪一镇海围海造地区、北仑围海造地区、象山东部围海造地区等（浙江省海洋与渔业局，2007）。

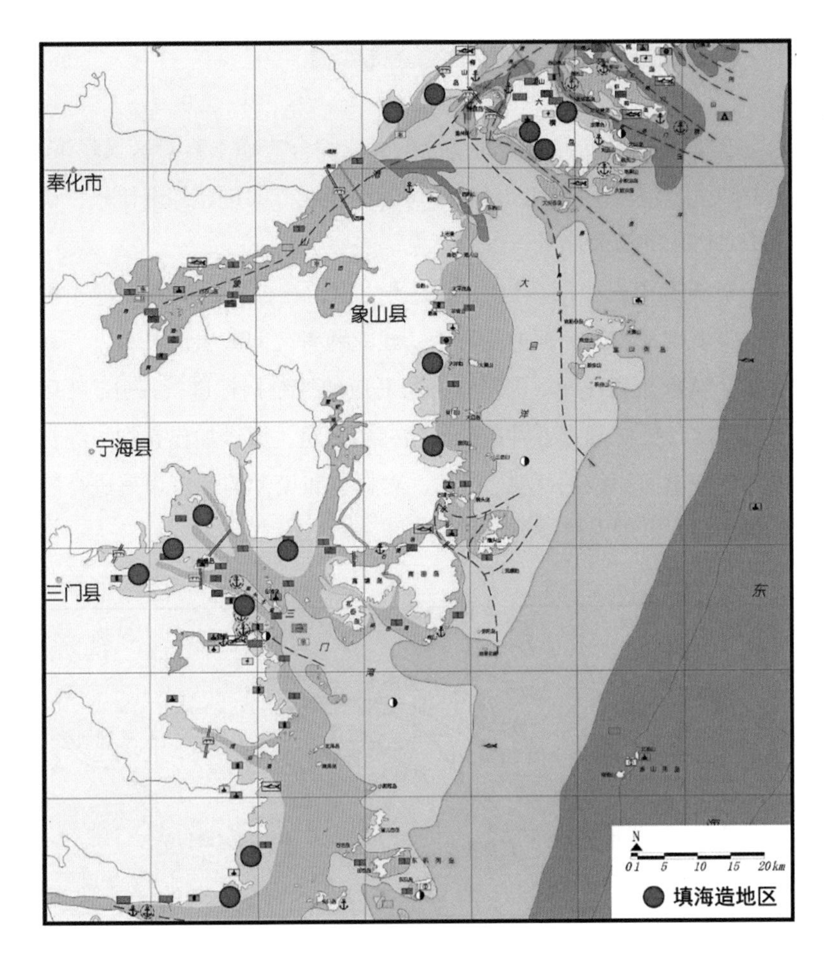

图 5-3-6 《浙江省海洋功能区划》分图三中确定的填海造地区分布图
资料来源：在《浙江省海洋功能区划》，2007 的基础上修改

（二）填海活动应基于公共利益

引导以基于公共利益的填海活动：

1. 对于开发新的休闲娱乐场所和公共设施应该给予支持，例如海滨公园、游艇停泊港、垂钓码头、海滩、休闲步道、自行车道、车行景观道以及可以改善海岸带公众接近、提高海岸线显现度的填海活动等。

2. 对于以地区发展、运输原料和工业产品为基础，充分发展港口业和开发通向港口的工业用地的填海应该支持，但应该限制其填海面积。

3. 若经过深入研究，内陆地区若没有可行地点建设机场或者没有更好的选择建设跨海公路，可填海扩建机场候机楼，拓宽飞机跑道和以桩基构造建设跨海公路。

（三）通过多方案比选优化填海方案

在填海活动不可避免的情况下，应综合考虑工程对区域经济、社会和生态环境的影响，对各种可能的岸线方案进行综合比较，确定相对优化的填海岸线。

秦华鹏和倪晋仁在 2002 年的研究中，在分析深圳湾填海工程的主要影响及控制指标的基础上，建立两者之间的层次关系，并利用数学模型预测各种填海岸线方案对应的控制指标进行评分；然后采用层次分析法确定各种影响及指标的权重，通过加权叠加，综合评判各种填海岸线的优劣；最后，对权重和模型的计算误差进行敏感性分析，以增强决策的可靠性（图 5-3-7）。

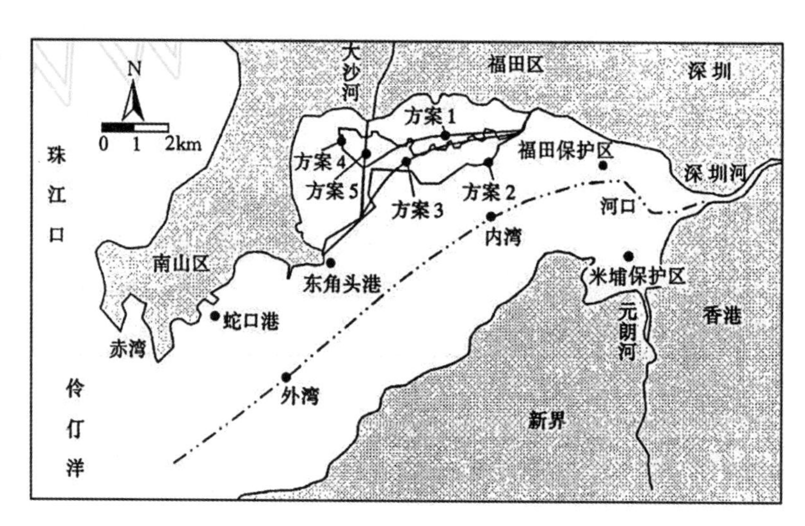

图 5-3-7　深圳湾填海的 5 个方案示意图
资料来源：秦华鹏和倪晋仁，2002.

该项研究从填海的经济效益，填海对海湾潮汐特性，泥沙运动规律和污染物迁移转化规律的改变，及其对防洪、航运和生态系统或自然保护区等方面出发，最终确定各方案优劣的排列顺序为方案 4、3、1、5、2，并选择方案 4 和方案 3 为优选方案。

四、填海适宜性分析

在允许填海的前提下，为甄别填海适宜度最高的海域，应进行填海适应性分析，确定各岸段的填海适宜性。本书建议构建如下的适宜性评价指标体系（表 5-3-1）：

填海适宜性评价指标体系 表 5-3-1

指标类别	指标名称	备注
海岸生态	海岸侵蚀	喀斯特地貌、海蚀地貌等
	独特地貌	古贝壳堤、沙丘等
	生态敏感区	重要的河口、湿地等
	特定类型的海岸	自然淤涨性海岸，属于淤泥质海岸的荒滩、废滩、平直开阔的海域，原生沙质海岸，海岸为陡崖、存在泥沙强烈活动区
	地质灾害多发的海岸	已确定存在下陷、坍塌、滑移等严重地质灾害及基底不稳定地区
海洋生态	重要的海洋生物生境	重要海洋游泳生态产卵场、索饵场、越冬场、洄游区及放流区，以及珍稀濒危海洋生态物种集中分布区域等
	高度丰富的海洋生态多样性区	
	海域环境条件较差的海域	劣Ⅳ类水质且劣Ⅲ类沉积环境海域
经济社会	重要的滨海旅游区	
	滨海公共开放空间	包括海水浴场、滨海公园等
	重大基础设施	海底电缆、海底管线、海底隧道、核电站等
	重要海洋开发活动海域	滨海旅游区、港口码头区等
	现状赖水产业布局	渔业、养殖业等
政策要素	海洋功能区	海洋功能区划中禁止或限制开发的海域
	各级自然保护区	
	海洋保护区	
	军事区	

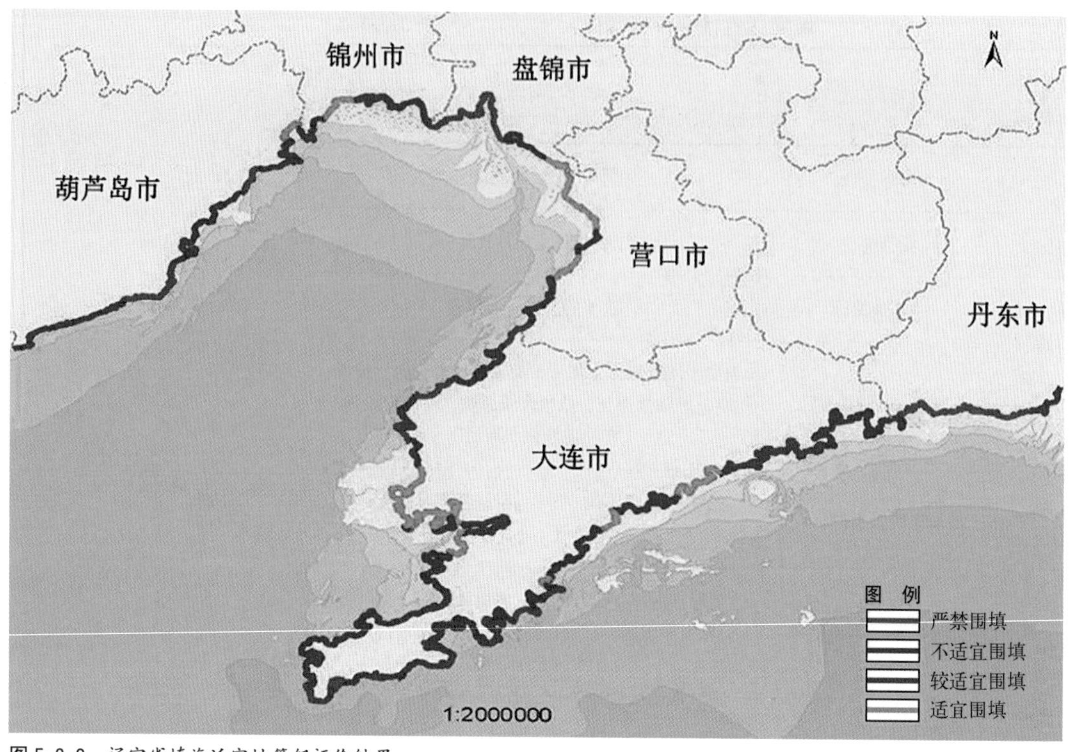

图 5-3-8　辽宁省填海适宜性等级评价结果
资料来源：于永海等，2011.

根据生态保护、政策管制、生产防护等方面的技术分析和规范要求，采用专家咨询和专家打分方法，按照空间距离的不同在各项指标外围分级建立分区，并赋予各分区相应的评价分值（图 5-3-8）。具体的评价和打分方法，可以在本书第三章第三节中找到。

五、填海活动管控措施

（一）分期有序地推进填海活动

在大规模规划填海的建设过程中，应秉承循序渐进、由易到难、由浅入深、由近及远的原则，在先期降低填海造地的难度和投资成本，提升填海工程的前期效益，后期则可根据发展动力的变化，在对前期填海工程的环境影响进行检讨的基础上，有弹性地开展后续填海活动。

新加坡裕廊工业区的建设体现了分期填海的优越性。为降低发展化工和临港产业对城市的影响，工业区的石化产业和港口建设分布在由填海形成的人工岛屿上。目前，裕廊化工岛已经成为拥有24万居住人口、港区城一体化的综合产业新城，是世界第三大石化炼油中心，新加坡最大的综合工业区。裕廊化工岛的规划研究预示到港、城、业一体化发展的远景，因此采用分期实施、配套先行的填海开发方式。前期投入大量资金，重点建设港口、码头、铁路、公路、电力、供水等各种基础设施。同时，各种社会服务设施也同步发展，兴建学校、科学馆、商场、体育馆等，使裕廊工业区成为城市生产和生活的综合体。后期引进外资，带动园区经济的发展。新加坡这种从长远发展考虑，基础设施先行的填海开发模式计划性强、效率高，利于填海与城市的整体性发展。

（二）尽量减少填海活动的环境影响

为减小填海的负面影响，应尽量减少填海面积。对于已经被破坏的重要生态系统，还可以根据其功能进行人工恢复。例如，早在1965年，美国就成立了旧金山海湾保持和发展委员会，致力于减少不必要的填海，并对已经损失的湿地进行人工补偿性重建，经过努力，使得每年的填海面积减少到0.06平方公里，退化的湿地得到恢复，保存了344平方公里的农用、养殖用及自然保护用的湿地，同时保护了生物多样性（San Francisco Bay Conservation and Development Commission，2003）。

又如，山东招远春雨一级渔港早期的平面布局有一定缺陷，主要是填海面积偏大，港池内泊位偏少，且选址对旁边的一条小河入海口有一定阻挡和影响。在海洋专家的建议下，经过论证单位国家海洋局北海环境监测中心以及业主单位的认真修改完善，将招远春雨一级渔港的新平面布局进行了局部移动，远离了小河入海口，适度缩减了占用自然岸线的长度和填海造地面积，并在港池内增加一条岸堤，既增加了停靠泊位，也分开了渔船与旅游船的停靠区域，使渔港的使用更加合理，利用率更高。对修改后的方案，海洋管理部门、海洋专家尤其是业主单位非常满意，这一案例可作为布局设计修改完善的典范（尹延鸿，2010）。

（三）加强填海地区的安全防护

《旧金山湾规划》（San Francisco Bay Conservation and Development Commission，2003）对填海地区的安全防护作出了详尽而严格的规定。该规划指出，旧金山湾的所有填海都在泥质海湾上，建在此类填海陆地上的建筑物在常规沉降和地震期间要比建在岩石或重质硬土沉积岩上的建筑物对生命和财产造成更大的隐患。为此规划提出了以下的应对策略：

（1）构建工程标准审核委员会，由地质学家、专攻地球技术工程和海岸工程的土木工程师、构造工程师和建筑师组成，委员会的职权包括：制定和修改有关海湾填海及其上建筑物的安全标准、审核所有的项目并提出建议、规定一套检查系统以确保填海项目按照已批准的设计进行建设和维护等。

（2）提供必要的有关地震对各种类型土壤作用的信息，必须在以后主要的填海所造陆地上安装强地动地震仪。另外，在问题土壤的其他开发项目中以及在美国海岸和测地勘察局建议的区域，委员会鼓励安装强地动地震仪，以进行数据对比和评估。

（3）为了避免遭受洪水的侵袭，填海陆地或近岸线陆地上的建筑物必须建有适当的防洪设施，有经验的工程师同时也要考虑到将来相对海平面上升。作为一种通用规则，在填海陆地或近岸陆域上的建筑物必须高于高潮水位或远离海岸退缩线，以保障建筑物不受潮水冲击的影响。在所有情况下，建筑物的底层高度必须高于预计最高潮水水位。经特殊设计可以承受周期性水淹的建筑物可以不遵守通常高度标准的规定。

（4）为了尽可能减少海湾填海项目和岸边建筑发生沉降的潜在危险，所有的待建项目在项目生命周期内都必须高于最高预计潮水水位，或在项目预期使用的期限内必须受到防洪堤的保护以免受建筑沉降所带来的影响，潮水水位和建筑沉降的最新信息由美国地质勘测局和国家海洋服务局提供。按照路权要求，保护内陆区域免受潮汐洪水侵袭的防洪堤必须在陆地一边有足够的宽度，为将来加宽堤岸、支撑追加堤的高度而做好准备，这样就不会在海湾区域为了加宽防洪堤而进行填海活动。

（5）负责防洪的地方政府和特别行政区必须在制定规定和标

准时考虑到未来相对海平面的上升，必须确保在易受或将来易受洪水侵袭的区域不会批准建设新建筑物和旅游项目，必须确保批准的建筑物和使用项目建设在稳定的地基上，以长期避免洪水的侵袭。

（四）合理引导基于公共服务需求的填海活动

考虑到海滩资源的公共属性，应当允许为增加海滨旅游项目而进行合理的填海工程，这些公益旅游设施主要为海岸线公园、公共交通设施、对公众开放的海滨场所与海滨游憩景点，同时要严禁私自圈地填海营建营利性质的旅游设施。

在美国旧金山湾规划中，对基于公共需求的填海活动主要提出了如下的引导措施：

1. 填海项目应限制使用的面积,其目的主要限定在公共娱乐（海滨、公园等），以及海湾贸易娱乐及海湾公共设施，也就是吸引公众享受海湾及海岸线而设计的设施。

2. 填海项目不应与相关的上位规划相矛盾。

3. 填海项目的内容设置应与周边其他公共服务设施协同考虑，避免不必要的重复。

4. 项目的地基部分应建于现有土地上，项目应设计为尽可能少的填海量。

5. 填海项目应保障公众永久的使用权利，免费开放，建立永久海岸线。

六、海岸带挖掘活动引导

（一）挖掘活动的意义

海岸带挖掘活动是指从海岸带挖出或掘取物质。通常，为了保证港口的港口设施、涉水产业、游船和防洪渠拥有安全的航道和清洁的港池，必须对海湾进行必要的挖掘、清淤。同时，为配合海湾填海项目，还需要挖掘不稳定的海湾泥（旧金山湾规划）。

挖掘项目可能破坏现有的海岸带生态环境。例如，挖掘可能破坏海洋生物的生境，从而引发生态危机；挖掘、处理海岸带沉积的污染物，可能造成这些污染物的扩散和传播，从而给海岸带生物带来负面影响。另外，挖掘产物的处理、堆放和再利用均需要耗费大量的成本，可能造成一定的经济负担。

（二）挖掘活动的引导

挖掘活动的空间布局应当遵守以下的原则：

1. 严格把握挖掘活动的准入门槛

总体而言，基于以下目的的挖掘活动可以允许：挖掘是为了临水使用或其他重要公众目的，比如航海安全；挖掘物能满足所在地区的水质管控要求；挖掘活动可以按照季节性限制的规定来保护重要渔场和海湾自然资源；项目的选址和设计能带来项目所需的最小挖掘量。

2. 保障挖掘物的再利用或妥善处理

确保可以为挖掘项目提供足够容量的处理场地，如潮汐处理场、深海处理场等；挖掘项目必须使挖掘物得到充分的循环利用，与保护和加强海湾自然资源的活动相一致，比如创造、加强或恢复潮汐沼泽和湿地培育区，建造和维护堤防，提供覆盖和封闭垃圾场的材料，作为填充建筑场地的地基材料。

3. 减少挖掘活动的环境影响

应谨慎管理在海湾和特定河道处理的挖掘物，确保挖掘物的具体位置、体积和物理特性以及处理时间的选择不会对航运造成危险、对海湾沉降、水流或自然资源产生负面影响；谨慎设计挖掘项目，使其建设活动不会破坏任何邻近的堤防、填海项目或鱼类和野生动植物的生境。

根据上述原则，可以从空间上对挖掘活动进行有效的导引（图5-3-9）。

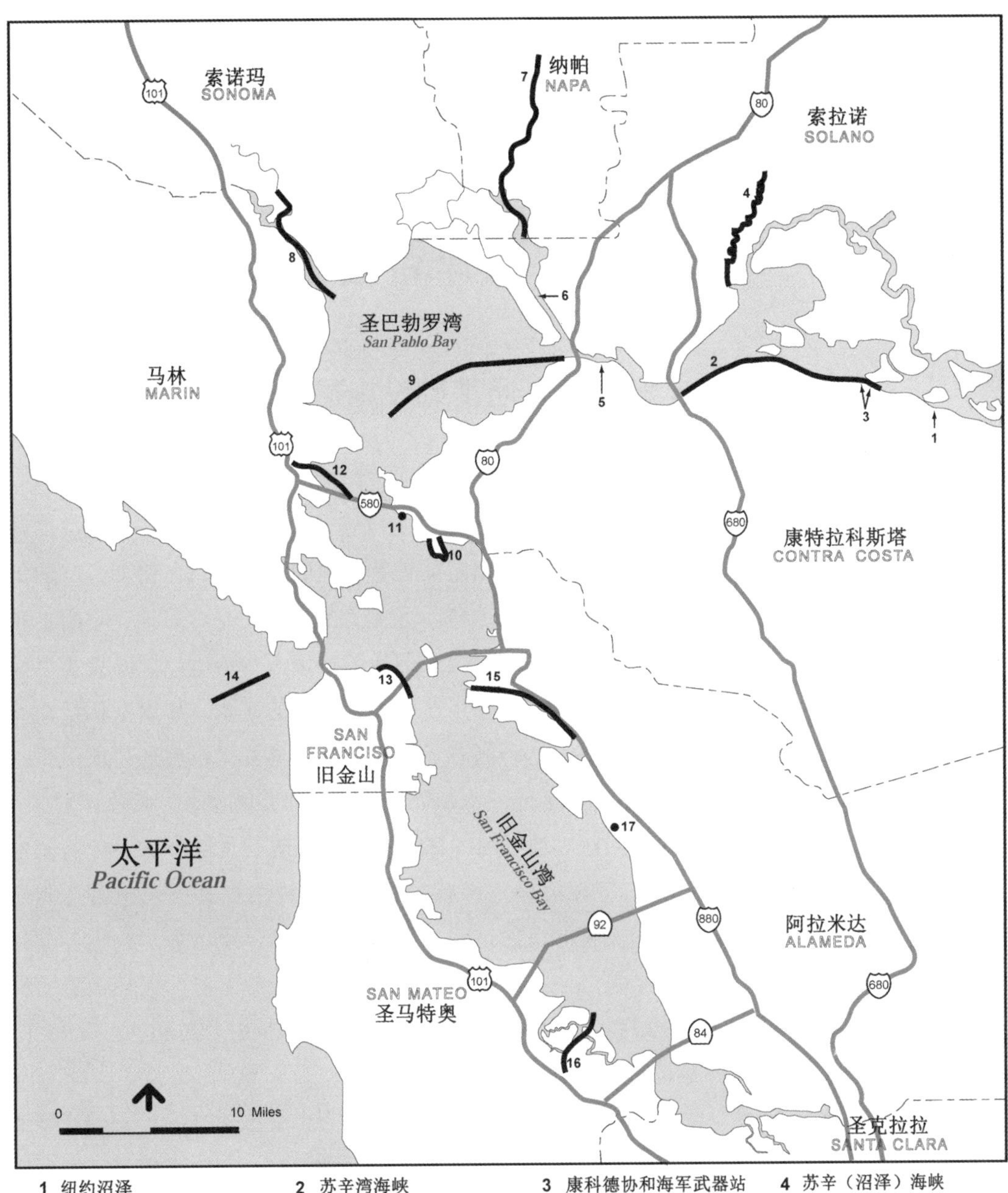

1 纽约沼泽　2 苏辛湾海峡　3 康科德协和海军武器站　4 苏辛（沼泽）海峡
5 埃克森贝尼西亚　6 马雷岛海峡　7 纳帕河　8 佩塔鲁马河
9 皮诺尔海滩　10 里士满港　11 雪佛龙里士满　12 圣拉斐尔溪
13 旧金山港　14 旧金山海滩　15 奥克兰港　16 红木城
17 圣莱安德罗码头

图 5-3-9 旧金山湾挖掘活动空间分布图

资料来源：San Francisco Bay Area Seaport Plan

第四节 海岸带交通发展规划

一、海岸带交通基础设施建设的误区

铁路、高速公路和公路在占据海岸带土地的同时，也导致了生态环境的破碎化。道路越宽（交通量越大），给动物造成的障碍就越大。公路交通则是最耗费土地的交通方式。例如，欧盟的道路网占土地面积的1.3%，而铁路仅占0.03%。另外，不断扩张的道路和高速公路网使得人们能够接近原本遥远、因而处于半保护状态的海岸带，导致了对海岸带保护的减少。如果我们任由城市化继续发展，这一问题还会加重。交通基础设施还可能引发水文上的变化(包括地下水和河流),引起蚀退和沉积。蓝色计划(the Blue Plan）针对地中海地区存在的问题时（也同样适用于其他地区）谈道:“在海岸边缘布线的公路和铁路等基础设施会抑制海岸形成和发育的自然过程，并能引起非常严重的海岸蚀退，其反作用的结果之一将可能会导致这些基础设施本身的毁坏，意大利很多铁路就是这种情形。”(European Code of Conduct for Coastal Zones，1999)

在我国，部分沿海城市海滨观光大道的修建，往往本着线型和断面“宽、大、直”、布线紧临海边的原则，不仅引发了不合理的沿海岸线线性开发，还造成海滩等海滨旅游及景观资源、防护林及其他敏感资源区资源的破坏。

二、海岸带交通组织

重大交通基础设施应当尽量放在内陆地区，例如过境交通要道、机场、铁路等；海岸带滨海道路与交通应当采用滨海“鱼骨式”交

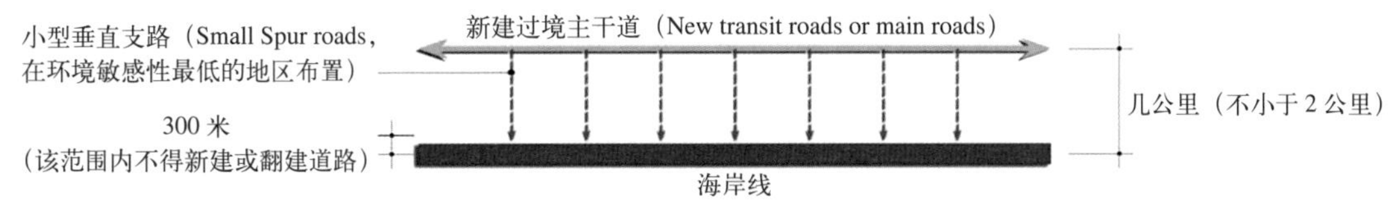

图 5-4-1　海岸带交通模式
资料来源：根据 European Code of Conduct for Coastal Zones（1999）绘制

通模式（图 5-4-1）。

同时，在组织海岸带交通体系时，应遵循以下的基本原则：

（1）与海岸线平行的过境干道和高速公路应当在距海岸线一定距离（原则上不小于 2000 米）的内陆腹地合理布线建设，并通过布置与之垂直的小型支路达到接近海滨岸线的目的，以减小滨海过境干道和高速公路对海岸带的破坏。

（2）禁止在海滩、潟湖、不可开发区或其他生态敏感区，如沿海防护林内修建新的过境干道或高速公路。

（3）连接滨海过境干道、高速公路和海滨岸线的小型支路应在环境敏感性最低的地区布置。

（4）沿海岸不应修建新的地方性服务道路。只有在海事安全、国家防御、公民安全，以及与港口相关的公共服务运营等需要服务性道路时，才能修建。

（5）应当尽可能使用再生能源，并鼓励发展环境友好模式的公共交通。

（6）交通网络应当在强调公路和航空交通模式向铁路和航运交通模式转变的基础上，实现多样化。沿海交通应尽量依托铁路或海运，在已有铁路或海运交通设施的地区，应尽量减少长距离的滨海公路运输。

（7）鼓励以采用清洁型燃料、低成本的公共交通方式组织旅游人流，旅游路线组织应以避免对当地自然环境的破坏为原则。

例如，在美国得克萨斯州杰弗森县的交通规划中，为保障滨海地区的环境品质，满足公众接近的要求，快速交通均在外围地区进行组织，并通过联络线与城市交通、滨海交通相联系，而海滨地区全部采用游憩小径的形式，严格控制机动车交通的速度和流量（图 5-4-2）。

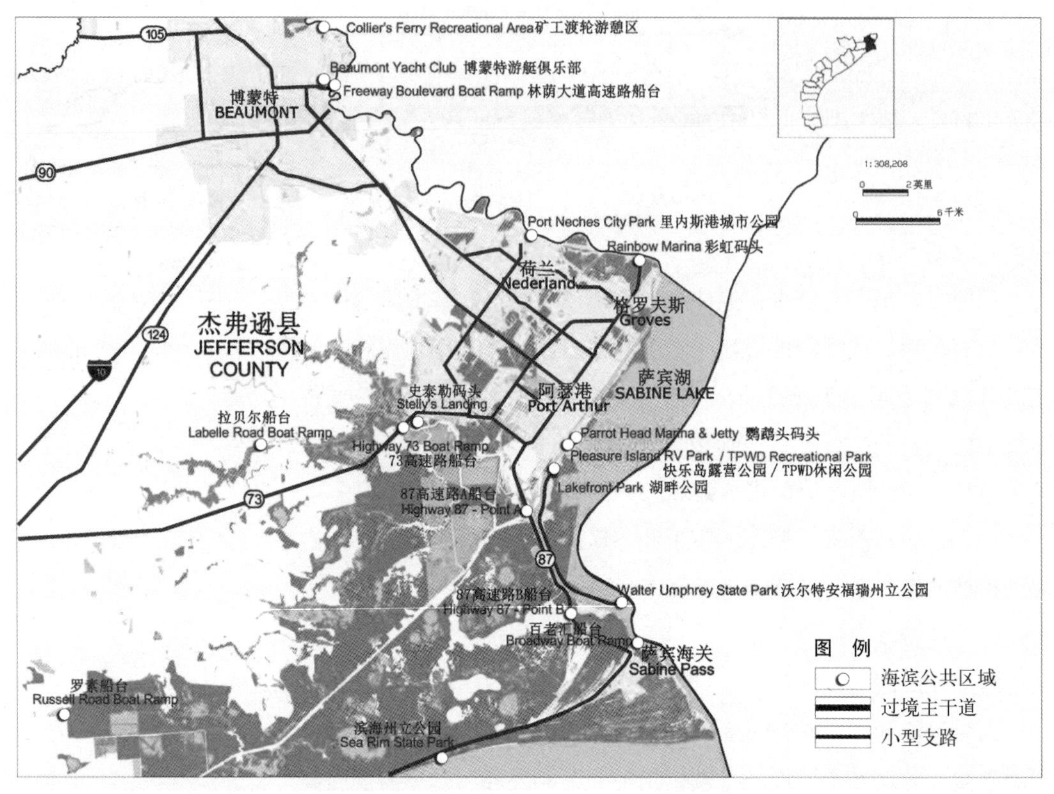

图 5-4-2 得克萨斯州杰弗森县海岸带交通体系图

资料来源：Texas Beach and Bay Access Guide

第五节　海岸带产业布局与引导

一、产业布局原则

（一）资源和环境保护原则

海岸带产业布局应当遵从海岸带开发适宜性评价结果，避免在不适宜的地区布局产业用地。

（二）赖水产业（Water-Dependent）优先布局原则

为高效利用稀缺的岸线资源，避免开发活动向海滨岸线的集聚，海岸带产业布局应当采取赖水产业优先布局的原则。赖水产业是指那些发展需要临近海水，以利用海岸线边缘多种资源的产业，广义的赖水产业应包括：

(1) 需要占据可通航深水区的滨水位置，以便通过船只吞吐原材料和产品，节约运输成本的港口运输业；

(2) 需要大量水来制冷或加工产品的产业，此类产业通常在海岸线附近寻找厂址，被称为“耗水产业”，如火力发电厂等；

(3) 从赖水产业得益或支持赖水产业的产业，此类产业在赖水产业附近寻找厂址，被称为“相关产业”，如临港产业等；

(4) 需要利用海滩、礁石等海滨景观及利用资源的海滨旅游业、盐业；

(5) 动植物栖息的“零次”产业，如渔业养殖。

而那些不必依赖海水和海岸线，仅仅只是因为优惠的土地费用而在海滨寻找厂址的产业，应在远离海岸和河流的内陆腹地布局。例如，在《威海市城市总体规划（2004～2020）》中，考虑到威海市区现状有大量的海滨资源被非赖水产业占据，规划提出了将此类

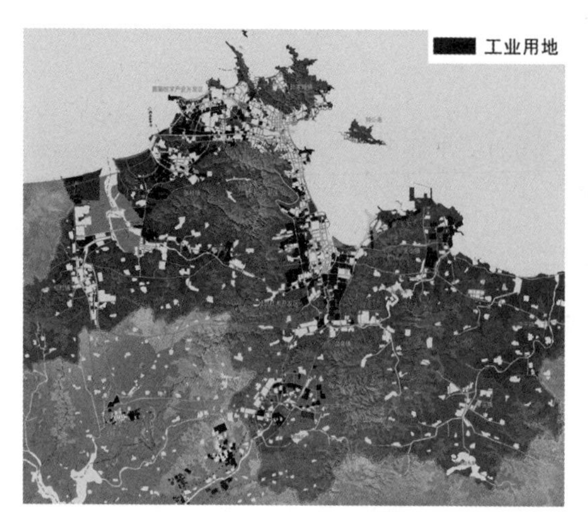

图 5-5-1 威海市区现状工业用地分布图
资料来源：威海市城市总体规划（2004-2020）

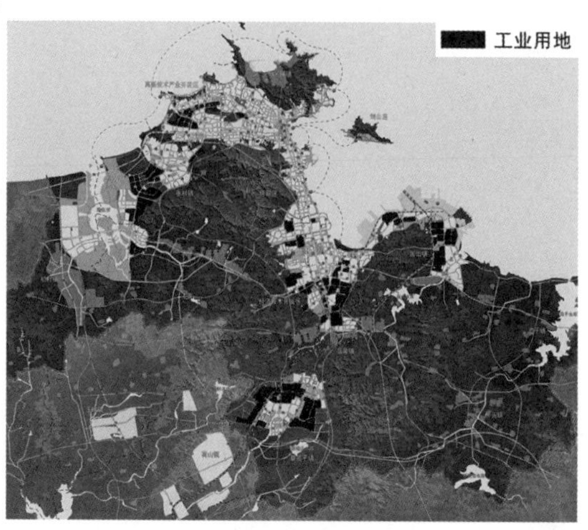

图 5-5-2 威海市区规划远期（2020 年）工业用地分布图
资料来源：威海市城市总体规划（2004-2020）

工业向南部腹地转移的策略，从而将优质海岸线从低效的利用方式中解脱出来（图 5-5-1，图 5-5-2）。

（三）协调布局原则

在我国，海岸带规划、建设和管理往往受到行政边界和部门权限的切割，降低了海岸带资源配置的效率，重复建设问题严重，甚至可能造成资源和环境的破坏，引发城市安全问题。

因此，对于不同地区海岸带区域产业发展而言，应当合理分工，针对不同发展条件和城市的多样化需求，灵活确定定位和发展模式，避免低效、趋同竞争。以京津冀沿海地区的五大港口（天津港、曹妃甸港、秦皇岛港、黄骅港、京唐港）为例：天津港作为大型综合性港口，宜重点发展集装箱贸易，港区所在的滨海新区，应加强物流、加工、展示等各项相关配套设施的建设，条件成熟可建大型的物流中心和会展中心，这对于新区整体功能的提升和加强对外信息交流辐射能力都有极大的益处；曹妃甸港依托临港工业区石油化工钢铁等产业的定位发展，宜发展以原油、石油制品、铁矿石等为主的货物运输；秦皇岛、黄骅、京唐港目前是以煤炭运输为主的专业港口。秦皇岛由于旅游产业的限制，不宜建立以能源化工为主的大规模临港工业园区，而宜发展低能耗、无污染的物流、加工、展示等商业港口配套的设施；黄骅港所在的沧州沿海地区土地资源丰富，加上以能源运输为主的港口职能，适宜建立大型的能源化工基地（王东宇，京津冀海岸线保护利用专题研究)。

而对于不同产业之间的布局也应合理配置区域内和区域间岸线使用，避免产业对资源环境以及产业间相互的干扰。例如，存在一定环境影响的工业应当与滨海旅游业、水产养殖业等环境需求较高的产业分开布局，避免工业生产造成旅游和生态资源的破坏。例如，青岛胶南市（现已并入青岛市黄岛区）在与日照市毗邻的海岸地带规划工业园区，主要发展造纸、钢铁、汽车等工业，对仅有一步之遥的日照北部优质旅游岸线而言，其景观品质和环境条件有可能受到影响，造成“几家欢喜几家忧”的局面（图5-5-3）。

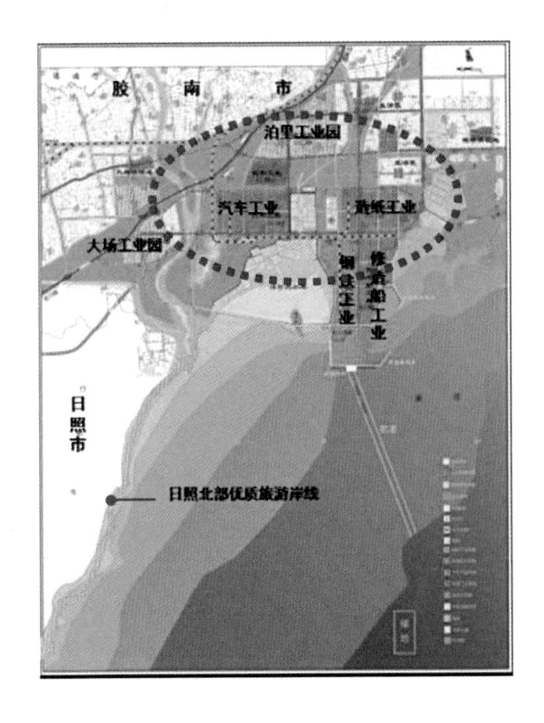

图 5-5-3 胶南市工业用地布局对日照海岸旅游资源的影响
资料来源：山东省海岸带规划

二、赖水产业布局要点

总体而言，海岸带赖水产业的布局应当遵循以下的基本原则：

1.海岸带适宜于优先作为港口、与水相关的工业、机场、野生动物避难区和与水相关的休闲娱乐业使用的区域的数量是有限的，因而应当对这些区域进行保留和储备，以为这些功能所优先利用。

2. 为高效利用稀缺的岸线资源，避免开发活动向海滨岸线的集聚，只有需要临近海水的土地利用方式（Water-Oriented Land Use）才能沿海岸线布局。这些土地利用方式包括：海滨旅游和公众集会、港口、与海水相关的工业、野生动物避难所（湿地等）、需要大量冷却水的电厂等。同时，应推进临港产业园区的建设，适当引导产业向园区集聚发展，减少产业用地的无序铺张。

3. 合理配置岸线使用，避免产业间的相互干扰。例如，存在一定环境影响的工业应当与滨海旅游业、水产养殖业等环境需求较高的产业分开布局，以避免工业生产造成旅游和生态资源的破坏。

4. 赖水产业中的相关产业、耗水产业，以及那些位于可通航水域但经济效益较小的产业都应该安置到离岸线一定距离的内陆区域。一定条件下，服务于上述产业设施的管道可以设置在供赖水产业优先使用的区域。

5. 为赖水产业，如港口等预留的用地，在开发前可作他用，但是不能影响未来发展赖水产业的使用。

6. 为避免浪费有限的赖水产业用地，赖水产业用地的规划和管理应尽量遵循以下原则：

（1）长远来看，不能为了储存原材料、燃料、产品或废弃物而广泛使用海岸线。如有必要，此类储存区应尽可能在远离海岸的内陆区域布局，以节约海岸线。

（2）养殖业、盐业的单位土地产出比相对较低，本着集约、节约用地的原则，应控制养殖和盐业等的岸线使用份额，提高它们的岸线使用效率。

（3）在面积较大的区域，用地规划应尽力为将来所有位于同一区域的工厂和港口提供出入海岸线的通道。因此，作为一般规则，工厂场地最长的一边应与海岸线垂直。

（4）赖水产业应尽可能分享和共用码头。

（5）为赖水产业和港口使用建造的废物处理池占地应尽可能小、位于已记录的潮汐最高水位之上并且尽可能远离海岸线。

（6）在现在或将来的赖水产业布局区域内，任何新建公路、铁路或高速交通线必须距离滨水区足够远，以免影响滨水区的工业开发。如果地形允许，进入滨水产业和港口区域的新通道应尽量与海岸线垂直。

(7) 必须尽力保护重要的海滨观景点和位于赖水产业区域的历史区和建筑物，如果可行，应把它们纳入赖水产业场地规划设计中。另外，海运设施没有使用的海岸线应尽可能地为公众接近或休闲旅游所用（王东宇，京津冀海岸线保护利用专题研究）。

三、重点产业布局引导细则

（一）港口

港口的开发和建设应当以最小环境影响为原则，填海、挖掘等开发活动都应遵循相应的约束。

港口区域应保护港口优先使用区域，用来建设海运码头和直接相关的辅助设施，比如集装箱货运站、中转站和其他临时存储地、船舶修理厂、包括卡车和铁路运输场地等辅助交通设施、货物转运场、与港口业务相关的政府办公场所、杂货零售店和海洋服务处。同时也应该批准其他一些用途，特别是公众进入和公众及商业休闲旅游的发展，只要这些使用不会明显削弱港口区域的有效利用。

应为港口及临港产业的发展预留用地，可以先用作他用，但是不能影响将来发展涉水产业和港口的使用。

（二）沿海工业

1. 新工业的开发应尽可能建于已开发地区，或与该地区相邻近的地方。若此类地区已无法容纳它，则可建在有良好公共服务设施的地区，而且不得对海岸带资源造成明显的不良影响。

2. 只要可行，应将新的有毒工业开发布局在远离现状建成区的地方。

3. 最大限度地减少因海岸带强烈的地质变化、洪水、火灾等造成的危害。

4. 临近海滨的工业项目应确保工程稳固及结构完整，不能造成项目用地或其周围土地的侵蚀。

5. 尽可能减少岸线挖采工程，如必须进行，需先做出多方案的影响预测，明确应当采取的对策，方可实施，并限制挖掘只能在海岸水位一定深度之下（由海洋与环境部门准确划定），且不能在生态敏感区进行。

6. 海岸带地区的工业项目不应对周边河口、湿地与养殖地区具有潜在的负面影响，禁止任何改变水温、盐度、水体混浊度的工业生产排污项目安排在上游河道两侧。

7. 任何工业项目严禁占用海滨湿地与河口滩涂，如必须穿越则需在穿越的湿地与河口、沼泽地建设对生态系统和野生生物干扰最小的必要通道。

8. 工业用地的建设不应造成野生生物活动的障碍，同时也应避免建造离野生生物区域较近的、阻止水禽靠岸的工业设施。

9. 大型污染工业项目的外围地区建设不少于500米的防护林，并于项目实施前由投资方先行建设。临海的工业项目尽可能提高厂区绿化覆盖率。

10. 港口或其他地区有污染的挖掘物不得随意倒入海中或是用于加固堤岸。

11. 海滨电厂的开发与保护

①确保海滨电厂与城市生活区、海滨旅游区、沿海各产业地区的安全防护距离。

②海滨电厂冷却水取水口的位置应布设在岸滩稳定和岸坡较陡的岸段；温排水口的选址要分析拟建电站附近海域的流场特征，必要时通过数值模拟确定温水扩散影响的范围，从而对生态环境影响进行确切的评价。

③加强对电站易产生空气污染及水污染的设施进行定期监测，确保达标排放。

④电厂周边的安全防护与高压线走廊防护建设，严格按照城市总体规划要求预留与控制。

（三）渔业与渔港

结合旧金山、威海、日照等地的规划和实践经验，建议在海岸带渔业布局中应该考虑以下内容：

1. 重视渔业在海岸带经济文化中的重要角色。渔业为当地居民和餐饮业提供新鲜鱼类，对经济起到了促进作用；另外由于渔业活动吸引了观光客纷纷前来，它在海岸带旅游业中也起到了十分重要的作用。

2. 如果没有其他高地位置可供选择的话，允许现存渔业设施的现代化改造和在填充地建设新的渔船停泊地、渔船卸载、鱼的处理地等，地点要合适，并且可以连接捕鱼场所和陆上交通路线。应当为当地居民船只和渔船上的作业人员提供短时辅助设施(如卫生间、停车场、淋浴、寄存等设施）以及公共渔市。如果可行的话，这些辅助设施应该建立在陆地上。

3. 对现存的渔业停泊区和陆上设施不应予以取代或拆除，除非能提供新的、同等质量或更优质的设施。

4. 新的渔业设施应该受批准建立在海岸线上任何合适的地点，需要有便利的陆上交通和足够的空间进行渔业处理和直接相关的辅助活动。由于渔业船只不需要在深水区停靠和卸载，它们不应先占据深水泊位，以便给海运站和其他水域产业留出空间。

5. 贝类捕捞活动的处理和净化设施只能允许建在陆地上。贝类捕捞设施和作业都不应当过度干涉海岸带的娱乐用途，否则会给鱼类和野生动物资源带来很大的不利影响。新的海岸带开发项目不应毁坏或给现存贝类层带来不利影响。

6. 海洋生物养殖业要与保护鱼类和野生动物相一致。如果盐性池塘已经在盐业制造方面没有经济效益了，则可以将其用于海洋的养殖。海洋养殖业也不应影响盐业制造的整体经济能力。

7. 与鱼类和野生动物保护相一致，海洋养殖池塘应建立在现有无法保留但仍然起作用的沼泽地保育区中（旧金山湾规划）。

（四）水产养殖业

海岸带养殖业从社会角度来看，其产品是对当地食物的补充和出口赚取外汇的重要手段；从经济角度来看，它是获利最快的领域，是沿海农民的生命线，如果不能发展就会有大量的剩余劳动力；但从环境生态的角度来看，对水产养殖的发展不加以控制的后果是资源价值降低，浅海水域污染，生物多样性减少，湿地和其他关键生境被占用，海洋物种（包括水产养殖物种）的再生能力下降。因此需要平衡产业发展和生态环境保护之间的矛盾，对现有的养殖加以管理，控制排污量，提高单位产出，通过加收税款、要求使用年限等方法对其控制，对即将新建养殖池的企业要通过各种政策（包括养殖池的选址、规模、排污、饵料的化学成分等）来限制其新增的数量。一般而言，对我国海岸带养殖业的布局指引可以从以下三个方面考虑：

1. 现有养殖区的管制政策

现有养殖区停养后，应恢复为生态湿地。不鼓励在沿海地区批准和开发新的水产养殖项目，若必须新建，则应利用原有的养殖地区。严禁在河口、滩涂等重要湿地保护区内建设养殖用地，对已建设的用地，需配合渔业部门限期搬迁并恢复该地区的原始湿地状态。

2. 养殖区污染管制政策

(1) 养殖企业应提供污染物排放量和对水质产生影响的详尽分析资料。对养殖污水进行处理，严禁污水直接排入湿地、河口等生态敏感地带。

(2) 对海水养殖、制盐及纳潮冲淤引进的海水，必须建立相应的工程设施，加强管理，防止周边农田盐渍化。

(3) 采用生物净化法和工程设施改善水质和底质：利用养殖海带、裙带菜、紫菜等海藻类植物，改善水体富营养化；通过疏浚、海地耕耘机翻耕改善底质，用沙或其他黏土物质、石灰浆等散布于海底，阻止和减少底泥污染物的释放和扩散。

3. 河口地区工厂化养殖管制政策

(1) 对已建的养殖区必须严格控制地下水开采量，避免海水进一步入侵。

(2) 应尽可能使用循环水，减少地下水开采量；养殖废水需经处理，达标排放，废水不得排入河口。

(3) 对于已批待建与正在建设的养殖池采用效益评估补偿策略，限定其养殖期限，签订合约，预交违约拆除押金，由水产管理部门监督实施。

(4) 严禁在重要生态环境保护恢复区与景观资源保护区批建新的工厂化养殖项目。

(五) 盐业

1. 盐田作为湿地的一种，只要能够保证经济产出和效益，就应该继续经营维持现有晒盐水域的生态调节功能，严禁盐场用地作为城市开发用地。

2. 对周围土地盐渍化严重的盐田，应限期搬迁或转改，并对盐渍化地区进行治理，恢复为湿地或建设海滨湿地公园。

3. 本着集约用地的原则，由于盐业产出较低，不鼓励开发新的盐业用地。

（六）农业

由于传统农业生产与环境保护存在严重的冲突，农业生产的化肥残留物与农药随地表径流直接排放入海，造成海域污染；农业生产地区由于冬季的土地荒废，表土松动，易受海风影响造成空气污染等。因此需要合理调整海滨地区的农业生产用地和农业生产方式：

1. 合理调整海滨地区的农业生产用地，将耕地与基本农田在全市域范围内协调布置，确保海岸带的旅游等公益性产业的正常开发。

2. 规划建议将沿海岸线向内陆 0.5 ～ 1 公里范围内易遭受风暴潮影响的耕作地区调整为海滨林地、公园、旅游区等，防止海水侵蚀。

3. 利用政策调控，逐步减少海岸带地区的耕地面积。

4. 鼓励海滨农民转换经营方式，发展农业观光旅游和休闲娱乐业。

5. 不鼓励在沿海岸带开发新的耕地，尤其要保护沙丘、沼泽、湿地、林地等生态敏感地区不被开发。

6. 滨海地区的农田尽量采用生物学的方法控制病虫害，限制高残留物的农药与杀虫剂的使用；利用基因转化生物工程，培育和推广强抗病虫害和抗逆性农作物的新品种。

7. 对海岸带土质贫瘠地区的农业耕作区，建议使用高效、无污染的绿色肥料和有机肥料。

8. 重点控制水土流失、土壤有机质退化和农田污染，推行有机农业和生态农业。所有泄洪区和种植园的裸露地表应完全被植被覆盖，适当增加农业耕作区的林网密度。

9. 推行高效、实用的节水灌溉技术，发展旱地农业。推广秸秆气化技术，提高秸秆综合利用率。扩大有机食品和绿色食品基地建设范围和面积，有效防治农业面源污染。

第六节　用地管制规划

一、用地分类

（一）用地大类的划分

图 5-6-1　以色列地中海海岸带总体规划图
资料来源：Hénocque Y，Coccossis H，2003

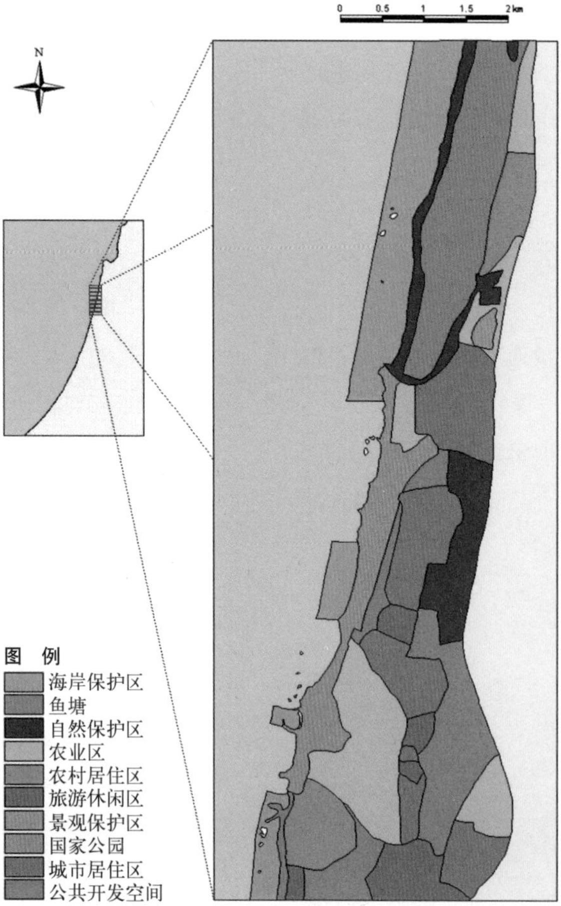

图　例
海岸保护区
鱼塘
自然保护区
农业区
农村居住区
旅游休闲区
景观保护区
国家公园
城市居住区
公共开发空间

用地管制规划是在海岸带空间或用地上体现海岸带管制理念与政策。这部分内容的技术基础和难点在于，只有对海岸带空间和用地进行合理分类，才能制定合理的空间管制政策和导则。目前，由于各国海岸带面临的问题和需要控制的内容千差万别，因此国际上对海岸带用地分类也并无通行的标准。总体来看，存在如下的三种常见分类方式：

1. 综合管理型

以土耳其、以色列的海岸带土地利用规划为代表。例如，土耳其伊兹密尔（Izmir）湾用地规划（图 5-6-1）中，将用地分为城市发展用地和农业用地、农业用地和限制性城市发展用地、限制性城市发展用地和森林、动物保护区和自然保护区、山地森林及休闲用地和自然保护区等 5 个用地大类，既限制了城市的扩张，又满足了生态保护和休闲旅游的需求。又如，以色列地中海海岸带国家总体规划（图 5-6-2）中，将海岸带用地分为海洋保护区、鱼池、自然保护区、农业区、农村居民点、旅游和娱乐用地、

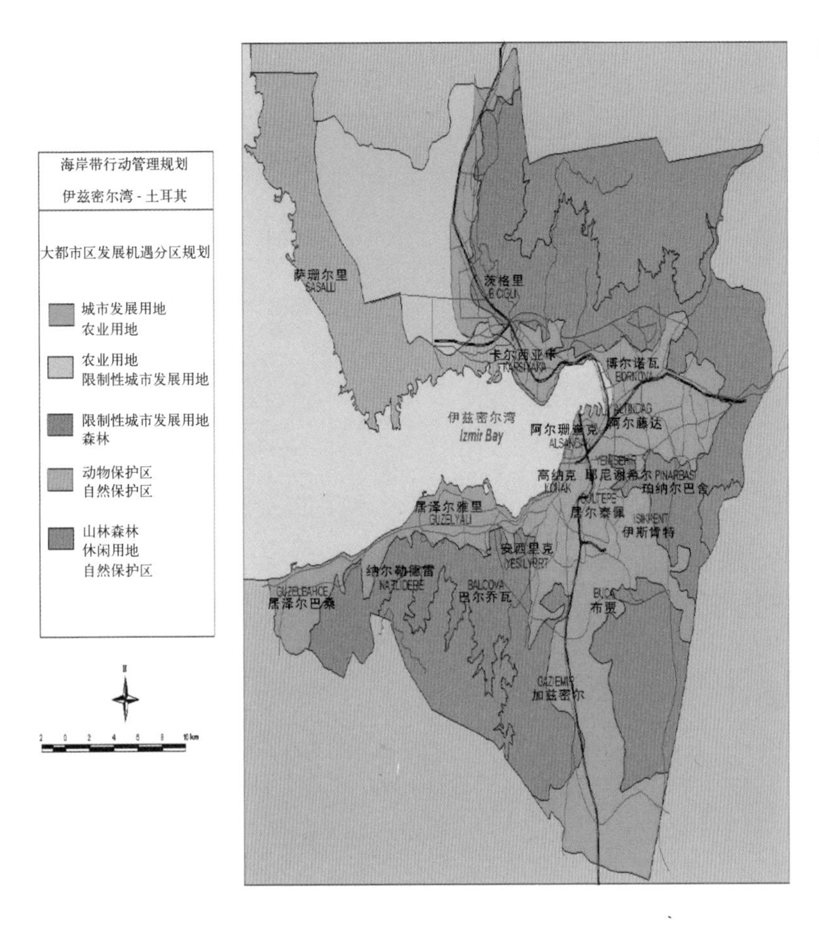

图 5-6-2　土耳其伊兹密尔（Izmir）湾海岸带管理计划
资料来源：Hénocque Y，Coccossis H，2003

风景保护用地、国家公园、城市居民点和公共开放空间十个大类，对各类建设、生产、保护活动均进行了安排。

在美国旧金山湾规划中，为突出环境保护，用地主要分为野生动植物保护区、海滨公园沙滩、潮汐沼泽、盐池等类别。

2. 宏观指导型

以意大利利古里亚地区的海岸带土地利用规划（图 5-6-4）为代表。该规划将海岸带地区较为笼统地区分为沿海保护区、沿海改善区和沿海修复区三类岸段，仅从宏观角度给予方向性指导。这种分类方式可以最大限度地发挥地方的自主性，根据海岸带各段情况的不同，采取对应的深入控制措施；其弊端主要在于分类较粗，指导作用相对偏弱。

3. 目标导向型

以阿尔巴尼亚海岸带管理计划（图 5-6-5）为代表。该计划将海岸带用地分为旅游发展区、基础设施改善、水上交通、海水和淡水、陆地森林和农用地、历史文化等 6 类分区，清晰传递出该国海岸带

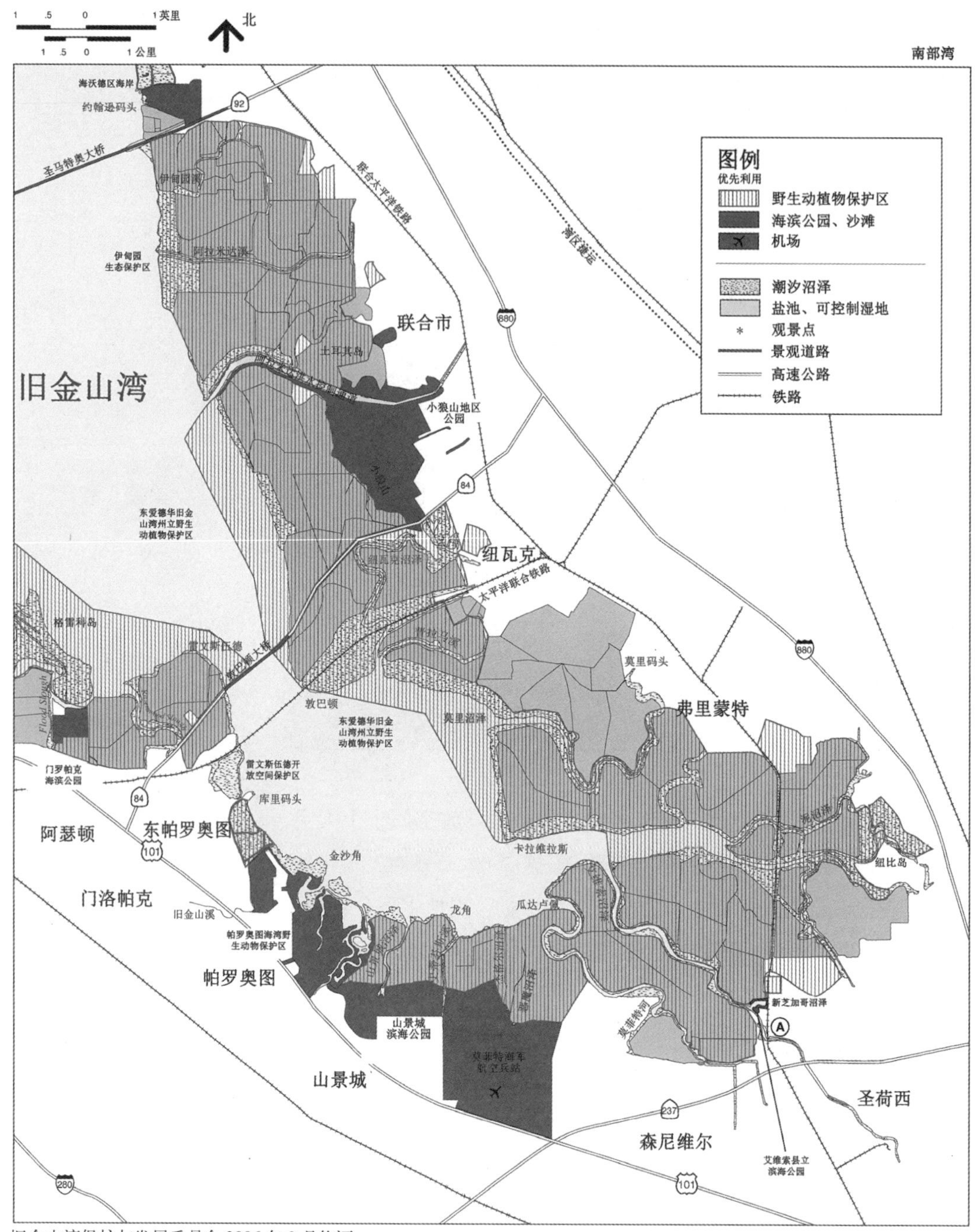

旧金山湾保护与发展委员会 2006 年 9 月修订

图 5-6-3　旧金山海湾规划图

资料来源：San Francisco Bay Plan，San Francisco Bay Conservation and Development Commission http：//www.bcdc.ca.gov/laws_plans/plans/sfbay_plan.shtml

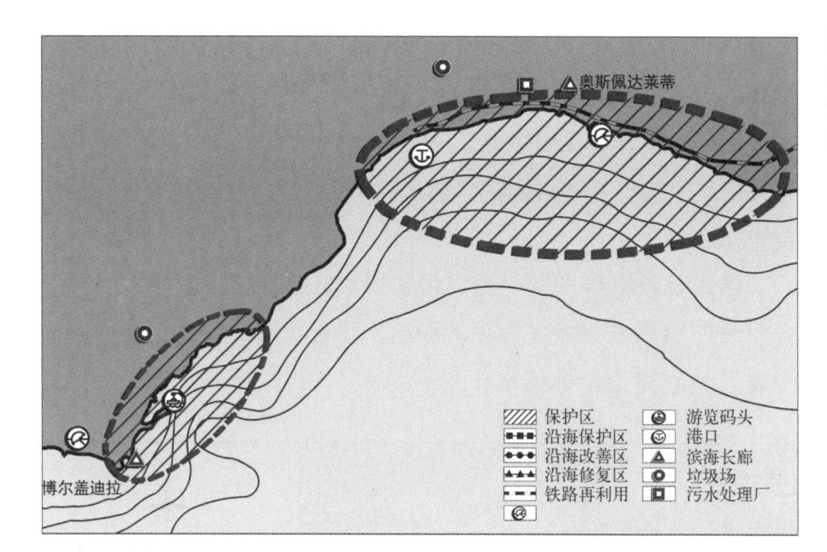

图 5-6-4　意大利利古里亚地区海岸带总体规划图
资料来源：Hénocque Y，Coccossis H，2003

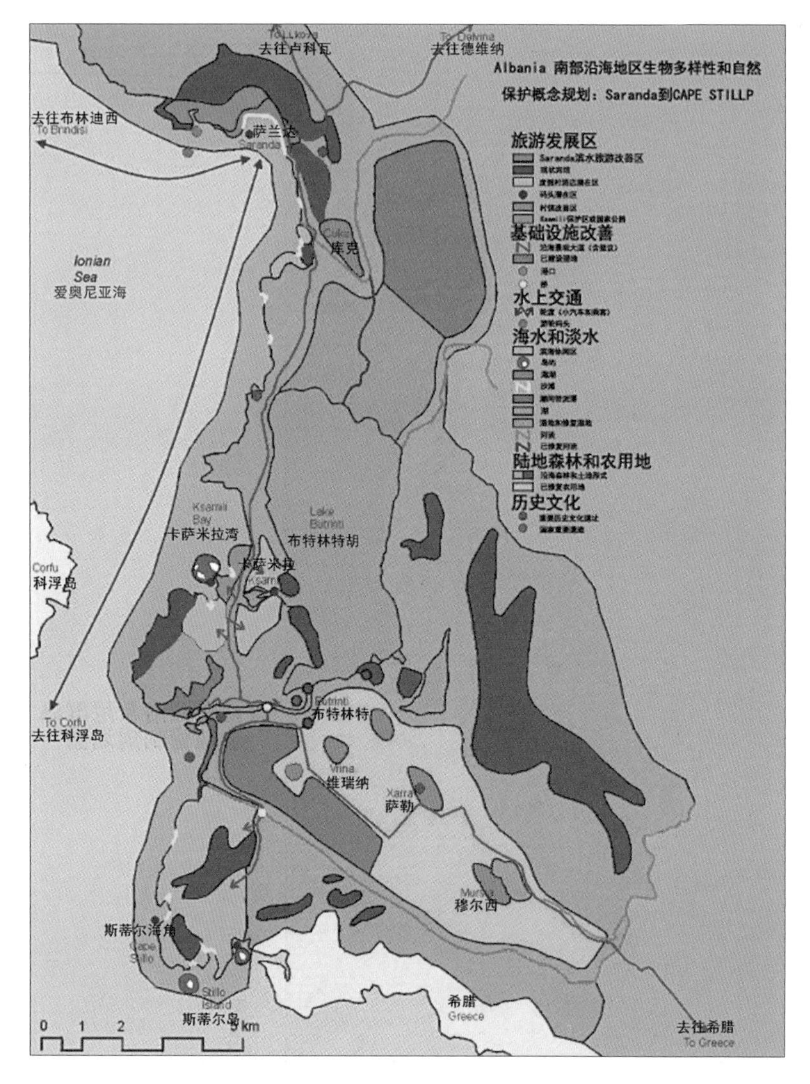

图 5-6-5　阿尔巴尼亚海岸带管理计划图
资料来源：Hénocque Y，Coccossis H，2003

发展中将旅游发展作为第一要务的思路。又如，在茨雷斯和洛希尼（Cres& Losinj）群岛的用地管制（图 5-6-6）中，为突出保护群岛生态系统这一主旨，将海岸带分为特殊生态价值区、现存保护区和城市发展区三类，并重点标注了建议特殊保护区、建议重点保护区两类生态敏感地区。

我国并没有特别针对海岸带的用地分类标准，因此本书建议可以参照国外相关地区的分类标准，结合我国现行的《城市用地分类与规划建设用地标准（GB50137-2011）》，将海岸带需要重点

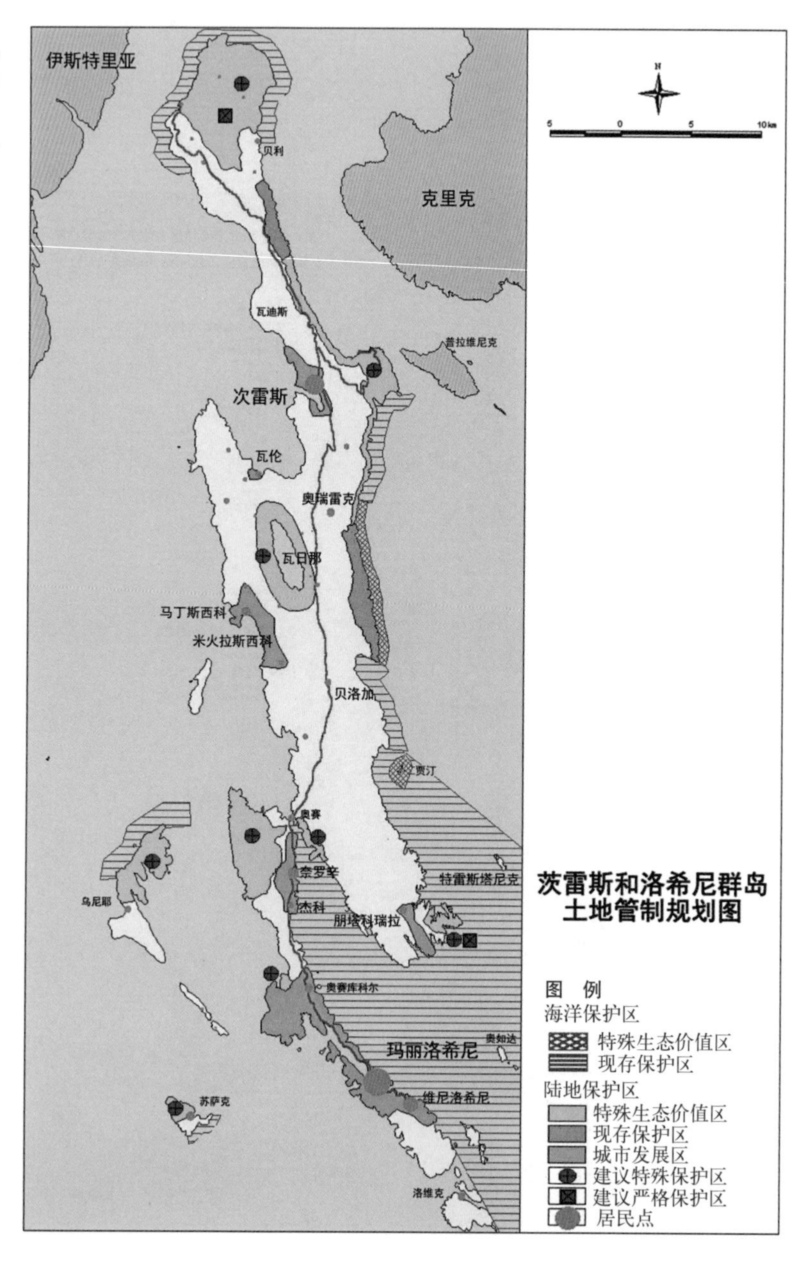

图 5-6-6 茨雷斯和洛希尼（Cres & Losinj）群岛土地管制规划图

资料来源：Hénocque Y，Coccossis H，2003

保护的资源以及重点约束的开发活动在用地分类上体现出来，例如湿地、沙滩、礁石、林地、赖水工业用地、城市建设用地、港口用地等等。

在《山东省海岸带规划》中，较多地借鉴了土耳其伊兹密尔湾海岸带管理计划灵活、兼容的空间分类管制方式（图 5-6-7）。将山东省海岸带分为十二类区域进行管制和引导，分别是：湿地保护区、湿地恢复区、生态及自然环境保护区、生态及自然环境培育区、风景旅游地区、城乡协调发展区、预留储备地区、农业生产地区、特殊功能区、卤水盐场、盐碱地、村镇（王东宇等，2005）。

在威海、日照两市的海岸带分区管制规划中，则把《山东省海岸带规划》对海岸带空间的管制要求进一步细分，落实到对海岸带用地的管制上。为此，根据这两个沿海城市海岸带用地各自的特点和规划管制要求，结合《旧金山湾规划》等国际海岸带用地管制的经验，建立了一套有针对性的全新海岸带规划用地分类体系。

图 5-6-7 《山东省海岸带规划》青岛段空间管制引导

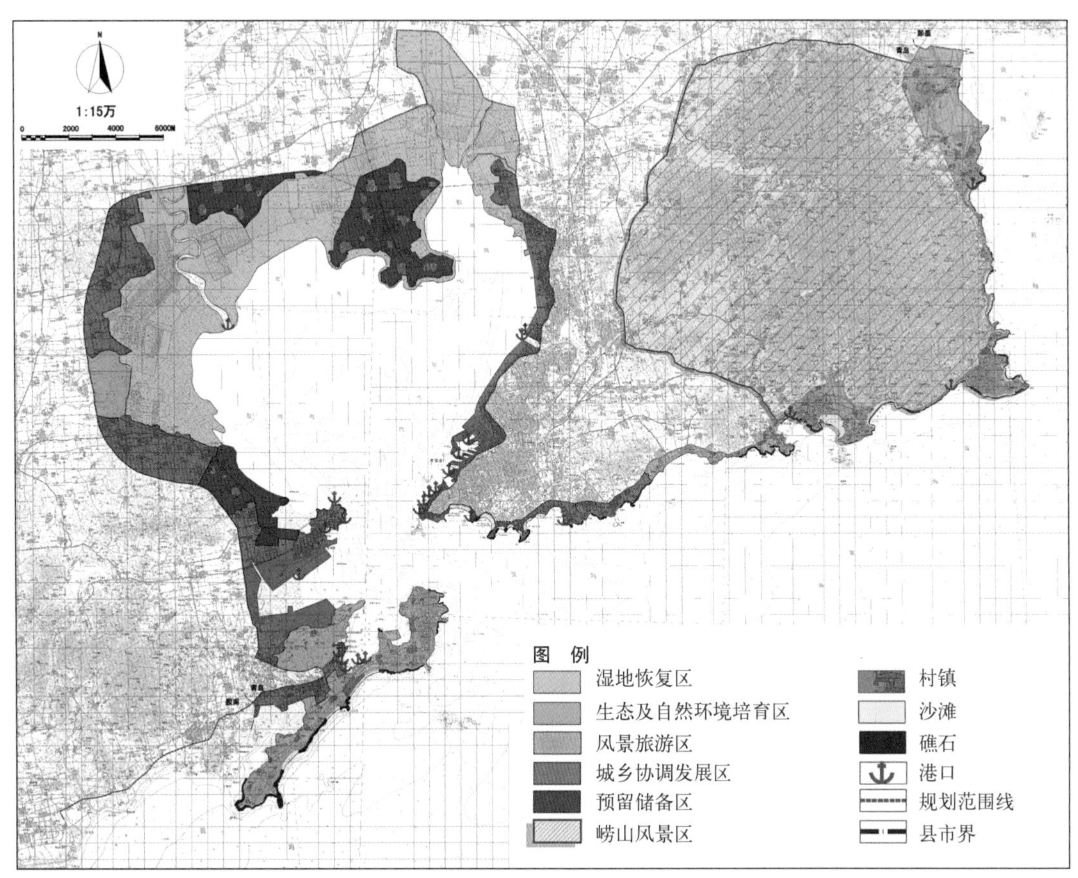

（二）用地亚类的划分

以《旧金山湾规划》为代表的美国海岸带用地管制的经验表明，海岸带用地类型在多数情况下，并非非此即彼的“某类用地”，而更应当体现用地性质由现状逐步向规划理想状态演化和过渡的动态、渐进的过程（San Francisco Bay Conservation and Development Commission，2003）。

因此引入用地亚类来体现动态性和渐进性：现状不同性质和状况的海岸带用地，向这种“终极”用地性质转化，则成为界定海岸带规划用地亚类的基本依据，而在现状实际利用状态与“终极”用地性质矛盾不大的前提下，规划可以承认并保持现状的土地利用方式。例如，湿地大类下面可以有计划地在养殖期结束后恢复湿地的现状养殖用地。

威海市海岸带规划的湿地、农业用地、沙滩、礁石、林地、村镇建设用地、旅游度假用地 7 大类用地又分为数量不等的亚类（表 5-6-1）。以湿地为例，包括保留滩涂、保留潟湖和水面以及将要恢复成湿地的现状耕地与园地、村镇用地、养殖区、盐田、工业用地、旅游度假用地等（王东宇，2005）。

海岸带用地分类及基本管制导则示意（湿地） 表 5-6-1

用地类别		用地类别的含义与基本管制导则
大类	亚类	
湿地		包括海岸带沼泽、潟湖、河流、河口、平均高潮位线以上的浅海滩涂（不包括沙滩）、海滨水产养殖地区与盐业生产的盐田晒场等地区
	湿①	保留滩涂
	湿②	现状耕地与园地，不作耕地与园地时恢复为湿地
	湿③	现状村镇用地，村镇搬迁后恢复为湿地
	湿④	现状养殖区，停止养殖后恢复为湿地
	湿⑤	现状盐田，不作盐田时恢复为湿地
	湿⑥	保留潟湖与水面
	湿⑦	现状工业用地，工业搬迁后恢复为湿地
	湿⑧	现状旅游度假用地，拆迁后恢复为湿地
	湿⑨	现状渔港用地，渔港拆迁后恢复为湿地
	湿⑩	现状晒场用地，不作晒场时恢复为湿地
	湿⑪	现状待建地，恢复为湿地

二、指导原则

（一）土地使用的优选性原则

土地使用的优选性是指由海岸带岸段的区位条件、自然环境、资源禀赋、社会条件、可开发利用程度和保护需求等综合因素所决定的该岸段的最佳利用方向。海岸带土地使用的优选性是确定该区域具备何种功能的首要条件，是决定能否对该岸段进行合理利用和有效保护的重要条件。

土地使用的优选性次序按如下项目优先次序确定：

1. 生物资源和栖息地等敏感性较高区域的保护和改善优先于不可更新资源的开发。

2. 多样用途的项目优先于单一用途项目的开发。

3. 可转变的单一用途开发项目优先于不可转变的单一用途项目的开发。

4. 需海水的发展项目优先于不需海水的发展项目的开发。

5. 有利于公众接近的项目优先。

（二）土地使用的相容性原则

海岸带规划用地亚类的界定，也体现了海岸带规划用地的兼容性，即为满足当前的社会需求，以及在现状实际利用状态与“终极”用地性质矛盾不大的前提下，规划可以承认并保持现状的土地利用方式。当满足土地使用相容性的土地使用性质发生变更时，遵循土地使用优选性原则，则将海岸带用地性质转化为“终极”用地性质。如规划恢复湿地现在被养殖利用，两者在功能上矛盾不大，则现存的养殖区可以继续存在，一旦土地不再为养殖利用，则必须按照规划要求恢复成原始或人工湿地。

用地分类的兼容性还表现在某一类用地中，可能并非完全为同一性质的用地组成。如旅游度假用地的亚类中，就包含了部分港口、林地和湿地等。

（三）遵循上一级规划的原则

《山东省海岸带规划》对山东省海岸带空间进行分类，将其分为 12 类空间进行管制和引导，分别是：湿地保护区、湿地恢复区、生态及自然环境保护区、生态及自然环境培育区、风景旅游地区、城乡协调发展区、预留储备地区、农业生产地区、特殊功能区、卤水盐厂、盐碱地、村镇。

（四）动态和渐进的原则

《山东省海岸带规划》中，用地管制的动态性和渐进性表现在规划用地亚类的界定上：规划首先确定了若干大类海岸带规划用地，将大类用地作为海岸带规划用地的理想或“终极”用地性质。现状不同性质和状况的海岸带用地，向这种“终极”用地性质转化，则成为界定海岸带规划用地亚类的基本依据。

（五）以图则管制为主原则

用地管制规划是海岸带规划的核心内容，必须有很强的可操作性，所以应当以图则管制为主。例如，在建立威海海岸带用地分类体系之后，通过 49 幅分图图则，将对威海海岸带各个岸段、各块用地的规划管制要求落实到一一对应的海岸带空间上。

三、案例：威海市海岸带用地管制

《威海海岸带规划》用地分为 17 大类用地（图 5-6-8，图 5-6-9），分别是：湿地、农业用地、沙滩、礁石、林地、村镇建设用地、旅游度假用地、城市综合发展用地、城市发展备用地、港口用地、港口预留地、渔港用地、养殖用地、水面、特色风貌用地、特殊用地、公路及城市道路用地（王东宇等，2005）。

在划分 17 大类海岸带规划用地的基础上，将其中的湿地、农业用地、沙滩、礁石、林地、村镇建设用地、旅游度假用地 7 大类用地又分为数量不等的亚类。

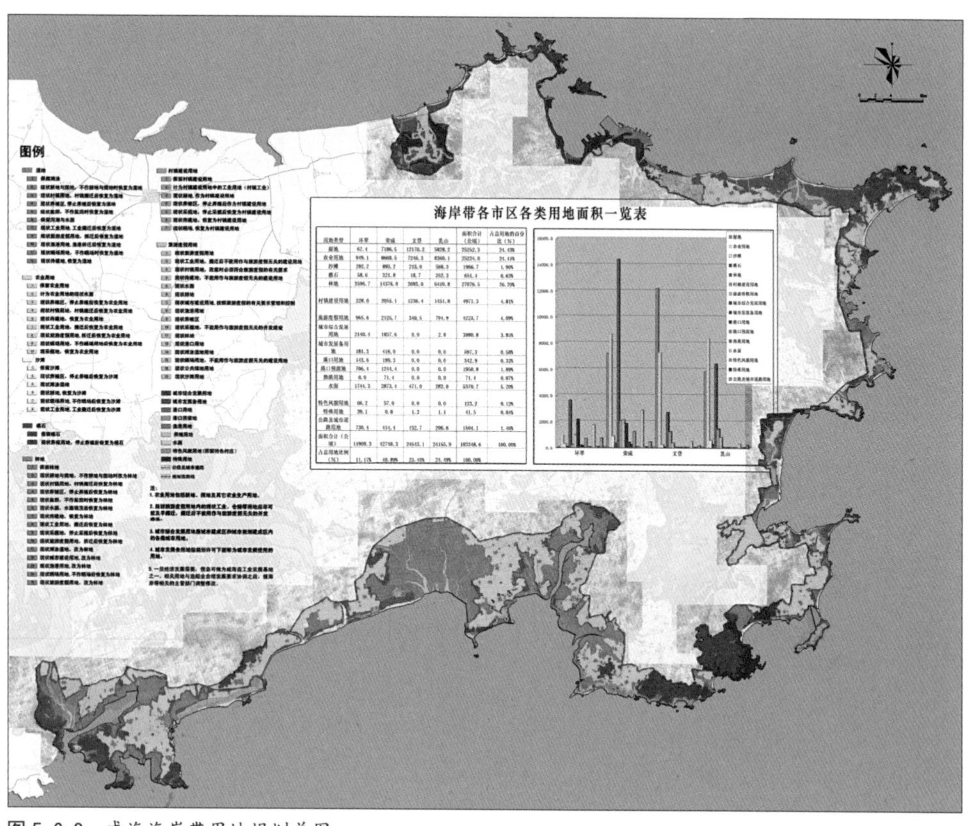

海岸带各市区各类用地面积一览表

用地类型	环翠	荣成	文登	乳山	面积合计（公顷）	占总用地的百分比（%）
湿地	67.4	7186.5	12170.2	5828.2	25252.3	24.43%
农业用地	949.1	8668.5	7246.3	8360.1	25224.0	24.41%
沙滩	292.2	893.2	213.0	568.3	1966.7	1.90%
礁石	58.6	321.8	18.7	252.3	651.4	0.63%
林地	3596.7	14376.0	2693.0	6410.8	27076.5	26.20%
村镇建设用地	228.0	2055.1	1236.4	1451.8	4971.3	4.81%
旅游度假用地	965.6	2125.7	340.5	791.9	4223.7	4.09%
城市综合发展用地	2140.4	1837.6	0.0	2.8	3980.8	3.85%
城市发展备用地	181.3	416.0	0.0	0.0	597.3	0.58%
港口用地	143.6	199.3	0.0	0.0	342.9	0.33%
港口预留地	706.4	1244.4	0.0	0.0	1950.8	1.89%
渔港用地	0.0	71.4	0.0	0.0	71.4	0.07%
水面	1744.3	2873.4	471.0	282.0	5370.7	5.20%
特色风貌用地	66.2	57.0	0.0	0.0	123.2	0.12%
特殊用地	39.1	0.0	1.3	1.1	41.5	0.04%
公路及城市道路用地	730.4	414.4	152.7	206.6	1504.1	1.46%
面积合计（公顷）	11909.3	42740.3	24643.1	24155.9	103348.6	100.00%
占总用地比例（%）	11.17%	40.89%	23.45%	21.49%	100.00%	

图 5-6-8　威海海岸带用地规划总图

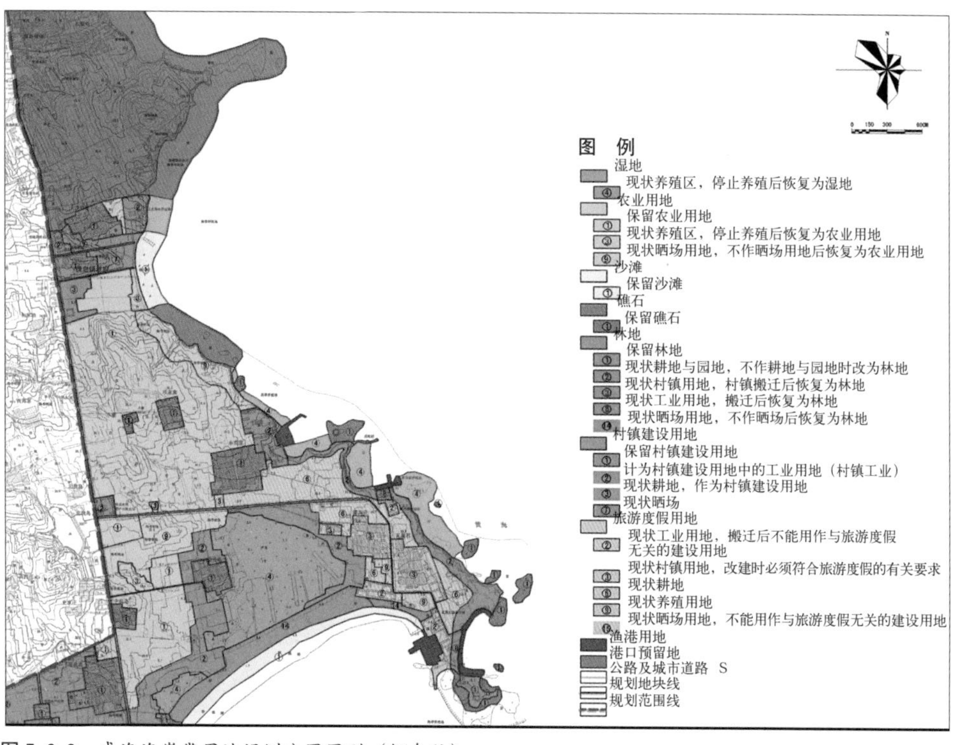

图 5-6-9　威海海岸带用地规划分图图则（俚岛段）

第七节 特别管制区

一、概念与目的

特别管制区是美国海岸带规划管制中的突出技术特点之一，绝大多数沿海各州和领土的海岸带规划均有特别管制区的内容，通常是针对一个或者多个目标在特定区域范围内进行的规划和管理，大致包括管理湿地、海滩、沙丘等自然资源；增加海岸带公众接近；疏解海岸带灾害高发地区的人和建筑；提高水体质量；促进滨水社区再生、港口扩张和再生；管理码头数量；保护历史文化景观资源等（National Oceanic and Atmospheric AdministrationOffice of Ocean and Coastal Resource Management，2003）。

特别管制区设立的原因有两点：

1. 处理重要、特殊的海岸带问题

在海岸带规划管理计划中，需要对一些非常重要的地区进行特别管制。比如那些有着海岸带独特价值和特质的地区，或者那些由于面对巨大压力，需要超越相对宽泛的总体政策、进行更为细致管制的地区。这些地区往往难于以统一的管制政策实施管制，必须“特殊问题特殊处理”，使海岸带规划能够通过制度化的机制，适应差异极大的海岸带，有效管理各种特殊的海岸带问题。

2. 更为有效地保护海岸带脆弱资源，降低灾害威胁

特别管制区规划可以将有限的海岸带管制的行政、人力资源，集中到有重要地方意义、涉及多种海岸带问题的地区上，并可将自然资源的保护和可持续的土地利用行动整合在一起。从而更为有效地保护海岸带脆弱资源，降低灾害威胁，保存、保护、提升或恢复面临多种海岸带问题或有重要区域意义地区的原初价值，为资源保护提供一个基本的架构。

二、规划流程

（一）范围划定

美国国家海洋和大气管理局海洋与海岸带资源管理办公室对特别管制区的范围界定包括：滨水或者港口区域，有重要资源的区域，海湾、河口、河道等地区，面临多重管辖的地区，流域地区，有珊瑚礁及类似的海洋生态系统的地区。

而美国佐治亚州对特别管制区的范围做了更细致的定义，即具有独特自然资源价值的地区，包括那些稀缺和脆弱的自然生境；那些提供切实休闲价值的地区；那些有特别经济价值的地区；那些对于保护和维护海岸带资源非常重要的地区。具体标准如下（National Oceanic and Atmospheric Administration Office of Ocean and Coastal Resource Management，2003）：

（1）独特、稀缺和易受侵害的自然生境；有独特或脆弱的自然特征的地区；有历史意义、文化价值和重要风景的地区；

（2）表现出较高自然生产力的地区或对生物非常重要的生境；

（3）有重要休闲价值和机会的地区；

（4）开发和设施布局需要利用、接近海水的地区；

（5）在水文、地理或地形方面，对于工业、商业开发或挖掘物处理有重要价值的地区；

（6）海岸线和水资源利用高度竞争的城市地区；

（7）开发活动易遭受风暴潮、滑坡、洪水、蚀退、海水入侵和海平面上升等侵害的地区；

（8）需要保护、维持或补充的海岸带土地或资源，包括海岸带洪积平原、含水层及其地下水补充区。

因此，在划定海岸带特别管制区时，应当基于海岸带资源的现状和海岸带生态适宜性分析结果，将生态敏感性较强、易发生灾害、有重要资源和土地利用矛盾冲突较多的地区划为特别管制区。

（二）现状分析和制定管制政策

海岸带各项保护与开发建设是复杂的技术工程，规划层次面广，涉及相关专业领域多，规划尚不能囊括全部领域和规划层次的内容。

而特别管制区重要资源、生态环境敏感以及矛盾冲突较多的原因决定了应当在现有的海岸带开发和保护政策的基础上，针对特别管制区的现状和目标提出针对性的管制政策，并通过有效手段强制实施，切实有效地从空间和土地上对相关资源进行严格控制，解决冲突，寻求海岸带资源的长期保护。

就技术手段而言，海岸带特别管制区的现状分析和政策制订可以视为基于管制区特点，对总体分析和政策进行深化。在现状分析方面，一个特别管制区往往集中表现为一个或若干个突出的问题，因此规划需要进行针对性的分析。例如，在《威海市海岸带分区管制规划》中，双岛湖特别管制区的主要问题是优越的生态环境品质与城市开发活动之间的矛盾，集中体现为环境污染和植被破坏等方面；在政策制订方面，则需要根据现状的分析，提出相对应的详细策略，而不需面面俱到。例如，针对威海双岛湖特别管制区的问题，主要规划策略集中在对现有开发的控制、清退，以及对未来可能的建设活动进行严格控制。

三、实例：威海市海岸带特别管制区

（一）特别管制区分布及范围

《威海市海岸带分区管制规划》中共划定了 16 个重点管制区域（图 5-7-1），基本囊括威海海岸带资源禀赋最优的地区，也包括海岸带生态环境最脆弱的敏感地区，这些地区的开发建设与保护的矛盾冲突最为激烈（王东宇等，2005）。

（二）特别管制区管制导则

特别管制区的管制导则主要包含三个方面的信息：特别管制区概况、主要问题、管理导则。其中，特别管制区的概况主要包括名称、规划属性、用地类型、面积、海岸线长度等地理信息的描述，以及现状保护和开发情况的客观描述；主要问题是对现状所面临风险的提炼和概括；管理导则是在现状分析的基础上，为解决主要问题而提出的具体措施（表 5-7-1，图 5-7-2）。应当注意的是，该导则具有强制性效力。

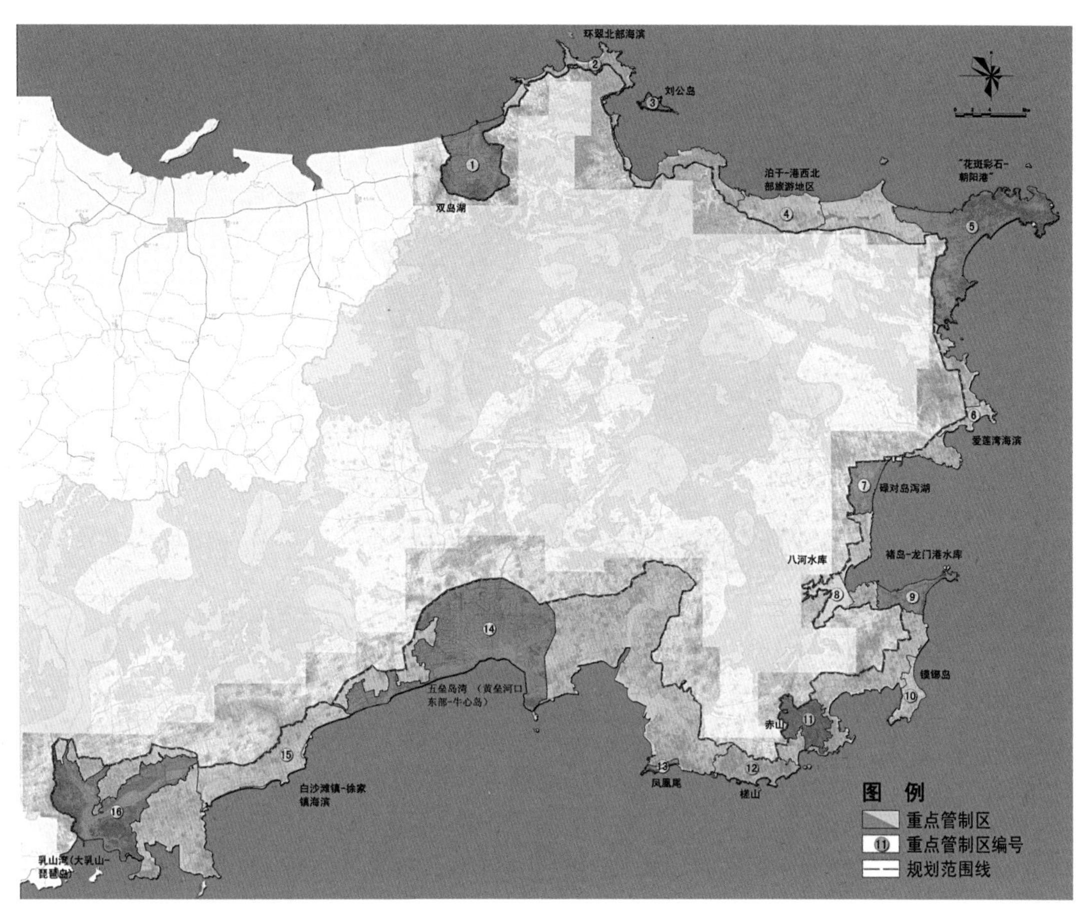

图 5-7-1 威海市海岸带特别管制区位置图
资料来源：威海市海岸带分区管制规划

特别管制区管制导则表　　表 5-7-1

行政隶属	环翠
编号	1
名称	双岛湖
省海岸带规划空间属性	湿地保护区、生态及自然环境保护区、预留储备地区、城乡协调发展区
用地类型	湿地、沙滩、礁石、林地、村镇建设用地、旅游度假用地、城市综合发展用地、港口用地、水面、公路及城市道路
面积（公顷）	4524.56
海岸线长度（公里）	31.18
现状概况	潟湖存在大量养殖区，西部正在建设大学城； 现状北部分布大量沿海防护林
主要问题	沿海防护林面临城市化压力； 大学城建设侵占大量湿地； 高密度养殖使潟湖水质趋于恶化
强制性管理导则	①禁止填湾造地，潟湖及其周边地区的开发均需严格按照城市总体规划的土地利用规划执行 ②在潟湖周边地区不宜进行新的工业开发，逐步恢复养殖区为潟湖水面，搬迁周边

图 5-7-2 威海市岛湖规划略图

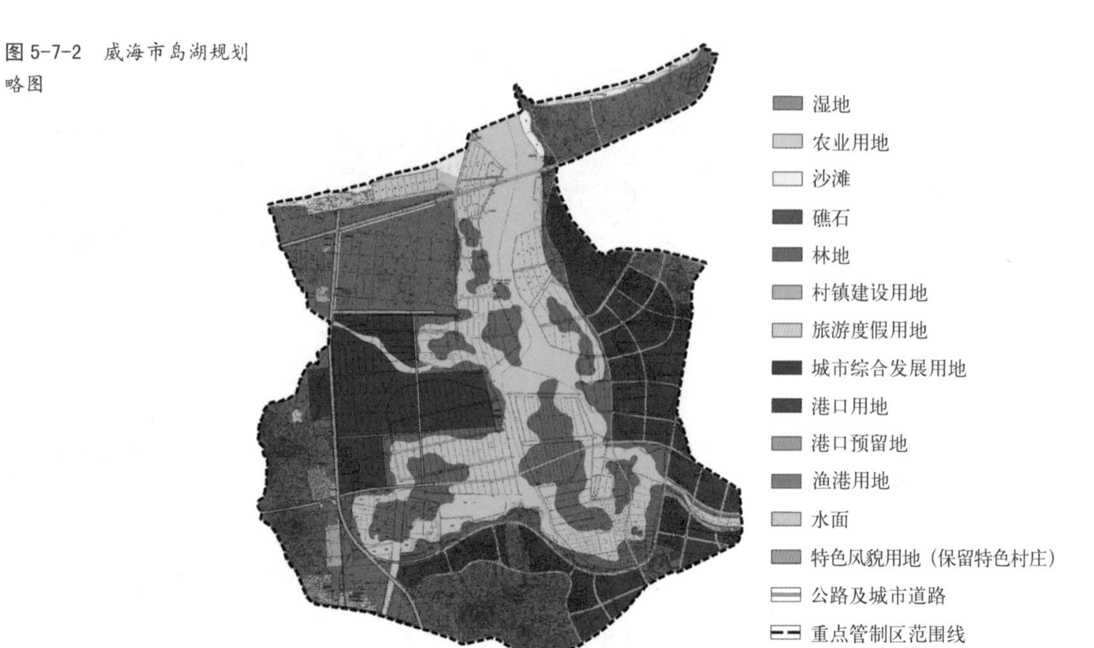

第六章 海岸带水环境保护与防灾规划

【摘要】

水环境保护与防灾是海岸带规划中市政部分的主要内容，体现了海岸带规划中关注城市安全、居民安全的理念。对水环境保护与灾害的防御，均应当基于整体的视角。

对水环境保护而言，既要通过水环境功能区划，针对现状水体质量提出改进措施，更要关注整个水文过程，通过上游水土涵养、排放控制、污染治理，来根治下游河口和近岸海域的水环境问题。而在防灾方面，既要加强安全防护工程建设，更要引导城市建设避让高风险地区，提前做好“趋利避害”的工作。

第一节　海岸带水环境保护

海岸带是人类活动的集中区、环境变化的敏感区和生态交错的脆弱带。随着我国东部沿海地区工业化、城市化进程的迅速发展，海岸带陆源污染问题日益突出，已经对区域环境质量、生态安全和生态服务功能构成了严重的威胁。我国四大海域岸线漫长，入海河流1500多条，入海径流量超过1.88万亿立方米，占全国外流河总径流量的76%以上。随着经济社会的发展，大量陆源污染物被河流系统输送至近岸海域，对海岸带的环境和生态造成了极大的冲击。为此，有效控制陆源污染，加强海岸带区域的水环境保护，意义重大。

一、海岸带水环境规划

海岸带水环境规划是以海岸带水环境改善和水资源优化配置为目标，以水质改善、水生态修复、水资源开发利用为核心，针对海岸带水环境面临的主要问题，制定合理的水环境规划目标和指标体系，并提出实现目标和指标途径的规划方案。其内容包括：海岸带水环境现场调研与监测、现状分析与评价、规划目标确定、规划基础研究（含水环境功能区划、水环境容量分析等）、规划专题研究（含污染源分析与污染负荷预算、水环境影响预测等）、规划方案制定以及规划实施与管理等（吴志强和李德华，2010）。

（一）水环境质量评价

水环境质量评价主要是对水质进行评价。水质评价的基本步骤为：基础监测数据收集、评价参数选择、评价标准确定、评价方法选择、评价结果与评价结论总结等。其中，单因子评价方法简单易行，但无法反映出水质的全部特征。在实际规划中，也可采用综合污染指数法、水质质量系数法、有机污染综合评价法等对水质进行评价。

（二）水环境容量分析

1. 水环境容量定义及类型

水环境容量的定义来源于环境容量，是指特定条件以及水体功能目标约束下水体的最大允许纳污量。

水环境容量按水环境目标分类有：

(1) 自然环境容量

以污染物在水体中的基准值为水质目标，则水体的允许纳污量成为自然环境容量。

(2) 管理（规划）环境容量

以污染物在水体中的标准值为水质目标，则水体的允许纳污量称为管理环境容量；以水污染损害费用与治理费用之和最小为约束条件所规划的允许向水体中的排污量，称为规划环境容量。

水环境容量按污染物性质分类有：

(1) 耗氧有机物的水环境容量。

(2) 有毒有机物的水环境容量。

(3) 重金属的水环境容量（吴志强和李德华，2010）。

2. 水环境容量的计算

水环境容量的计算需要根据不同地区的水系特征选用不同的模型，并确定不同的参数。模型和参数可根据水系的特点确定，也可以参考同区域内的相关研究或者相关研究机构和政府部门发布的指导性意见。需要强调的是，随着非点源污染问题的日益突出，在发达国家，非点源污染已成为对水环境的首要威胁，水环境规划必须既考虑点源污染，又考虑非点源污染。

（三）水环境功能区划

水环境功能区划的目的在于确定水体的使用功能，并依据功能目标确定环境质量目标，为水环境容量核算提供依据。

1. 水环境功能分区原则

(1) 饮用水源地优先保护

饮用水源地是水环境保护的重中之重，因此，规划应以饮用水水源地为优先保护对象。

(2) 合理利用水环境容量

在功能区划分中，应从不同水域的水文特点出发，合理利用水体自净能力和环境容量。

(3) 与用地布局综合统筹

划分功能区要层次分明，突出污染源的合理布局，使水域功能区划分与陆上用地布局、海岸带发展规划相结合。

(4) 实用性与可行性

功能区的划分方案要实用可行，有利于强化目标管理，解决实际问题。

2. 水环境功能分区依据

(1) 根据《地表水环境质量标准（GB 3838-2002)》的规定，地表水环境使用功能和水质类别的对应关系如下：

①Ⅰ类：主要适用于源头水、国家自然保护区。

②Ⅱ类：主要适用于集中式生活饮用水地表水源地一级保护区、珍稀水生生物栖息地、鱼虾类产卵场、幼鱼的索饵场等。

③Ⅲ类：主要适用于集中式生活饮用水地表水源地二级保护区、鱼虾类越冬场、洄游通道、水产养殖区等渔业水域及游泳区。

④Ⅳ类：主要适用于一般工业用水区及人体非直接接触的娱乐用水区。

⑤Ⅴ类：主要适用于农业用水区及一般景观要求的水域。

(2) 对于近岸海域，根据《海水水质标准（GB3097-1997)》的规定，海洋使用功能和水质类别的对应关系如下：

①第一类：适用于海洋渔业水域、海上自然保护区和珍稀濒危海洋生物保护区。

②第二类：适用于水产养殖区、海水浴场、人体直接接触海水的海上运动或娱乐区，以及与人类食用直接有关的工业用水区。

③第三类：适用于一般工业用水区、滨海风景旅游区。

④第四类：适用于海洋港口水域、海洋开发作业区。

3. 水环境功能区划的方法

(1) 分区保护目标的提出，从拟定的环境保护目标出发，到确定最终的环境目标，需要经过反复论证和考核。

(2) 环境质量标准的确定，将目标具体化为水环境质量标准中的数值。

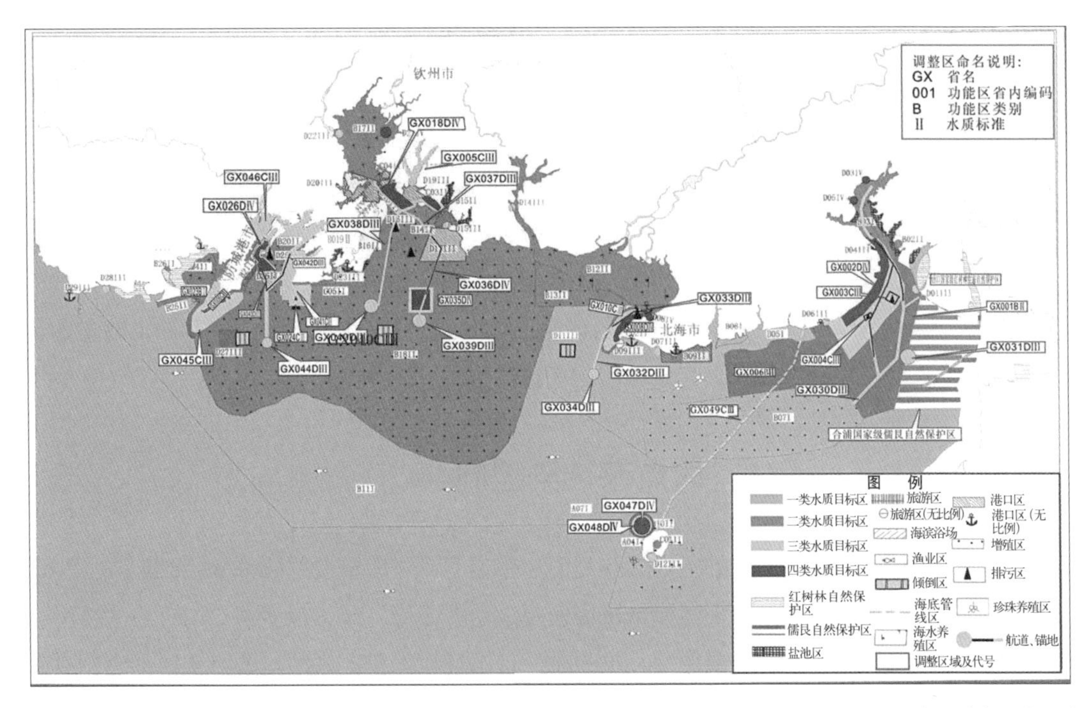

图 6-1-1　广西近岸海域环境功能区划

资料来源：http：//www.gxzf.gov.cn/fjcf/201106/P0201106 2235650482 4481.pdf

(3) 可达性分析，主要是对功能可达性进行分析，进而确定污染源。

(4) 定量模拟与评价，建立污染源与水质目标之间的定量关系及影响评价。将各种污染源排放的污染物输入各类水质模型，以评价污染源对水质目标的影响。

(5) 分析实现环境目标的各种可能的途径和措施，为定量优化选择可行方案作准备。

(6) 通过对多个可行方案的优化决策，确定技术、经济最优的方案组合。

(7) 协调与决策，即政策协调和管理决策，最终确定环境保护目标和水环境功能区划分方案（吴志强和李德华，2010）。

图 6-1-1 是广西近岸海域环境功能区划，依据不同使用功能和水质要求，近岸海域被划分为一类水质保护区、二类水质保护区、三类水质保护区和四类水质保护区。

（四）水污染控制单元划分

在水环境功能区划的基础上，为了便于模拟、计算和容量分配，综合考虑行政区划、水域特征、污染源分布等特点，将源所在区域与受纳水域划分为若干个不同的水污染控制单元，即水域及其源所构成的可操纵实体。其中，源是指排入相应受纳水域的所有污染源的集合。其工作内容包括：(1) 水污染控制单元划分；(2) 对各控制单元的主要功能进行分析说明；(3) 水质现状及控制断面的确定；(4) 排放情况和主要污染源情况分析；(5) 排污量与水质预测；(6) 主要水环境问题诊断；(7) 控制路线的制定；(8) 容许排放量的确定（吴志强和李德华，2010）。

二、非点源污染控制

非点源污染是海岸带陆源污染的重要组成部分，尤其是近年来，在许多海岸带区域已超过点源污染，成为众多河口与近海水体污染的主要原因。加强海岸带水环境保护，必须对非点源污染进行有效控制。

（一）非点源污染的概念与特征

非点源污染是指各类污染物在大面积降水和径流冲刷作用下汇入受纳水体而引起的水体污染，又称为面源污染。污染物类型包括泥沙、营养物（以氮和磷为主）、可降解有机物（BOD、COD）、有毒有害物质（重金属、合成有机化合物）、溶解性固体及固体废弃物等。美国环境保护局（EPA）指出，非点源污染包括农业区的农药、化肥与除草剂，城市径流及能源生产中的油类和有毒化学物，不合理土地利用及侵蚀造成的沉积物，灌溉导致的盐分，矿山酸性排水，畜牧养殖及有机质腐烂造成的营养物质和细菌，大气沉降及水渠改造导致的污染物等。鉴于农业区与城市区在非点源污染方面存在显著的差异，EPA将非点源污染分为农业非点源污染和城市非点源污染两大类。

（二）农业非点源污染控制

农业非点源污染控制方法与管理的基本内容有滨岸流域管理、农田管理、畜禽废物管理、化肥农药管理等。亨德森（Floyd M.

Henderson）认为控制农业非点源污染最有效和最经济的方法是采取适当的农田管理方式，具体包括少耕法、免耕法、喷灌、滴管、农作物间作套种以及控制农药、综合病虫防治、防护林、草地或林地过渡带、肥料储存地、自然过滤以及利用多水塘系统等。

露天堆放的农村人畜粪便及生活垃圾等在降雨时，可随地表径流迁移、扩散和下渗，其中的有机物、无机盐及其他污染物是造成受纳水体氮磷含量高的重要原因。因此，在现阶段，农村村庄的非点源污染控制措施应从控制地表累积物入手，对农村的生活垃圾实行集中处理，人粪尿、散养畜禽产生的粪尿经过一定工程处理后还田。

（三）城市非点源污染控制

城市非点源污染控制主要采取两种策略，即预防污染和治理不可避免的污染。城市管理方要在城市建设和相应的土地开发各个阶段都进行污染物的预防和治理，重点强调污染的预防，减少污染源并使污染物最少化。污染物最小化策略可以通过城市径流管理、工业活动控制、建设活动控制、腐蚀与沉积控制、湿地保护等项目来予以实施。

1. 城市径流管理措施

（1）建设项目

在场地建设中、建设后尽最大可能减少土壤侵蚀，并保留场地中的沉积物；在土地受到干扰前，实施有效的、经过核准的抗腐蚀与沉积控制计划。

（2）现场处理系统

确保现场处理系统的正确选址、设计、安装、操作、检修和维护，预防污染物排向地表，尽可能减少污染物下渗污染地下水；在不适宜的地区设置替换现场处理系统，以保证现场处理系统不对地表水和地下水造成负面影响；在地表水、湿地和漫滩设置保护性的后退区域，作为常规性的或者替代性的现场处理系统；在现场处理系统设施和地下水之间设立保护隔离区；在那些含氮量有限的地表水可能受到携带过量氮元素的地下水影响的区域，安装能减少含氮总量的现场处理装置，以达到水质保持和提升的目标。

（3）高速公路及其他道路

对高速公路及其他道路的规划、选址和开发应做到以下几点：

保护水源地和生态敏感地区不受破坏；限制诸如清淤、阶梯化、开挖和填充等土地干扰活动，以减少水土流失和沉积；限制对自然排水系统和植被的干扰。

（4）桥梁

合理选址、设计和维护桥梁结构，以保证湿地和生态及自然环境保护区得到保护，免受负面影响。

2. 水路改变管制措施

环保部门应对所有的水路变化项目进行许可审核，同时制定一套流域保护规划，使自然资源受到的影响最小，在最大程度上受到保护。采用废水排放许可制度来规范水体排污行为，使其对水质的威胁减到最小。

（1）开辟河道 / 河道改造

评估开辟河道和河道改造计划对于地表水物理和化学特性的潜在影响；对开辟河道和河道改造项目进行规划和设计以降低不良影响；针对现存的经过改进的河道制定并实施相关措施来改进这些河道中地表水的物理和化学特性。

（2）腐蚀河岸及海岸

在那些因为非点源污染问题而造成河岸或海岸腐蚀的区域，应当对河岸 / 海岸进行加固；相比于结构上的加固方式，应首选植被加固方式；保护河岸和海岸特性，以保留其净化非点源污染的能力；为了保证海滨地区和相关地表水的利用，要保护河岸和海岸免受腐蚀。

3. 湿地、河滨区域、植被处理系统方法

海滨湿地属海陆相交的过渡带，具有高抗性、高生产力、高梯度变化和高脆弱性的特征，其直接利用价值表现为水资源、湿地产品、湿地矿产、能源和水运；间接利用价值包括流量调节（降雨吸纳大量的水，干旱时又能释放水）、防止海水入侵、补充地下水、营养物质的沉积、调节气候、维护生物多样性、保滩护岸、景观价值、教育和科研、文化遗产价值等。湿地和滨河区域应当受到保护、改善和恢复。在可行的情况下，计划应当包括对现存和新建的本地植物缓冲区的保护，以保护和扩展湿地以及河滨区域，来控制非点源污染源。

（1）湿地与河滨区域的保护

保护那些能够减轻非点源污染的湿地和滨河区域免受不良影

响；在保护湿地和滨河区域现存的其他特性（例如植物物种构成、多样性、覆盖区域，地表水和地下水的水文状况和水质，土壤的地球化学特性，动物物种构成、多样性、丰度）的同时，维持这些区域能够净化非点源污染的功能。

（2）湿地与河滨区域的恢复

在湿地和河滨系统能够有助于减少非点源污染的地区，尽力恢复其原有功能。

（3）植被处理系统

在工程化的植被处理系统能够有助于减少非点源污染的地区，尽力应用这一措施，比如经过工程处理的湿地或者植物过滤带。

（4）教育与相关服务项目

广泛宣传湿地及滨河地区管理的要求，促进保护和重建自然水文功能的计划顺利实施。

第二节　海岸带防灾规划

一、海岸带主要灾害概述

海平面上升已经成为全球性的问题，而中国沿海海平面变化总体呈波动上升趋势，1980 年至 2011 年间，中国沿海海平面平均上升速率为 2.7 毫米 / 年，高于全球平均水平，而近三年海平面处于历史高位，预计未来中国沿海海平面将继续上升，2050 年将比常年升高 145 ～ 200 毫米，全国约有 8.7 万平方公里的地区存在受到海平面上升影响的风险（国家海洋局，2012）。海平面上升增加了风暴潮的致灾程度、加重了海岸侵蚀、海水入侵和土壤盐渍化灾害、带来了咸潮，而其中风暴潮和海岸侵蚀的危害最大。

（一）风暴潮

风暴潮是导致全球生命财产损失最严重的自然灾害之一，一次严重的风暴潮灾常造成成千上万的人员伤亡和数亿、甚至数十亿美元的经济财产损失。而根据联合国在 2012 年发布的《世界城市化进程展望（2011 年修订版）》（World Urbanization Prospects: The 2011 Revision），我国沿海大城市主要面临的自然灾害就是风暴潮（表 6-2-1）。

2011 年全球城市面临的主要自然灾害列表　　表 6-2-1

	旋风 Clyclones	干旱 Droughts	地震 Earthquakes	洪水 Floods	山崩 Landslides	火山爆发 Volcanoes
1	日本东京	印度加尔各答	美国洛杉矶—长堤—圣塔安娜	日本东京	中国台北	意大利那不勒斯
2	中国上海	巴基斯坦卡拉奇	菲律宾马尼拉	印度德里	印尼万隆	厄瓜多尔基多

续表

	旋风 Clyclones	干旱 Droughts	地震 Earthquakes	洪水 Floods	山崩 Landslides	火山爆发 Volcanoes
3	菲律宾马尼拉	美国洛杉矶—长堤—圣塔安娜	土耳其伊斯坦布尔	墨西哥墨西哥市	厄瓜多尔基多	印尼茂物
4	日本阪神	印度金奈	秘鲁利马	美国墨西哥—纽约—纽瓦克市	萨尔瓦多圣萨尔瓦多	印尼玛琅
5	中国广州	巴基斯坦拉合尔	伊朗德黑兰	中国上海	中国高雄	
6	中国深圳	印度阿默达巴德	智利圣地亚哥	巴西圣保罗	哥斯达黎加圣约瑟	
7	韩国首尔	智利圣地亚哥	美国旧金山 - 奥克兰	孟加拉国达卡		
8	中国东莞	巴西巴洛哈里桑塔	中国昆明	印度加尔各答		
9	中国香港	安哥拉罗安达	日本名古屋	阿根廷布宜诺斯艾利斯		
10	中国佛山	缅甸仰光	土耳其伊兹密尔	巴西里约热内卢		

资料来源：United Nations，2012

在美国德克萨斯州的海岸带规划中，对沿海龙卷风灾害易发区进行了详细的划定，从而为下一步的防灾规划奠定了基础（图6-2-1）。

中国是全球少数几个同时受台风风暴潮和温带风暴潮危害的国家之一，风暴潮灾一年四季、从南到北均可发生，损害严重，并且发生频率和危害程度逐年提高（杨桂山，2000）。2011 年我国沿海共发生风暴潮过程 22 次，其中台风风暴潮 9 次，5 次造成灾害；温带风暴潮 13 次，1 次造成灾害（国家海洋局，2012）。因此在海岸带规划时应识别当地风暴潮频发地区并采取相应的防范措施。

（二）海岸侵蚀

海平面上升使潮差和波高增大，其累积效应加重了海岸侵蚀（图 6-2-2）。在自然岸段，海平面上升造成岸滩蚀退和低地淹没，破坏盐场和水产养殖等设施，影响滩涂资源利用；对于人工岸段，海平面上升会加速堤防岸基淘蚀，影响堤防安全（国家海洋局，2012）。

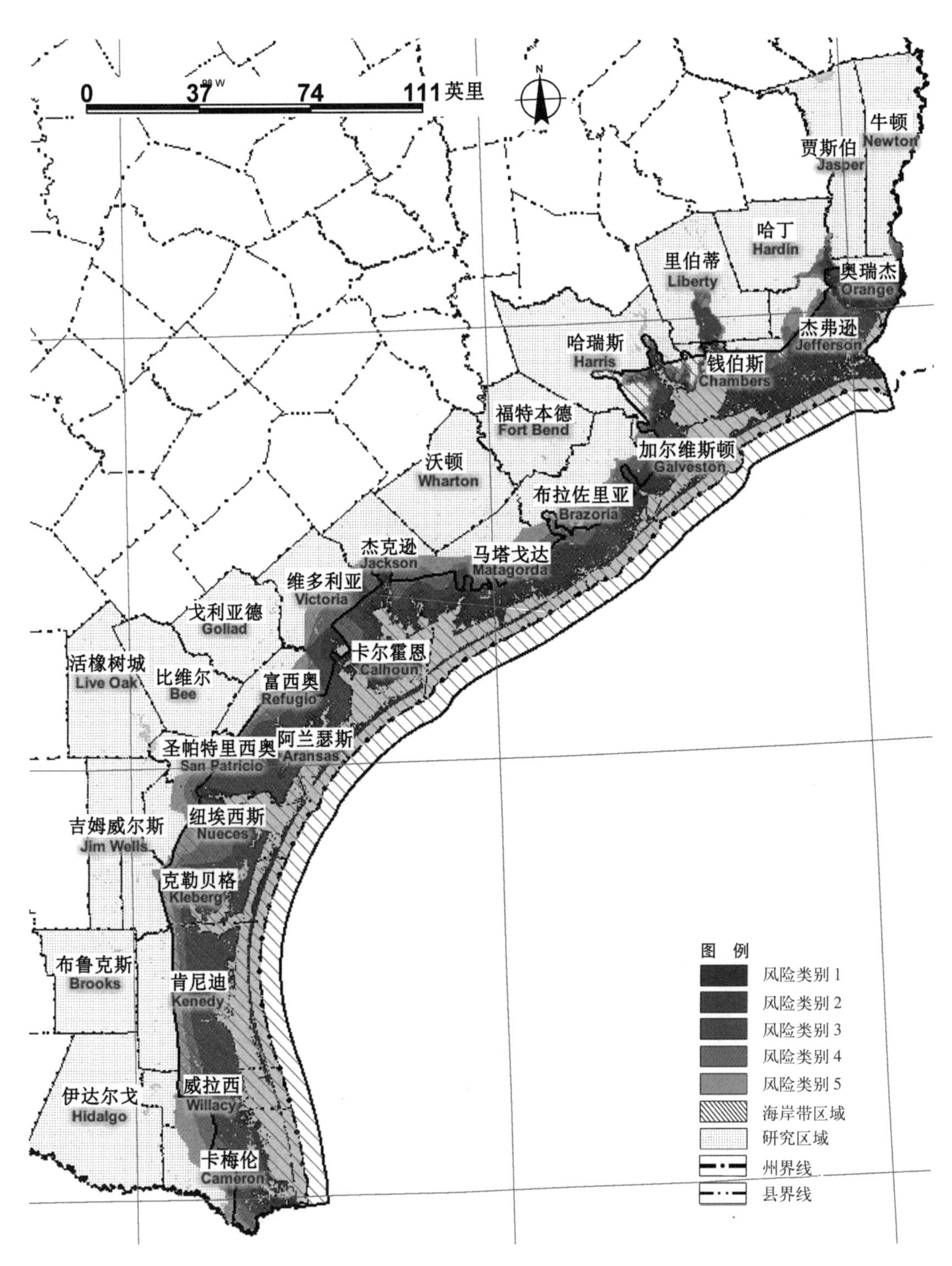

图 6-2-1 美国得克萨斯州海岸带龙卷风风险分析图
资料来源：http: //coastalatlas.tamug.edu/

图 6-2-2　海岸带侵蚀对建筑和环境的威胁

我国自 20 世纪 50 年代末期以来，海岸线已经由缓慢淤进的稳定状态转向侵蚀状态，大量岸线发生蚀退（夏东兴等，1993），我国沙质海岸和粉沙淤泥质海岸侵蚀严重，侵蚀范围扩大，局部地区侵蚀速度呈加大趋势(表 6-2-2)。海岸侵蚀造成土地流失，损毁房屋、道路、沿岸工程、旅游设施和养殖区域，给沿海地区的社会经济带来较大损失。而陆源来沙急剧减少、海上大量采沙和岸上不合理突堤工程建设等是海岸侵蚀的主要原因。

2011 年重点岸段海岸侵蚀监测结果　　表 6-2-2

重点海域	侵蚀海岸类型	监测海岸长度（公里）	侵蚀海岸长度（公里）	最大侵蚀速度（米 / 年）	平均侵蚀速度（米 / 年）
绥中	沙质	112.0	60.0	5.8	2.5
黄河口	粉沙淤泥质	226.7	20.0	477.0	122.0
莱州湾东岸	沙质	12.7	6.7	5.3	3.6
连云港至射阳河口	粉沙淤泥质	254.6	89.8	115.0	11.0
崇明东滩	粉沙淤泥质	48.0	5.1	24.5	9.5
厦门南部	沙质	20.9	4.1	4.2	2.5

资料来源：2011 年中国海洋环境质量公报，http：//www.coi.gov.cn/

沿海各省典型岸段侵蚀灾害情况如下（表 6-2-3）：

中国沿海各省典型岸段侵蚀灾害概况　　表 6-2-3

地区	岸段	海岸类型	侵蚀速率（米 / 年）	地区	岸段	海岸类型	侵蚀速率（米 / 年）
辽宁	新金县皮口镇	沙质	0.5 ～ 1	江苏	东灶港—蒿枝港	淤泥质	10 ～ 20
	大窑湾	沙质	>2	福建	霞浦	沙质	4
	旅顺柏岚子	沙质	1 ～ 1.5		闽江口以东	沙质	4 ～ 5
	营口鲅鱼圈	沙质	2		莆田	沙质	6 ～ 8
	大凌河口	淤泥质	50		湄洲岛	沙质	1
	兴城	沙质	1.5		澄赢	沙质	0.9 ～ 1.5
河北	北戴河渔场	沙质	2 ～ 3		白沙—塔头	沙质	3
	饮马河	沙质	2		高歧	沙质	1
	滦河口至大清河口	淤泥质	>2.5		东山岛	沙质	1
	岐口至大河口	淤泥质	10	海南	文昌	沙质	10 ～ 15
山东	黄河口三角洲	淤泥质	30 ～ 1200		三亚湾	沙质	2 ～ 3
	刁龙嘴—蓬莱	沙质	2		海口湾西部后海	沙质	2 ～ 3
	蓬莱西海岸	沙质	5 ～ 10		南渡江口	沙质	9 ～ 13
	文登—乳山白沙口	沙质	1 ～ 2		沙湖港—东营港	沙质	3 ～ 6
	鲁南	沙质	1.1	上海	芦潮港—中港	淤泥质	约 50
	棋子湾—绣针河口	沙质	1.3 ～ 3.5	浙江	澉浦东—金丝娘桥	淤泥质	3 ～ 5
江苏	赣榆县北部	沙质	10 ～ 20	广东	漠阳江口北津	淤泥质	8
	团港—大喇叭口	淤泥质	15 ～ 45	广西	北仑河口	淤泥质	10

资料来源：李培英等，2007；李震等，2006；刘锡清，2005；詹文欢等，1996.

二、海岸带地质灾害风险评价和重点防灾岸段划分

风险评价（Risk Assessment）是指对不良结果或不期望事件发生的机率进行描述及定量的系统过程。因此，进行海岸带灾害地质风险评价的基本思路是：

第一，建立海岸带灾害地质风险综合评价的指标体系。将海岸带看作一个整体，保持评价因子在地域上具有同一性。

第二，对评价因子，即灾害地质类型进行数值化。因素的数值化有两种方法，一种是进行定量分级，另一种是对有连续值的因素利用具体的数值。在进行指标数值化时，将评价区划分为若干较小的评价单元，之后再确定各评价单元的各评价因素数值。

第三，对评价指标进行合理的量化赋权。评价指标权重的判定有多种方法，合理确定各指标权重是评价的基础性工作。

第四，选择适合的评价方法及模型，求得各评价单元风险级别。

第五，分析评价结果，获得海岸带灾害地质环境风险区划图（杜军，2009）。

具体的海岸带灾害地质风险评价指标体系及分级如表 6-2-4 所示：

我国海岸带灾害地质风险评价指标体系及其分级　　表 6-2-4

指标体系	地震区划类	地貌区划类	构造类	触发类	人类活动类	单体类
1 级	地震动峰值加速度值≥ 0.3g	山区	活动断层	滑坡、崩塌、风暴潮区	海岸侵蚀、海水入侵	海岸沙丘、潮流沙脊、海岸坍塌
2 级	地震动峰值加速度值 =0.2g	丘陵区、沙脊群区、潮滩、三角洲	火山	泥石流	地面沉降、盐碱化土地、荒漠化土地	古河道、古三角洲、海底沙坡沙丘、埋藏古河道、古湖泊
3 级	地震动峰值加速度值 =0.15g	水下岸坡、海釜、水下阶地	地裂缝	浅层气	退化湿地、水土流失区	软弱层、起伏基岩
4 级	地震动峰值加速度值 =0.1g	台地、盐田、古湖泊洼地、陆架侵蚀洼地、浅滩	浅断层	易液化沙层	矿坑塌陷、地下水污染区、地方病区	冲刷沟槽
5 级	地震动峰值加速度值 =0.05g	平原	陡坎	其他	港湾淤积	其他

资料来源：杜军，2009.

然后采用第三章第三节中适宜性分析的方法，计算海岸带灾害风险，并根据计算出来的风险灾害划分不同类型的海岸带脆弱岸段。

三、海岸带防灾措施

海岸线保护有三种方式：非构筑物保护（海岸建设退缩）、柔性构筑物保护（有植被的沙丘等）、硬质构筑物（防浪墙等）。海岸防灾规划过程中应最先实施非构筑物保护方式，柔性构筑物保护方式次之，在前两种保护方式均不足以达到海岸防灾要求的情况下，最后选择建设硬质构筑物的方式。

（一）生物护岸

保护沿海防护林等原生植被是防止海岸线退蚀的最有效方法，三角洲、河口等自然湿地有助于提高海岸线抵抗海水侵蚀的能力，减缓海平面上升的速度；沉积物交换（由海洋到陆地和由陆地到海洋）是保证海岸线富有活力、提升海洋生态系统多样性的基础，尤其是生态敏感地区，更应保护海岸生态系统完整，不应建设任何堤坝。

在海岸线退蚀不严重的地区，只要条件许可并且方法可行，可将植物缓冲区作为控制侵蚀的方法，例如采用植被代替乱石堤、混凝土堤岸或其他硬质岸线来控制，避免破坏海岸动力系统，影响沉积物的传送，从而破坏近岸海域生物多样性。

（二）人工护岸

对于海岸线严重退蚀的地区，以及道路或建筑物距海岸较近的地区，可以采取修筑人工防潮堤的方法。防潮堤应尽量使用天然石材、沙、卵石等自然材料，减少人工合成的化学物质对海洋生物的影响，同时应当尽量恢复自然生态系统，实施沙堤再生或者植被恢复等工程。

为了尽可能减少海湾填海项目和岸边建筑发生沉降的潜在危险，所有的待建项目在使用周期内都必须高于预计最高潮水水位，或有防潮堤的保护，以免受建筑沉降所带来的影响。防潮标准应根据建筑物所在位置和被保护对象的重要程度确定，在建设防护设施前应进行科学的研究和预测。

第七章 海岸带公众接近规划

【摘要】

在美国加州的“海滩解放”运动中，加州政府曾以里约热内卢为例指出，海滩作为公众资源，应向全民开放，而不应有任何阶层、肤色、财富、种族等方面的歧视。在此理念的指导下，经过长期艰苦卓绝的斗争，富豪云集的加州海滩逐渐还之于民,这被视为海滩利用走向社会公平的重要标志。由此我们可以形成一个理念：在我国，实现海岸带的公众接近不仅仅是出于发展旅游的考虑，更是体现出公共资源在使用中的平等化精神。

在此认识下，本章提出了具体的海岸带公众接近规划方法，包括划定公众可接近的范围、配置相应的慢行设施和配套服务设施，同时提出了对公众接近区域的活动类别和邻近地区的私产边界进行控制的策略。

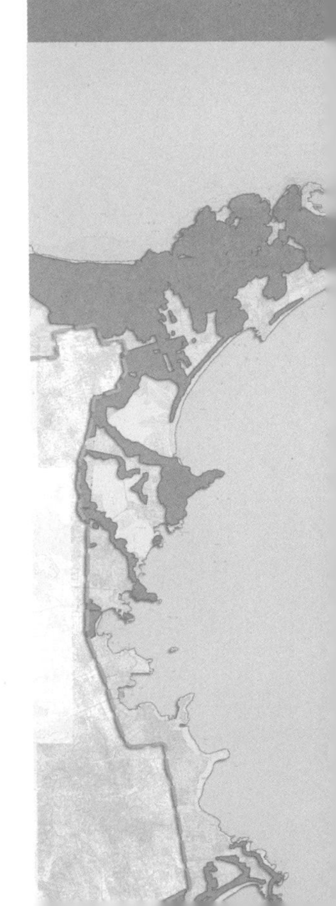

第一节　概念与意义

一、海岸带公众接近的概念

海岸带公众接近是指公众到达、使用、欣赏、拥有海岸线上的海水及其周边陆上休闲娱乐区域的能力，即社会所有成员的身体和视觉能够最大限度地到达海岸线和海滨。

二、海岸带公众接近的意义

海岸带作为一种公共资源，拥有众多的景观及旅游资源，除生态敏感性高、区位条件不良的资源外，其余地区都是公众可接近资源点，让公众体验和欣赏这些景观资源，有助于加深公众对海岸带的了解，加强对资源的保护意识，并且促进这些资源的合理开发利用。

海岸带公众接近缘于"空间公平"概念的深入人心。"空间公平"这一概念是指公共设施、就业机会、开放空间等空间要素的均衡配置。它产生于美国加州地区的城市空间转型时期，根植于美国社会长期的反种族歧视和寻求社会公平、公正的思潮中，并与美国城市规划建设中不断出现的"公平城市化"、"环境公平"等思想一脉相承。随后，这一概念在全美国乃至全球的城市化中得到响应（*Seeking spatial justice*，Edward W.Soja，2010）。而随着海滩的健康价值逐渐被人们所认识，以及海岸带休闲旅游业的逐渐发展，海岸带公众接近和休闲旅游的地位逐渐凸显。

我们可以从美国加州的"海滩解放"运动来理解海岸带公众接近的社会和文化意义。在20世纪的大部分时间里，南加州的公众海滩对黑人和其他有色人群的开放是有限制的。黑人只可享受位于圣莫妮卡（Santa Monica）的比科（Pico）和海洋公园林荫大

图 7-1-1 美国加州马里布（Malibu）海滩的富人区

道（Ocean Park Boulevards）之间半英里长的因克尔（Inkwell）海滩和位于曼哈顿海滩的布鲁斯海滩（Bruce's Beach）（弗莱明·D Flamming D，2005）。在马里布、曼哈顿、箭头湖、圣巴巴拉、新港海滩、奥兰治县和特立尼达等地，由于居住在海边的富人的反对，都存在不同程度的海滩公众接近障碍（加西亚·R与巴尔托达诺 .E F. 2005；García R and Baltodano E F，2005）（图 7-1-1）。

为了打破海滩私有化的局面，加州政府和民众开展了大量的运动（图 7-1-2）。1975 年，加州海岸带规划 145 号政策特别呼吁建立海岸带小径系统——一个沿着或者靠近海岸的，可以徒步、骑车、骑马的小径系统。截至 1999 年底，加州 65% 的海岸带小径已经完成；1976 年的加州海岸法提出要在公众产权、私人产权与自然资源的保护和公共安全需求相协调的情况下，通过显著的标志最大化公众接近，给所有人提供休闲机会（California Coastal Commission，2013）；2002 年，加州海岸委员会采取了一种局部海岸线规划的方法，要求马里布最大限度地开放市民前往海滩的途径。（California Coastal Commission，2002）。

图 7-1-2　洛杉矶城市漫步者组织（Los Angeles Urban Rangers）长期开展的旨在推动公众使用马里布海滩的示范活动

目前，我国也面临着与20世纪70年代以来美国加州类似的局面，随着滨海地区的开发，大量岸线被企业、房地产、旅游设施占据，侵害了公众接近海滩的权利。将海滩还给公众，可以为我国海岸带可持续开发奠定良好的社会基础，意义重大。

第二节 海岸带公众接近的规划方法

一、总体技术路线

参照美国、地中海等地的经验，本书将海岸带公众接近的规划流程分为五个步骤：

1. 划定公众接近的规划范围；
2. 调查可游憩资源的现状分布情况；
3. 规划海岸带小径系统；
4. 落实配套服务设施布局；
5. 对海滩公共活动的类别进行控制；
6. 提出私产控制、信息发布等保障措施。

二、范围划定

我国土地归国家所有，因此海岸带区域除了生态环境脆弱、有珍稀动植物保护需求以及国防安全需求的地区之外，都应该划为公众接近区域；对于拥有景观资源的地区应该划为休闲旅游区域。类似于加州局部海岸带规划，本书对海岸带公众接近的范围界定如下：

1. 海滩沿线的区域；
2. 能够眺望海岸线的山地；
3. 海滩和公共道路之间的通道；
4. 沿着海滩或者能够眺望海岸线的山地休闲小路；
5. 海滩休闲旅游设施（加州海岸带管理委员会 California Coastal Commission，2007）。

三、现状分析

海岸带公众可接近区域的辨识应建立在海岸带景观资源分析和保护的基础上，本书第四章第七节对此已进行了详细的论述。据此，可以将海滨景观资源分类纳入公众可接近区域内。威海市海岸带公众可接近区域的分类、分布与数量如表 7-2-1 所示：

威海市海岸带公众可接近区域一览表 表 7-2-1

类型	公众可接近的景观及旅游资源				数量
	环翠区	荣成市	文登市	乳山市	
岛屿	刘公岛、连林岛、黑岛、	碌对岛、王家岛、镆铘岛、猪岛、大黑石、养鱼池草岛	牛心岛、二岛、	浦岛、南黄岛、琵琶岛	14
岬角		烟墩角—后神唐口东、张蒙岬角、猫头山、朱家东圈东侧岬角、朱口岬角（朱家西圈东侧）、沙口岬角（朱家西圈西侧）、柳夼岬角、西北海岬角、涨蒙岛岬角、羊角嘴		古龙咀、南岛嘴	12
岩礁		瓦屋石礁石滩、凤凰尾、将军堂礁石、南我岛礁石滩、桃园南部礁石、青龙岛礁石滩、院夼冷藏厂礁石滩、老板石礁石滩（海产品加工南）、鸭子石—青鱼滩礁石、寻山所渔业公司南部礁石、逍遥港至牛鼻咀礁石、后海沿礁石—俚岛镇礁石岸段、镆铘岛东南部礁石滩、仙人桥至青山海湾、卢家南部礁石滩			15
山体		赤山、成山山体、俚岛镇山体、槎山、荣成崂山、马山、（烟墩角）崮山、崮山、烟墩山、炮后山、狼虎山、长会口山体、蒋家口山体	五谷墩	葫芦山	15
峡谷				麦秸崮峡谷	1
海湾	威海湾、猫头山海湾、半月湾、	荣成湾、龙眼湾、马兰湾、洛湾、养鱼池湾			8
河流		沽河	母猪河		2
水库		村家流水库、龙门港水库、大龙水库、邪口水库			4
潟湖	双岛湖	碌对岛潟湖、茅子草口、朝阳港潟湖			4
潮汐涌潮				乳山银滩潮白沙口潮汐潟湖	1

四、海岸带小径规划

本书认为，除具有特殊管控要求的海滩外，海岸带绝大部分地区都应当沿海滨岸线建设连续的海滨小径系统，向各类使用者（步行者、骑自行车者、残疾人等）提供观览海滨景观与休闲锻炼的场所，增强海岸带的公众可接近性。

海岸带小径的建设应遵从以下原则（Coastal Conservancy，2003）：

1. 接近性

海岸带小径应该位于能够看到和听到海的区域。

2. 连通性

海岸带小径系统应该是沿海沙滩、礁石、栈道平桥、林下广场等设置的畅通连续的空间体系，它将公园、码头、社区、学校、公交车站、旅游景区、旅馆、校园、饭店及其他休闲旅游设施联系起来，成为机动车道路之外的另外一种海岸带交通方式。

3. 独立性

为保证安全性和实用性，海岸带小径应当是连续的，并跟机动车道路保持一定的水平距离，通过垂直分布的小坡、下穿道、植被等方式隔离。

4. 适宜性

位于湿地保护区和野生动植物保护区内的海岸带小径建设应采取对自然生态环境产生负面影响最少的方式，如栈道、木屑路、沙石路以及动物可穿越的吊桥等，同时应随时监控公众接近对野生动植物产生的影响，以便决定是否有必要重新制订管理策略。

图 7-2-1 和图 7-2-2 显示了根据以上原则制定的加州海岸带小径规划内容建设效果。

同时，还应当制定相应的政策，以确保海岸带公众接近规划的有效落实。

1. 公众进出滨水区的途径包括步行、车行或其他适当的交通方式，应尽量为残疾人提供无障碍通道，必须与最近的公路相通，在公路上可以找到便利的停车场或公共交通站点。

2. 沿海滨地区除了在滨水公园、海滩、游船码头和垂钓处等公共活动场所提供公众接近的道路交通外，在海岸带区域内，新建的任何开发项目都应该尽可能地向公众提供最便捷的交通途径，包括住宅、港口、公共设施、野生动植物分布区。如果

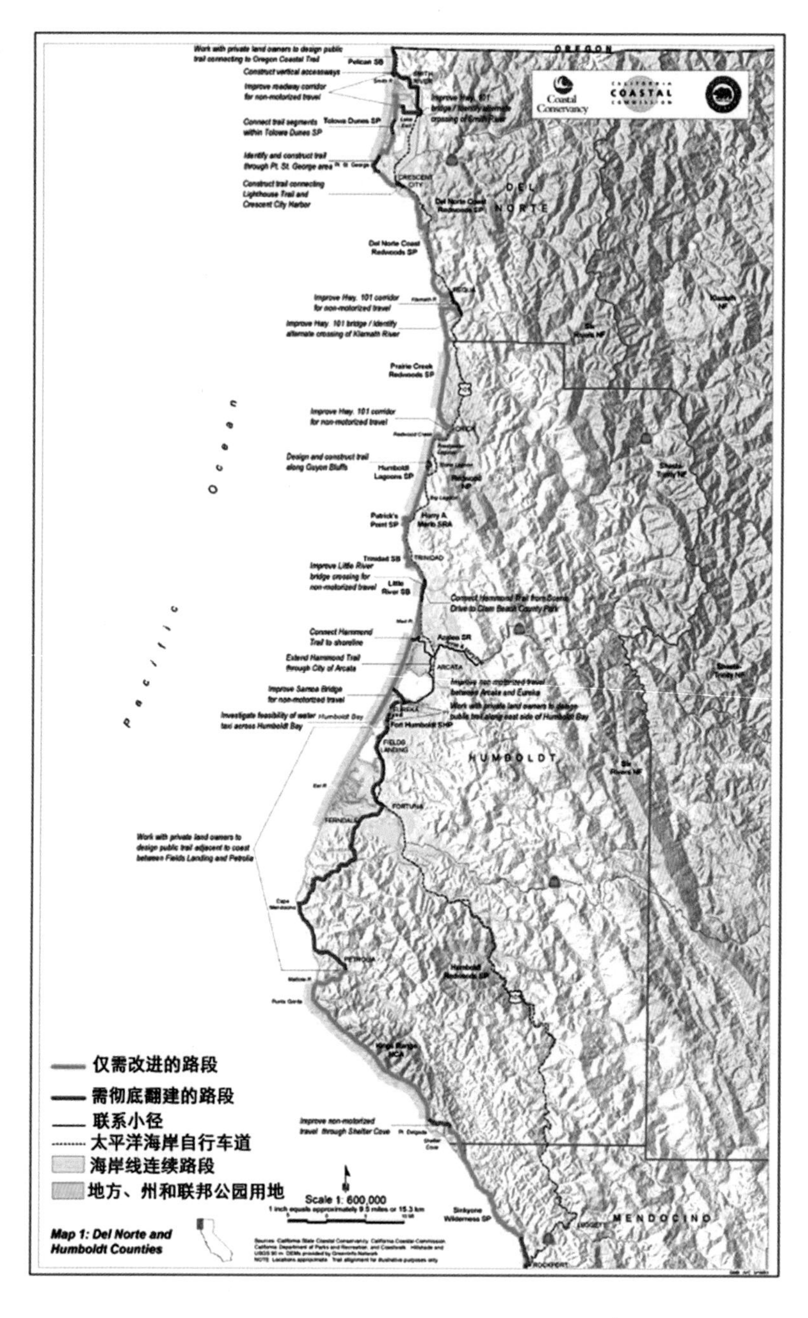

图 7-2-1 加州海岸带小径规划图（局部）
资料来源：Public Access Action Plan

公众进入会对海滨自然资源产生不可避免的或明显的负面影响，则在项目附近的适当地点寻找其他出入途径。当出入码头等危险地区时，应保证道路在安全区域选线或采取保护措施，保障行人的安全。

3. 对于海滨的湿地保护区、动植物保护区等生态保护要求严格的地区，除核心区以外的地区均应设置公众接近的道路交通设施，

图 7-2-2 加州海岸带小径实景

以便研究这些区域并开展休闲娱乐活动。由于一些野生动植物对人类活动的影响是非常敏感的，因此必须谨慎评估在此类区域所建设的项目，确定道路选线的合适地点和交通类型。

4. 滨水的道路应设计成风景游赏路，以供行驶较慢的主要游览车辆使用。直路与弯道的设计应保留、增加游人的视线廊道，减小交通障碍，并且在岸边设置安全的、独立的、经改造的自然游步道。在条件合适的情况下，应鼓励旅游公交车经过和联通海岸线交通干道。

五、配套服务设施布局

在配套服务设施布局方面，应当遵循以下三条原则。

首先，应将休闲旅游设施合理地分布在海岸线，游憩设施通常应建在距离人口密集区尽可能近的地方，不应占用港口、涉水产业或机场所需的场地，但应该通过协调尽力在以上设施区域内开辟游憩场地。应该将不同类型的可相容的公用和商业游憩设施适当地建在同一区域，允许它们共同使用辅助设施，以便为公众提供更多的选择机会。

其次，应优先保证旅游商业设施在现有海滨休闲旅游区域的布局，而私人居住、产业发展和普通商业等用途在优先级上要后置。

再次，根据海岸带休闲旅游区域的预期游客规模，配备相应的休闲旅游配套设施，如停车场、住宿等。既不过量配给，造成浪费，也应避免配置不足，形成接待瓶颈。

在美国加州的伯德海滩公众开放空间规划和休闲旅游配置中，便根据每个开放区域的不同特点和接待能力，有针对性地控制了设施配置的内容和规模（图 7-2-3，表 7-2-2）。

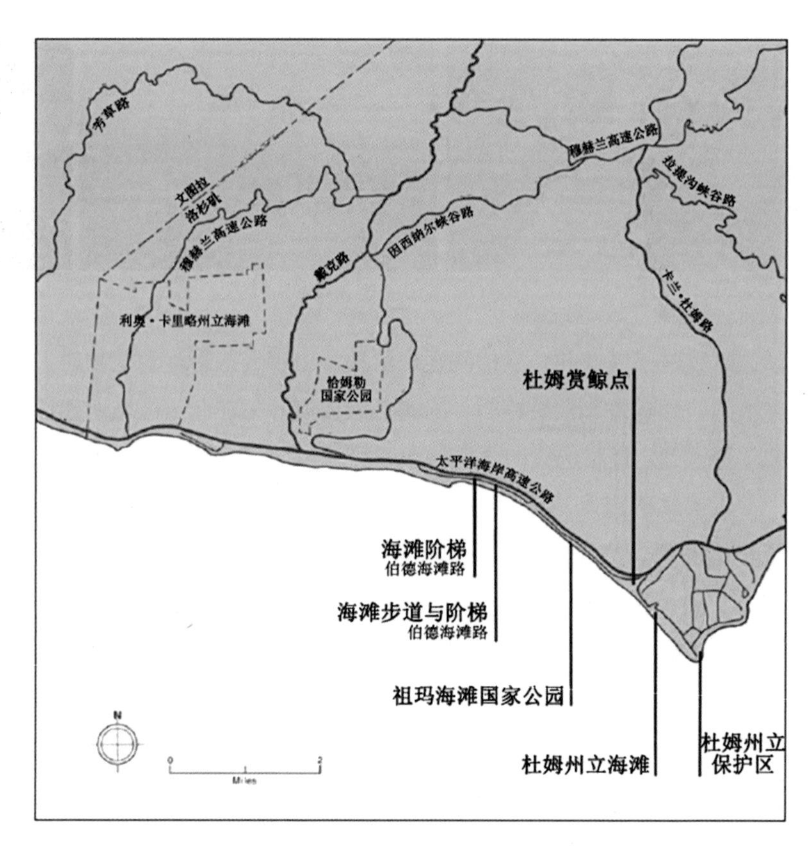

图 7-2-3 伯德海滩的公众开放空间及服务设施配置图
资料来源：California Coastal Access Guide

洛杉矶马里布市伯德海滩的公共开放空间服务设施配置表 表 7-2-2

名称	位置	服务设施															环境						
		入口/免费停车场	停车场	休息室	救生员	露营场所	淋浴	火塘	通向海滩的阶梯	海滩通道	自行车道	登山步道	无障碍设施	游船设施	垂钓设施	跑马道	沙滩	沙丘	岩质海岸	高地	河流廊道	断崖	山地
海滩阶梯（Stairway to Beach）	伯德海滩路31344号（31344 Broad Beach Rd.）								●								●						
海滩步道与阶梯（Walkway and Steps to Beach）	伯德海滩路31200号（31200 Broad Beach Rd.）								●								●						

续表

名称	位置	服务设施															环境						
		入口/免费停车场	停车场	休息室	救生员	露营场所	淋浴	火塘	通向海滩的阶梯	海滩通道	自行车道	登山步道	无障碍设施	游船设施	垂钓设施	跑马道	沙滩	沙丘	岩质海岸	高地	河流廊道	断崖	山地
祖玛海滩县立公园（Zuma Beach county Park）	太平洋海岸高速公路 30000 号（30000 block of Pacific Coast Hwy.）	●	●	●	●		●						●		●		●						
祖玛海滩县立公园（Zuma Beach county Park）	西海滩路与鸟瞰大道相交处 Corner of（Westward Beach Rd. and Birdview Ave.）																			●		●	
杜姆点赏鲸点（Point Dume Whale Watch）	西海滩路南端 S.end of（Westward Beach Rd.）	●	●	●	●		●						●		●		●		●			●	
杜姆点州立保护区（Pt. Dume State Preserve）	克里夫塞德路（Cliffside Drive）		●					●			●						●			●			

资料来源：California Coastal Access Guide

六、活动类别控制

休闲游憩活动可能对脆弱的海滩资源造成破坏，尤其是钓鱼、篝火、扎营等活动，其潜在的环境影响不容忽视。为此，在制订海岸带公众接近规划时，应根据不同海滨资源的保护要求，对各项游憩活动进行针对性控制，以保护海滨生态环境。

例如，在美国得克萨斯州橙县（Orange County）的公众接近规划中，将游憩活动分为钓鱼、游泳、野餐等 18 个类别，并分别加以控制（表 7-2-3）。

美国得克萨斯州橙县海滩的活动分类引导　　表 7-2-3

橙县																			
地点	位置（包括紧邻的市、镇）	钓鱼	游泳	观赏野生动物	野餐	露营	风帆冲浪	船用斜坡道	游船码头	直码头	休息室	淋浴室	供电/照明	淡水	租地营业商摊	入口/停车费	无障碍设施	深海湾通道	海湾/河流/湖泊通道
艾伦与克里奥小艇船坞（Allen & Cleo's Boat Storage & Marina）	橙县密西西比路 1802 号（1802 Mississippi Street, Orange 409-735-8533）				●			●	●										●
贝利垂钓营地（Bailey's Fish Camp）	桥城雷克路末端（End of Lake Street，Bridge City 409-735-4298）	●		●	●	●		●	●		●		●		●				●
蓝鸟垂钓营地（Blue Bird Fish Camp）	橙县北法拉格特与北西蒙斯（North Farragut & North Simmons Orange, 409-745-2255）	●		●	●			●	●	●							●		●
桥城诱惑（Bridge City Bait）	桥城圆堆路 2682 号（圆堆路东与牛湾之间）(2682 Round Bunch Road (East Round Bunch Road & Cow's Bayou) Bridge City, 409-886-1115)	●			●			●	●		●				●				●
卡朋特路（Carpenter Road）	桥城卡朋特路末端（End of Carpenter Road, Bridge City）	●		●				●											●
牛湾船坡（Cow Bayou Boat Ramp）	桥城牛湾 87 号高速公路（Highway 87 at Cow Bayou, Bridge City）							●											●
柏湖房车公园（Cypress Lake RV Park）	橙县拉彻路东 108 号 108（East Lutcher Drive, Orange 409-883-7725, 800-352-6390）	●				●		●	●				●	●		●			●
87 号高速公路之南（Highway 87 South）	桥城 87 号高速公路以南，跨内奇斯河的桥前方（Highway 87 South before bridge over Neches River, Bridge City）	●						●											●

续表

橙县		钓鱼	游泳	观赏野生动物	野餐	露营	风帆冲浪	船用斜坡道	游船码头	直码头	休息室	淋浴室	供电/照明	淡水	租地营业商摊	入口/停车费	无障碍设施	深海湾通道	海湾/河流/湖泊通道
地点	位置（包括紧邻的市、镇）																		
洛蒂码头（Lottie's Landing）	橙县亚当河口杜邦路 2006 号（2006 Dupont Drive at Adam's Bayou, Orange）							●	●										●
土浦码头（Toups Marina）	桥城 87 号高速公路以南越过牛湾（Highway 87 North, past Cow's Bayou Bridge City 409-735-9790）	●						●	●										●

资料来源：Texas Beach and Bay Access Guide

七、私产控制及其他保障措施

（一）私产控制

控制私产的建设选址，避免私产对滨海岸线的侵占，是海岸带公众接近的首要保障。应根据不同岸段的景观特点，提出针对性的建筑红线退缩要求。

例如在美国加州的伯德海滩，规定了建筑地块边界与海洋之间必须留有一段缓冲地带，作为公众接近区域（图 7-2-4，图 7-2-5，图 7-2-6）。

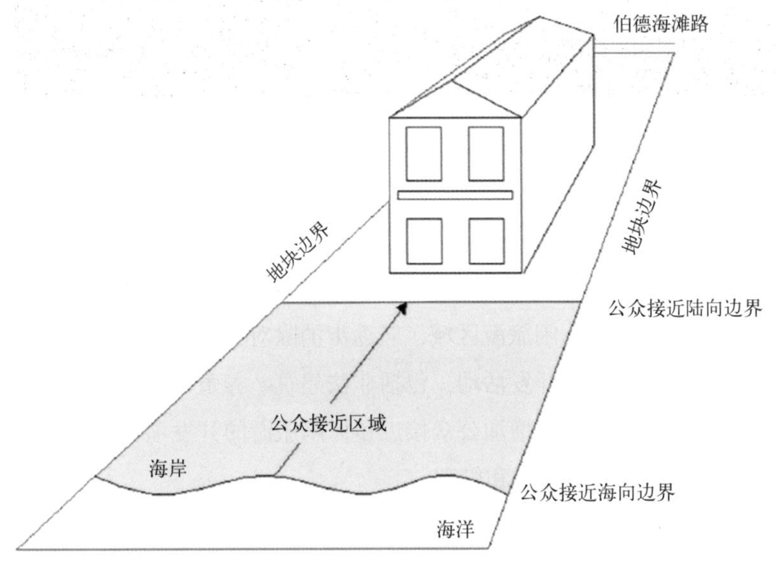

图 7-2-4　伯德海滩公众接近区域示意图

资料来源：Broad Beach Coastal Access

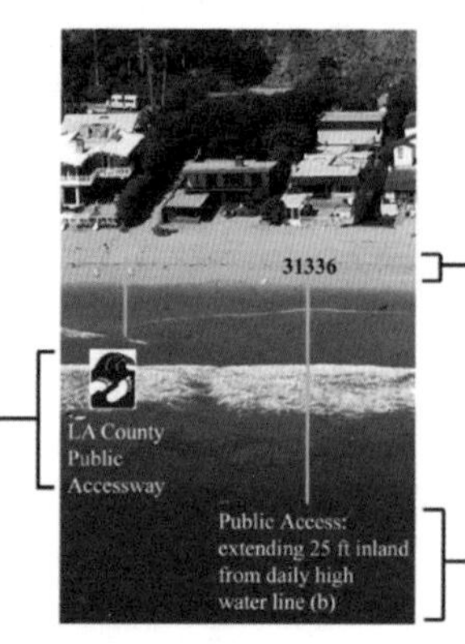

图 7-2-5　伯德海滩公众接近区域划定标准示意图
资料来源：Broad Beach Coastal Access

图 7-2-6　伯德海滩建筑红线退缩要求的图示
资料来源：Broad Beach Coastal Access

（二）海岸线开发活动的管制

对于确定的休闲旅游区域，应逐步消除对公众接近和休闲旅游有负面影响的各类开发活动，包括非法建筑、养殖、采沙、填海等活动。而那些有助于增加公众接近和休闲旅游的开发项目应当采用许可证的方式进行审批和管理。

（三）海滩的公众接近通道和视觉保障

移除现有的影响海岸带公众接近的阻碍，包括非法的禁停标志、非法的阻隔、非法的私人占有等。对于出于国防安全考虑的海岸带军事设施，或出于生态环境和珍稀野生动植物保护而造成游客无法亲临的海岸带区域，应保证视觉上的介入。

除了在滨水公园、海滩、游船码头和垂钓处等公共活动场所提供公众接近的道路交通外，在海岸带区域内包括住宅、港口、公共设施等任何新建的开发项目都应该尽可能地向公众进入海滩提供最便捷的交通途径。

（四）公众接近和休闲旅游信息发布

应当通过制定标识系统，清晰地标示公众接近通道和休闲旅游设施，并配有一定的游客教育设施或环境解说系统（图 7-2-7）。

除了标识之外，还应通过网站和出版物的方式为游客提供海岸带公众接近和休闲旅游的信息。例如，美国俄勒冈州通过网站为游客提供公众接近区域的设施以及休闲活动引导（图 7-2-8）。

由加州出版社出版的《加州海岸带公众接近指南》（图 7-2-9）是游客探索加州 1100 英里海岸带的必备指南（California Coastal Commission），内容包括：

（1）890 个海岸带公众接近区域的信息；

（2）露营地、小径、休闲区域、交通和停车等信息的详细描述；

（3）公众接近设施的地址、电话号码、网址、换乘信息和开放时间；

（4）无障碍设施的信息；

（5）方便阅读的设施和地形的图表；

（6）125 幅最新的提供驾驶信息指南的地图；

（7）15 个县的彩色地图；

图 7-2-7 公众接近标示

史蒂文斯堡州立公园 /C 区指南

公众接近指南

位置	史蒂文斯堡州立公园 /C 区
场所类型	海滩
海滩路径	无铺装路面
管理单位	州立公园管理处
停车场	铺装场地
收费与否	是

设施	
	有
	无
	有
	有
	有
	无
	无

活动	
	无
	无
	有
	有
	有
	无
	无

注意：俄勒冈州的人们幸运地拥有着沿海开放空间。该沿海公共空间包括沿海沙滩区和通往海岸沿途的指定区域。但这并不意味着公众可随意从任意地方进入沙滩区以及私有财产不可出现在海岸带。请不要滥用使用海岸带的权利，请按规定使用指定的公众可达区域，尊重公共资源、严禁侵犯私有财产。

图 7-2-8　美国俄勒冈州海滨地区设置公众到达的标识

资料来源：https：//data.oregon.gov/dataset/Oregon-Access-Points-And-Boat-Ramps

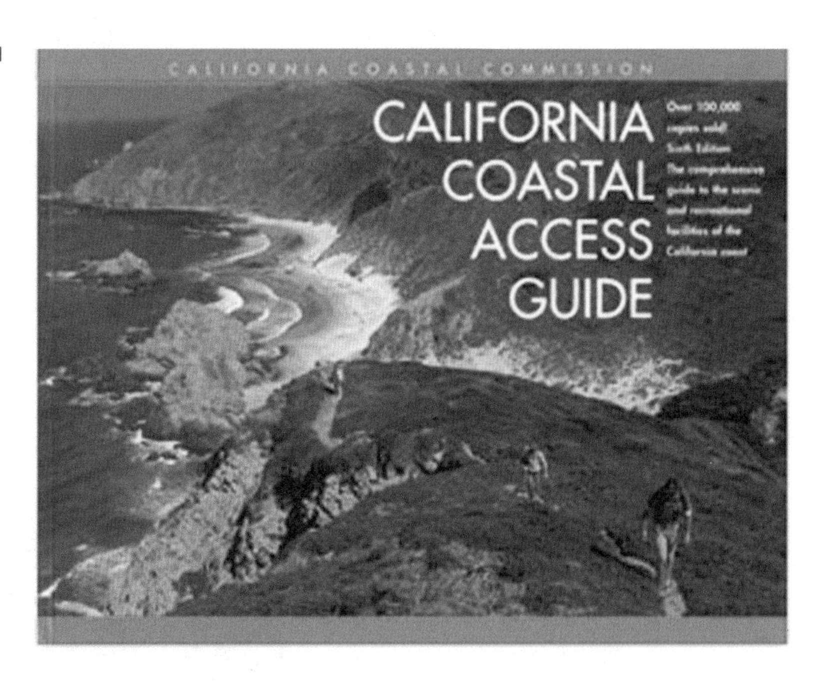

图 7-2-9 《California Coastal Access Guide》封面

（8）超过 300 个例子。

书中的专题文章还包括加州的自然历史、海洋及海岸带野生动物、生态状况的变化和保护措施等环境议题，以及体育和休闲活动信息等。

第八章 规划实施与管理

【摘要】

本书第一章已经提到，海岸带规划是海岸带综合管理的中间环节。从这个意义来看，有效地指导实施和管理，无疑是海岸带规划最终能否生效的主要衡量标准，本章旨在就此问题提供一些建议和指导。从欧美国家的实践经验来看，海岸带规划实施的保障主要归结为三个方面：规划实施主体、管理体制以及实施方略。就海岸带规划主体来说，本章从我国的实际情况出发，针对现有的行政体系提出了较为具体的意见，核心要点则是解决好部门之间在权利、义务方面的协调统一。在管理体制方面，海岸带开发许可证制度作为国外海岸带法规的核心内容，也建议引入到我国的海岸带管理体制中来。而在规划实施方略方面，本章将管理的动态化、信息化和充分的公众参与作为三点要旨。

一、规划实施主体的建立

（一）实施规划的难点——部门协调

海岸带规划实施的难点和关键在于部门间的协调和综合。

首先，海岸带管理权限的分散造成海岸带规划在实施和管理中的困难。海岸带管理权限分散是世界沿海国家和地区普遍存在的问题，我国也不例外：海岸带规划范围往往涵盖城市规划区、村庄、农田、水产养殖区、盐田等诸多不同属性的空间和用地，这些用地分属建设、国土、海洋、渔业等部门管辖，管理所依据的也是不同的法规和政策，各专业部门分别制定的相关政策和计划之间也缺乏必要的协调，往往存在忽视其他行业利益的问题。

其次，海岸带资源的竞争性利用使得单一的行政主管部门无法独立实施海岸带规划。海岸带开发利用程度越高，则海岸带资源的竞争性利用越强，行业间的冲突将日益增多。单一的部门分工管理不能适应海岸带管理的要求，从管理的可行性角度出发，加强行业“条条”和部门“块块”间的综合与协调，对于规划的实施至关重要。

（二）实施规划的行政主体——海岸带协调管理委员会

要切实实施和落实海岸带规划，则必须明确实施的行政主体。本书认为，在我国目前行政体制和架构之下，设立独立、常设和全新的海岸带规划管理部门是不现实的。比较现实和有效的选择是：国家或地方政府授权，委托一个主要部门（地方层面上通常是建设厅或规划局）负责和牵头，形成由建设、海洋、渔业、环保、林业、农业、港口、盐业、旅游、公路和交通等部门共同组建的海岸带协调管理委员会，实施海岸带规划。

海岸带协调管理委员会可以是非常设机构，由行政主管领导任协调管理委员会主任，主要参加部门（如规划局和环保局）任常务委员，涉海的其他政府部门为协调管理委员会成员，采取部门联席会议的形式来组织和负责海岸带规划的编制和实施工作。非经协调管理委员会批准的规划内容不得在海岸带范围内实施。协调管理委员会定期召开会议，交流信息，协调解决一些海岸带空间管制规划执行具体工作中的矛盾，还可以研究发现重大问题，对规划进行补充完善，并呈报政府或立法机关，通过行政和法律程序解决。协调管理部门主要通过组织决策和信息交流来施加影响，不凌驾于专业部门之上，不干预专业部门的业务性管理，不取代其他部门行之有效的管理职能。

海岸带协调管理委员会应当建立协调管理体制，吸收多方面的力量参与管理工作，包括政府各相关部门、相关研究机构和民间团体。

有条件时，可以考虑建立独立、常设和有行政能力的海岸带管理委员会，替代海岸带协调管理委员会，负责拟定法规、政策、规划、协调重大开发利用活动、执法检查活动等，并用法律形式肯定海岸带管理委员会的地位和职责。

二、依法管理体制的构筑

（一）立法的必要性与策略

海岸带是一个涉及国民经济多部门、多学科的自然经济综合体，从立法的角度看，任何一个关于海洋或陆地的部门法规，都不能完全覆盖这个区域，不能充分体现这一国土地带的特殊性，因而不能实现对海岸带进行全面的综合管理。制定专门的海岸带管理法规，强化海岸带的依法管理，是为了适度对海岸带这一特殊地带进行全面有效的管理，以确保海岸带各类资源永续开发利用及综合效益水平之间的平衡，同时也可以保障部门单项法规在海岸带内能顺利贯彻执行。

法律是确立海岸带管理制度和规范开发利用活动、管理工作的依据，是最基本的管理方法。在现有条件下，我国绝大多数沿海城市和地区难以追求有关海岸带管理的法律一步到位，在起步阶段，可尽量通过行政渠道先行制定出台《海岸带管理暂行办法》，凭《海岸带管理暂行办法》对海岸带的事务进行部门和行业协调，保障海岸带管制规划的顺利实施。在条件成熟时制订海岸带管理的法律法规，使海岸带资源得到严格保护和合理利用。

《海岸带管理暂行办法》应对海带的立法依据、资源权属、管理和开发作原则规定，加强海岸带管理、合理开发利用海岸带资源、保护海岸带生态环境，充分发挥海岸带在经济和社会发展中的重要作用，并规定海岸带协调管理委员会的任务、职责，对海岸带开发项目的报批、调整、中止手续，以及在海岸带开发中矛盾、冲突的协调办法，海岸带总体规划的内容，海岸带的开发利用和治理保护及奖惩措施等行为都做出规定。在法律的构架下，制定一些有效的管理政策，包括税收政策、补贴政策和收费政策等，这些政策可以写进《海岸带管理暂行办法》，也可以单独形成政策性文件。

有关海岸带管理的法规制度在相应的方面都应与《联合国公约》接轨，以使海岸带管理的法律制度适应国际海洋法律制度的大环境。

（二）法规的核心内容——海岸带开发许可证制度

美国、欧洲等国家和地区的海岸带管理法都建立了比较成熟的海岸带开发许可证制度（图 8-0-1）。本书认为，海岸带开发许可证

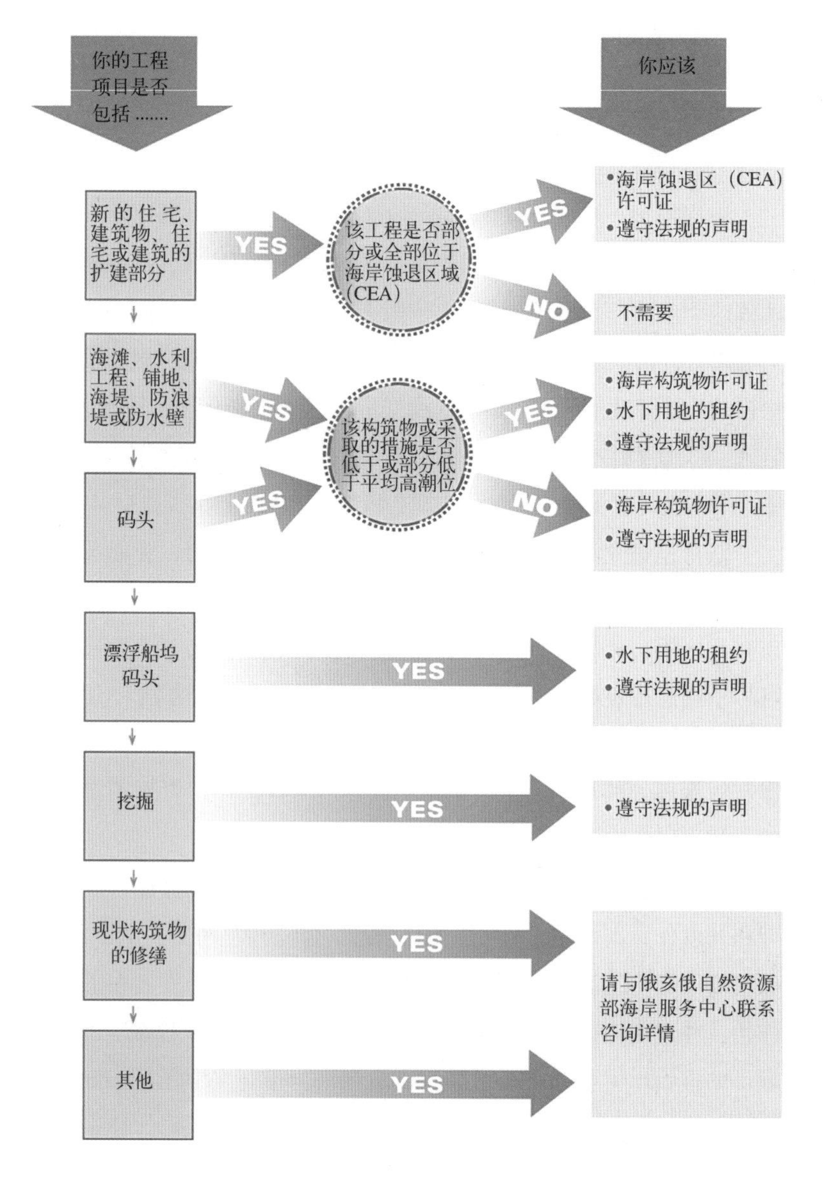

图 8-0-1 美国俄亥俄州海岸带许可证的颁发程序及要求
资料来源：Coastal Permit and Lease Booklet. Ohio Department of Natural Resources. Ohio Coastal Management Program

制度是迄今实施海岸带规划管理最为灵活、有效的办法。

海岸带开发许可证包括海岸带区域内的建筑许可证、采矿许可证、滩涂湿地和海域利用许可证、污染物排放许可证。许可证批准的标准为水质标准、工程标准等国家或地方最新标准。重点项目设计要进行方案设计比较，并请专家评审，所有项目建设都要进行环境影响评估。非建设用地严禁批地建设，若需改变用地性质，应通过规划主管部门上报协调管理委员会，经市人民政府批准，方可变更。任何单位与个人无权占用海岸带和改变海岸带功能性质。同时，要建立违章处罚、超标处罚制度和遵纪守法者及对资源和环境保护有功者奖励的制度。

三、规划实施与管理的完善

（一）规划修编

海岸带是人类经济和社会活动密集、变化剧烈的地区。因而，海岸带规划的修编也是适应未来海岸带发展的必然。应当由海岸带协调管理委员会定期评估规划实施和执行情况，并通过一定程序确定修编的时间和方式。

（二）海岸带管理信息系统的建立

首先，应提供便捷的海岸带信息服务，强化海岸带的科学管理。

应利用现代化信息手段，及时了解掌握海岸带的最新动态，加强部门、区域间规划实施情况经验交流，加强海岸带管理信息系统的建设。建立公开的海岸带管理信息系统，不仅有利于及时、准确和全面地了解海岸带的实际情况，为有关部门科学准确决策提供依据，还有利于政务公开、强化政府服务功能，有利于公众及时了解有关政策、合理安排经济活动，并对政府部门的工作进行监督，建立政情民意有效便捷交流的渠道。要建立基本的查询系统和情况通报系统，建立法律法规资料库、提供科技服务和公益服务。通过有偿或无偿的方式，向公众提供各类信息。建立固定的情报交流和公布机制，逐步形成一个能及时向社会公众宣传海岸带管理工作的方针政策，收集整理分析海岸带工作的基本数据，将各种管理信息及时通报社会的综合性管理信息系统。在实际管理中应加强对基本环境信息的日常收集，如水位和其他海洋学测量、气象和水文变化、水质、海洋污染的陆上来源、岸线的变化、沉积物收支和生物生产力等信息的日常收集。

其次，需引入现代计算机技术，建立“数字海岸带”。

在海岸带地区应建立海岸带信息系统,争取建立“数字海岸带”。海岸带信息系统应涵盖海岸带资源、环境、区域社会经济信息等全部信息和数据。这些信息和数据主要有以下几个方面:

(1) 地貌数据:海岸线、高程、流域范围、水深、沉积物和泥沙、沿海土壤、海洋与海岸地质、含水层资料、等深线分布、海底坡度、海底地质及地貌类型;

(2) 动力信息:潮汐、水流、波浪能、海水温度与盐度、气象、季节性影响;

(3) 生物地理:潮间带生境、渔业（鱼类的洄游路线及海流流系)、鸟类（包括候鸟迁移路线、繁殖场、海岸鸟类)、哺乳动物(海洋哺乳动物、海岸哺乳动物)、海洋无脊椎动物和植被、近岸生物资源、植被资源、沿海捕捞及养殖区的分布;

(4) 经济地理:海岸带的土地开发利用（包括商业捕捞、水产养殖、渔业加工)、产业结构、废物排放及废物处理设施、海滨旅游资源、海港及小型游艇码头、滩涂资源、港口资源、矿产资源、海洋能源等;

(5) 运输系统:航运及其他海洋运输业、道路网、通航河道、沿海航线的分布;

(6) 专用区域:考古遗址、野生动物保护区、生态保护区、国家级、省级和地方公园、渔业状况及海洋环境要素信息以及沿岸工程管线的登岸点位置、城市排污口及海洋环境保护状况;

(7) 陆地与潮滩 1∶1 万数字化地图与遥感影像复合图:土地类型及土地利用、海岸长度与变化速率、滩涂面积与类型、海岸工程类型及结构;

(8) 海洋环境与灾害信息:海水温度、盐度、水色、透明度、海流及沿岸流系分布、潮汐与潮流、叶绿素、污染物、悬浮泥沙浓度、海面风场、台风及其运行路径、海浪、气温、气压、风暴潮、赤潮以及近岸流场、风场、波浪场、温度场、密度场等时空分布资料;

(9) 社会经济概况: 人口、综合经济指标、各海洋产业产量、产值等海洋经济统计信息。

(三) 宣传与教育

运用多种手段宣传海岸带的战略地位与作用，宣传国内外海岸带经济发展态势及优势，充分认识海岸带在我国未来经济增长和结构调整中的重要作用，增强市民保护海岸带资源环境的责任感，为海岸带地区的合理开发利用创造良好的社会环境。

海岸带的管理对于政府部门、开发商、广大公众都是新问题，教育和培训是十分必要的。目前国际组织在各国实行海岸带管理试点，都把教育和培训作为优先项目，这是正确的。政府有关部门应组织涉海部门、海岸带资源利用部门，学习海岸带管理的理论和方法，学习可持续发展理论、海岸带管理的法律和政策；还可以通过新闻媒体、群众集会等方式，宣传保护海岸带环境和资源的道理和知识，以及各种规章制度；也可根据海岸带管理的需要，制定一些新的道德和习惯准则，类似于“市民公约”“文明公约”等，这些东西可以作为“软法律”，通过新闻媒体、社区活动宣传出去，引导海岸带居民和公众形成符合可持续发展原则的道德观念、文化观念、消费观念及生活方式。

参考文献

Reference

[1] A Strategic Framework for the Coastal Zone Management Program. The Coastal Programs Division and the Coastal States, Territories and Commonwealths, U.S. Department of Commerce.

[2] Ardizone K A, Wyckoff M A. Filling the Gaps: Environmental Protection Options for Local Governments[M]. Michigan Department of Environmental Quality, 2003.

[3] Bridge L, Salman AHPM. Policy instruments for ICZM in nine selected European countries[M]. European Union for Coastal Conservation, 2000.

[4] California Coastal Commission. California Coastal Access Guide[M]. University of California Press, 2003.

[5] California Coastal Commission. California Coastal Act[R/OL]. http://www.coastal.ca.gov/coastact.pdf• . 2013.

[6] California Coastal Commission. City of Malibu Local Coastal Program Land Use Plan[R/OL]. http://www.coastal.ca.gov/ventura/MalibuLCP-1-mm2.pdf. 2002.

[7] California Coastal Commission.LCP (Local Coastal Program) Update Guide[R/OL]. http://www.coastal.ca.gov/la/lcpguide/lcpguide. 2007.

[8] Claude CHALINE. Urbanisation and town managementin the Mediterranean countries——Assessment and perspectives forsustainable urban development[R]. Barcelona, 2001.

[9] Coastal Conservancy, Completing the California Coastal Trail[R/OL]. http://www.coastal.ca.gov/access/coastal-trail-report. 2003.

[10] Coastal Permit and Lease Booklet. Ohio Department of Natural Resources. Ohio Coastal Management Program.

[11] Commitee for the Activities of the Council of Europe in the Field of Biological and Landscape Diversity. European Code of Conduct for Coastal Zones[R/OL]. http://www.coastalguide.org/code/cc.pdf. 1999.

[12] Flamming D. Bound for Freedom: Black Los Angeles in Jim Crow America[M]. Univ of California Press, 2005.

[13] García R, Baltodano E F. Free the Beach-Public Access, Equal Justice, and the California Coast[J]. Stan. JCR & CL, 2005, 2: 143.

[14] Hinrichsen, Don; Wells, Susan M., Creating a sea change: the WWF/UICN marine policy, Gland: WWF International; IUCN, 1998.

[15] http://www.gzocean.com/servlet/web.Controller? service=LoadNews&target=hygb/zw.jsp&catid=10442

[16] http://www.planblue.org. What is the Blue Plan?

[17] Jerry Petterson. Texas Beach and Bay Access Guide[R/OL].

[18] John R. Clark. Coastal zone management: handbook[M]. CRC Pressl Llc, 1996.

[19] Klein Y L, Osleeb J P, Violat M R. Tourism-generated earnings in the coastal zone: A regional analysis[J]. Journal of Coastal Research, 2004, 20 (4): 1080-1088.

[20] Liu Yansui.etc. Spatio-temporal analysis of land-use conversionin the eastern coastal China during 1996–2005. J. Geogr. Sci. (2008) 18: 274-282.

[21] Mediterranean Commission for Sustainable Development. Cities and Sustainable Development in the Mediterranean: Working paper. 2000.

[22] METAP Secretariat. Integrated Coastal Zone Management in the Mediterranean: From Concept to Implementation[R]. 2002

[23] Millennium Ecosystem Assessment 2005. Ecosystems and Human Well-being: Synthesis. Island Press. Washington DC.

[24] Murray R, Gregory. Plastics and South Pacific island shores: environmentalimplications[J]. Ocean &

Coastal Management，1999，42（6-7）：603-615.

[25] National Coastal Condition Report II[R]. Washington，DC：United States Environmental Protection Agency，2005，1-198.

[26] National Oceanic and Atmospheric Administration（NOAA）. 1998（on-line）. "Managing Coastal Resources" by William C. Millhouser，John McDonough，John Paul Tolson and David Slade. NOAA's State of the Coast Report. Silver Spring，MD：NOAA.

[27] National Oceanic and Atmospheric Administration Office of Ocean and Coastal Resource Management. State of Georgia Coastal Management Program and Rogram.

[28] Nick Harvey and Brian Caton（2003），Coastal Management in Australia，Oxford University Press.

[29] Priority Actions ProgrammeRegional Activity Centre. GUIDELINESFOR INTEGRATED MANAGEMENT OF COASTAL AND MARINE AREAS：WITH SPECIAL REFERENCE TO THE MEDITERRANEAN BASIN[R]. 1994.

[30] San Francisco Bay Conservation，Development Commission. San Francisco Bay Plan：Supplement. Supplement[M]. The Commission.2003.

[31] San Francisco Bay Plan，San Francisco Bay Conservation and Development Commission http：//www.bcdc.ca.gov/laws_plans/plans/sfbay_plan.shtml

[32] Seaport Planning Advisory Committee and the staffs of the San Francisco Bay Conservation and Development Commission and the Metropolitan Transportation Commission. San Francisco Bay Area Seaport Plan.

[33] Soja E W. Seeking spatial justice[M]. Minneapolis：University of Minnesota Press，2010.

[34] Sophia Antipolis. Urban Sprawl in the Mediterranean Region [R]. 2001

[35] The Coastal Management Centre. The Meaning of Integration[Z]. METAP-PAP/RAC Training Course on ICAM，http：//www.pap-thecoastcentre.org/about.html

[36] The Secretariat General Direction of Environmentand Local Authorities. European Code of Conduct for Coastal Zones[R]. Geneva. 1999.

[37] United Nations Environment Programme（UNEP）. Coastal Ecosystem Restoration：Lessons Learned in Aceh since the Tsunami，2007

[38] WERG（Wetland Ecosystems Research Group）. Wetland Functional Analysis Research Program[M]. London：College Hill Press，1999.

[39] 21世纪议程，17.3

[40] 2010年、2011年中国海洋经济统计公报 . http：//www.coi.gov.cn/

[41] Hua Shi &Ashbindu Singh. 全球海岸带环境问题现状和相互联系 [J].《AMBIO—人类环境杂志》. 2003，(2)：145-153.

[42] 安鑫龙，周启星 . 水产养殖自身污染及其生物修复技术 [J]. 环境污染治理技术与设备，2006，25（2）：97-100.

[43] 北京大学和山东省建设厅，山东半岛城市群规划，2005.

[44] 蔡程瑛 . 海岸带综合管理的原动力——东亚海域海岸带可持续发展的实践应用 [M]. 北京：海洋出版社，2010.

[45] 蔡中丽，李细峰 . 海洋塑料污染问题研究概况 [J]. 环境科学进展，1997，5（4）：41-47.

[46] 陈家宽 . 滨海湿地是国家的战略资源 [J]. 人与生物圈，2011（1）：15.

[47] 陈书全 . 关于加强我国围填海工程环境管理的思考 [J]. 海洋开发与管理，2009，26（9）：22-26.

[48] 崔胜辉等 . 全球变化下的海岸带生态安全问题与管理原则 [J]. 厦门大学学报（自然科学版），2004，43（sup）：173-178.

[49] 董玉祥 . 波浪—海滩—沙丘相互作用模式研究评述 [J]. 中国沙漠，2010，30（4）：796-800.

[50] 杜军 . 中国海岸带灾害地质风险评价及区划 [D]. 中国海洋大学，2009.

[51] 杜鹏，娄安刚，张学庆等 . 胶州湾前湾填海对其水动力影响预测分析 [J]. 海岸工程，2008，27（1）：28-40.

[52] 冯健 . 基于地理学思维的人口专题研究与城市规划 [J]. 城市规划，2012（5）：27-37.

[53] 冯砚青，牛佳 . 中国海岸带环境问题的研究综述 [J]. 海洋地质动态，2004，20（10）：1-5.

[54] 弗雷德里克•斯坦纳著，周年兴，李小凌，俞孔坚等译 . 生命的景观 [M]. 北京：中国建筑工业出版社，2004.

[55] 弗雷德里克•斯坦纳著，周年兴，李小凌，俞孔坚等译 . 生命的景观 [M]. 北京：中国建筑工业出版社，2004.

[56] 傅秀梅，王亚楠，邵长伦等．中国红树林资源状况及其药用研究调查 II. 资源现状、保护与管理 [J]. 中国海洋大学学报，2009，39（4）：705-711.
[57] 傅秀梅，王长云，邵长伦等．中国珊瑚礁资源状况及其药用研究调查 I. 珊瑚礁资源与生态功能 [J]. 中国海洋大学学报，2009，39（4）：676-684.
[58] 关涛．海岸带利用中的法律问题研究 [M]. 北京：科学出版社，2007：25
[59] 国家海洋局．2011 年中国海平面公报，2012.
[60] 国家海洋局海洋发展战略研究所课题组．中国海洋发展报告（2012）[M]. 北京：海洋出版社，2012.
[61] 韩秋影，施平．海草生态学研究进展 [J]. 生态学报，2008，28（11）：5561-5570.
[62] 何斌源，范航清，王瑁等．中国红树林湿地物种多样性及其形成 [J]. 生态学报，2007，27（11）：4859-4870.
[63] 洪华生，丁原红，洪丽玉等．我国海岸带生态环境问题及其调控对策 [J]. 环境污染治理技术与设备，2003，4（1）：89-94.
[64] 侯倩．热带滨海城市防台风防护林树种选择与群落结构配置研究 [D]. 长沙：中南林业科技大学，2011.
[65] 胡晴晖．海岸带环境综合管理问题探讨 [J]. 环境科学与管理，2007，32（1）：13-16.
[66] 黄桂林，何平，侯盟．中国河口湿地研究现状及展望 [J]. 应用生态学报，2006，17（9）：1751-1756.
[67] 姜凤岐，朱教君，曾德慧等．防护林经营学 [M]. 北京：中国林业出版社，2003.
[68] 金凤君等．中国沿海地区土地利用问题及集约利用途径 [J]. 资源科学，2004. 26（5）：53-60.
[69] 金建君等．海岸带资源的价值研究 [J]. 海洋环境科学，2002，21（1）：63-67.
[70] 金建君等．我国海岸带资源可持续发展的内涵及对策 [J]. 科学视野，2001：28-30.
[71] 李德华．城市规划原理（第三版）[M]. 北京：中国建筑工业出版社，2001.
[72] 李凡，张秀荣．人类活动对海洋大环境的影响和保护 [J]. 海洋科学，2000，24（3）：6-8.
[73] 李培英，杜军，刘乐军 等．中国海岸带灾害地质特征及评价 [M]. 北京：海洋出版社，2007.
[74] 李文艳，陈庆锋，李平．湿地评价方法研究综述 [J]. 安徽农业科学，2010，38（15）：8135-8137.
[75] 李震，雷怀彦．中国沙质海岸分布特征与存在问题 [J]. 海洋地质动态，2006，22（6）：1-4.
[76] 李志文，李保生，王丰年．海岸沙丘发育机制之研究现状评述 [J]. 中国沙漠，2011，31（2）：357-366.
[77] 林鹏，傅勤．中国红树林环境生态及经济利用．北京：高等教育出版社，1995：1-95.
[78] 林益明，林鹏．中国红树林生态系统的植物种类、多样性、功能及其保护 [J]. 海洋湖沼通报，2001（3）：8-16.
[79] 刘伟，刘百桥．我国围填海现状，问题及调控对策 [J]. 广州环境科学，2008，23（2）：26-30.
[80] 刘锡清．我国海岸带主要灾害地质因素及其影响 [J]. 海洋地质动态，2005，21（5）：23-42.
[81] 刘育，龚凤梅，夏北成．关注填海造陆的生态危害 [J]. 环境科学动态，2003，4：25-27.
[82] 鹿守本，艾万铸．海岸带综合管理——体制和运行机制研究，23-24.
[83] 罗伯特•凯，杰奎琳•奥德．海岸带规划与管理 [M]. 上海：上海财经大学出版社，2010.
[84] 罗伯特•凯，杰奎琳•奥德著，高健，张效莉，陈林生译．海岸带规划与管理（第二版）[M]. 上海：上海财经大学出版社，2010.
[85] 苗卫卫，江敏．我国水产养殖对环境的影响及其可持续发展 [J]．农业环境科学学报，2007，26（S）：319-323.
[86] 穆欣．海洋倾倒收费政策探析 [D]. 青岛：中国海洋大学，2010.
[87] 宋永昌．植被生态学 [M]. 上海：华东师范大学出版社，2001：516-547.
[88] 孙长青，王学昌，孙英兰等．填海造地对胶洲湾污染物输运影响的数值研究 [J]. 海洋科学，2002，26（10）：47-50.
[89] 王保忠，王保明，何平．景观资源美学评价的理论与方法 [J]. 应用生态学报，2006，17（9）：1733-1739.
[90] 王东宇，刘泉，王忠杰等．国际海岸带规划管制研究与山东半岛的实践 [J]. 城市规划，2005，29（12）：33-39.
[91] 王东宇等．京津冀海岸线保护利用专题研究，2007.
[92] 王东宇等．山东省海岸带规划，2005.
[93] 王东宇等．国际海岸带规划管制研究与山东半岛的海岸带规划实践 [J]. 城市规划，2005，（12）：33-39.

[94] 王东宇等．威海市海岸带分区管制规划，2005.
[95] 王忠杰等．日照市海岸带分区管制规划，2005.
[96] 吴敏兰，方志亮．大米草与外来生物入侵 [J]. 福建水产，2005（1）：56-59.
[97] 吴祥艳，付军．美国历史景观保护理论和实践浅析 [J]. 中国园林，2004，20（3）：69-73.
[98] 吴志强，李德华．城市规划原理（第四版）[M]. 北京：中国建筑工业出版社，2010：412-417.
[99] 郗金标，何源，许景伟等．论山东沿海防护林体系建设的树种选择 [J]. 防护林科技，2004（3）：17-20.
[100] 夏东兴，王文海，武桂秋等．中国海岸侵蚀述要 [J]. 地理学报，1993，48（5）：468-475.
[101] 徐涵秋，陈本清．不同时相的遥感热红外图像在研究城市热岛变化中的处理方法 [J]. 遥感技术与应用，2003，18（3）：129-134.
[102] 许学工，许诺安．美国海岸带管理和环境评估的框架及启示 [J]. 环境科学与技术，2010，33（1）：201-204.
[103] 薛雄志．海岸带综合管理及其科技支撑——研究与实践 [D]. 厦门：厦门大学，1999.
[104] 杨桂山．中国沿海风暴潮灾害的历史变化及未来趋向 [J]. 自然灾害学报，2000，9（3）.
[105] 杨庆霄．国际沿海经济区和海岸带管理模式 [J]. 海洋管理，1998，（4）：25-28.
[106] 杨宇峰，宋金明，林小涛等．大型海藻栽培及其在近海环境的生态作用 [J]. 海洋环境科学，2005，24（3）：77-80.
[107] 尹延鸿．山东省海岸带不同岸段的填海造地适宜性分析及需要注意的问题 [J]. 海洋地质动态，2010，12：008.
[108] 于帆，蔡锋，李文君等．建立我国海滩质量标准分级体系的探讨 [J]. 自然资源学报，2011，26（4）：541-551.
[109] 于宜法．海岸带资源的综合利用分析 [J]. 中国海洋大学学报（社会科学版），2004（3）：23-25.
[110] 于永海，王延章，张永华等．围填海适宜性评估方法研究 [J]. 海洋通报，2011，13（1）：36-42.
[111] 詹文欢，钟建强，刘以宣．华南沿海地质灾害 [M]. 北京：科学出版社，1996.
[112] 张凤荣．土壤地理学．北京：中国农业出版社，2002.
[113] 张灵杰．全球变化与海岸带和海岸带综合管理 [J]. 海洋管理，2001，（5）：33-36.
[114] 张乔民，张叶春．华南红树林海岸生物地貌过程研究 [J]. 第四纪研究，1997，（4）：344-353.
[115] 张晓龙，李培英，李萍等．中国滨海湿地研究现状与展望 [J]. 海洋科学进展，2005，23（1）：87-95.
[116] 张晓龙等．中国滨海湿地退化 [M]. 北京：海洋出版社，2010.
[117] 张耀光，韩增林，栾维新．澳门经济发展与产业结构特征的初步研究 [J]. 人文地理，2000，15（2）：30-34.
[118] 浙江省海洋与渔业局，浙江省海洋功能区划，2007.
[119] 郑建瑜，且钟禹，李学伦．青岛南海岸海水浴场的旅游环境质量评价 [J]. 海洋环境科学，1998，17(1)：66-72.
[120] 郑西来，吴俊文，胡志峰．滨海沙滩石油污染物吸附与释放的实验研究 [J]. 中国海洋大学学报，2008，38（1）：147-150.
[121] 钟功甫，陈铭勋，罗国枫．海南岛农业地理 [M]. 北京：农业出版社，1985，22-23.
[122] 钟兆站．中国海岸带自然灾害与环境评估 [J]．地理科学进展，1997，16（1）：44-50.
[123] 住房和城乡建设部城乡规划司，中国城市规划设计研究院．全国城镇体系规划（2006-2020）. 北京：商务印书馆，2010.
[124] 左玉辉，林桂兰．海岸带资源环境调控 [M]. 北京：科学出版社，2008：2-20.

英文缩略语注释

English abbereviations notes

BP/RAC	Blue Plan/ Regional Activity Centre 蓝色计划 / 区域活动中心
CAMP	Coastal Area Management Programme 海岸带管理项目
CZMA	Coastal Zone Management Act 海岸带管理法案
DEM	Digital Elevation Model 数字高程模型
EC	European Community 欧洲共同体
EIB	European Investment Bank 欧洲投资银行
ELOISE	European Large Orbiting Instrumentation for Solar Experiment 欧洲太阳实验大型轨道仪器
Euro-Med	Euro-Mediterranean Partnership 欧洲 - 地中海合作关系
GEF	Global Environment Facility 全球环境基金
GIS	Geographical Information Systems 地理信息系统
GOOS	Global Ocean Observing System 全球海洋观测系统
ICAM	Integrated Coastal Area Management 沿海地区综合管理
ICOM	Integrated Coastal and Ocean Management 海岸及海域综合管理
ICZM	Integrated Coastal Zone Management 海岸带综合管理
IGBP	International Geosphere-Biosphere Programme 国际地圈生物圈计划
IOC/FED	Indian Ocean Commission/Fund for European Development 印度洋委员会 / 欧洲发展基金
IUCN	International Union for Conservation of Nature and Natural Resources 世界自然保护联盟
MAP	Mediterranean Action Plan 地中海行动计划
MAST	Marine Science and Technology 海洋科学与技术
MCA	Multi-level Comprehensive Analysis 多层次分析法

MEDPOL	Mediterranean Pollution Monitoring Program 地中海污染监控计划
METAP	Mediterranean Environmental Technical Assistance Programme 地中海环境技术援助项目
NOAA	National Oceanic and Atmospheric Administration 美国国家海洋和大气管理局
PAP/RAC	Priority Actions Programme /Regional Activity Centre 优先行动计划 / 区域活动中心
SMAP	Short and Medium-term Priority Environmental Action Programme 短、中期优先环境行动计划
RAC/SPA	Regional Activity Centre for Specially Protected Areas 特别保护区区域活动中心
UN	United Nations 联合国
UNCED	United Nations Conference on Environment and Development 联合国环境与发展大会
UNDP	United Nations Development Programme 联合国开发计划署
UNEP	United Nations Environment Programme 联合国环境计划署
UMP	Urban Management Programme 城市管理计划
WB	World Bank 世界银行
WERG	Wetland Ecosystems Research Group 湿地生态系统研究组
WWF	World Wide Fund for Nature 世界自然基金

致 谢

Thanks

本书是集体智慧的结晶和团队合作的成果，是我们在多方支持下，对滨海城市规划和海岸带规划经验的整理与总结。在此，我们谨对在本书写作过程中所有给予支持和帮助的单位、领导、专家和朋友，以及参与编制山东省相关海岸带规划的人员致以真挚的感谢！

感谢参与《山东半岛海岸带规划框架研究》、《山东省海岸带规划》、《威海海岸带分区管制规划》、《日照海岸带分区管制规划》等相关规划的编制人员，他们来自山东省住房和城乡建设厅，威海市政府和规划局，以及中国城市规划设计研究院。感谢山东省住房和城乡建设厅的杨焕彩、昝龙亮、李力、齐鹏、王长征、刘涛、姜国栋、张庆、杨明俊等领导和同志，没有他们对海岸带资源保护的强烈使命感和创新意识，就没有这本书的诞生；感谢威海市政府和威海市规划局的刘茂德、李延茂、吴峰、房德阳、隋永华、刘玉文、兰鹏燕、徐东晖、都剑光、陈福旭、王昌勇、刘静、张伟、张启明等领导和同志，正是他们的大力支持、帮助和积极参与，使我们能够从威海海岸带的规划实践中获取第一手资料、信息和反馈；感谢中国城市规划设计研究院参与海岸带规划编制的项目组成员。他们是王东宇、刘泉、王忠杰、高飞、马克尼、常玉杰、王忠君、屈波、崔宝义、曹璐、吴晶一、陈晓明、孙雯、刘东、张瑾、常跃新、吴侠等同志。他们当年的辛勤工作，为本书提供了最为坚实的基础。

感谢现山东省住房和城乡建设厅、日照市规划局、青岛市规划局、威海市规划局、烟台市规划局、潍坊市规划局、东营市规划局和滨州市规划局等单位的领导和相关工作人员，感谢他们在《山东半岛海岸带规划框架研究》、《山东省海岸带规划》、《威海海岸带分区管制规划》、《日照海岸带分区管制规划》等项目的编制过程中，为项目组现场调研和编制提供周到的配合、翔实的资料和宝贵的意见。

感谢我们供职单位的领导——中国城市规划设计研究院的杨保军副院长、张兵总规划师、官大雨副总规划师和贾建中所长的关心、鼓励和悉心指导，使我们有良好的环境和机会，推进相关海岸带规划的编制及本书的写作。

感谢北京农业大学的任斌斌博士，北京大学的李德瑜、原卉、江文婧、马婷婷四位同学，以及北京林业大学的吴婷、雍苗苗、郭智涛三位同学。正是他们的积极协调和参与，最终使书稿成形。

感谢中国建筑工业出版社的各级领导和本书的责任编辑等相关人员，是他们对笔者的充分信任和大力支持、富有效率的协调、严谨的作风和辛勤的工作才使得本书能很快与读者见面。